彩图 1　肉桂树

彩图 2　香茅草

彩图 3　广藿香草

彩图 4　薄荷草

彩图 5　白千层树

彩图 6　八角树

彩图 7　山苍子树

彩图 8　芳樟树

彩图 9　岩桂树

彩图 10　薰衣草

彩图 11　岩兰草

彩图 12　檀香树

彩图 13　牡荆树

彩图 14　菖蒲

彩图 15　柏木树

彩图 16　松针树

彩图 17　冷杉

彩图 18　松树

彩图 19　玳玳树

彩图 20　胡椒藤

彩图 21　依兰树　　　　　　彩图 22　丁香罗勒　　　　　　彩图 23　丁香树

彩图 24　香叶天竺葵　　　　　　　　彩图 25　留兰香

彩图 26　白兰树（一）　　　　　　彩图 27　白兰树（二）

彩图 28　花椒树

彩图 30　缬草

彩图 29　迷迭香草

彩图 32　万寿菊

彩图 31　香紫苏

彩图 33　肉豆蔻

彩图 34　月桂树　　　　彩图 35　米兰树　　　　彩图 36　白珠树

彩图 37　柠檬树　　　　　　　　彩图 38　蓝桉树

彩图 39　藿香草　　　　彩图 40　玫瑰　　　　彩图 41　白木香树

FANGXIANGYOU
SHENGCHAN GONGYI YU JISHU

# 芳香油
## 生产工艺与技术

陆让先　著

化学工业出版社
·北京·

本书详细介绍了环保芳香油蒸馏生产的新技术和新工艺，重点介绍了四十种芳香油环保高收益的实用生产技术，特别是对具体的设备结构和生产操作工艺作了重点阐述。本书还提出一些提高出油率、缩短蒸馏时间、燃料绿色循环利用的新生产模式，内容新颖全面，实用性强。

本书适合从事芳香油生产的技术人员及香水、化妆品、日用品、药品等相关行业的从业人员阅读参考。

**图书在版编目（CIP）数据**

芳香油生产工艺与技术/陆让先著. —北京：化学
工业出版社，2019.10（2022.10重印）
ISBN 978-7-122-35097-8

Ⅰ.①芳… Ⅱ.①陆… Ⅲ.①香精油-生产工艺
Ⅳ.①TQ654

中国版本图书馆 CIP 数据核字（2019）第 184357 号

---

责任编辑：刘　军　冉海滢　　　　　　　　装帧设计：王晓宇
责任校对：边　涛

---

出版发行：化学工业出版社（北京市东城区青年湖南街 13 号　邮政编码 100011）
印　　装：北京七彩京通数码快印有限公司
710mm×1000mm　1/16　印张 15¾　彩插 3　字数 298 千字　2022 年 10 月北京第 1 版第 2 次印刷

---

购书咨询：010-64518888　　　　　　　　售后服务：010-64518899
网　　址：http://www.cip.com.cn
凡购买本书，如有缺损质量问题，本社销售中心负责调换。

---

定　　价：88.00 元　　　　　　　　　　　版权所有　违者必究

# 前言

芳香油是指用各种工艺技术手段从不同植物中提取出来的、含有特殊成分的和带有特殊香味的液体或半固体，是植物的精华成分，故芳香油又被称为植物精油。

芳香油的品种有数百种，基本上都以产出芳香油的植物来命名，如将从肉桂中提取的芳香油称为肉桂油，从薰衣草中提取的芳香油称为薰衣草油等，在日常生活中经常使用到的芳香油有几十种。

芳香油广泛用来制造各种香水、香精、化妆品、护肤品、美容品、沐浴液、洗发水、香皂、牙膏、清新剂、杀菌剂、清洁剂，还可用作香薰疗法的原料等。芳香油还大量用于饮料、食品加工，用于香烟、酒类。

芳香油也是保障人体健康的天然药品，可用于治疗多种皮肤病、多类创伤，用于治疗呼吸病、肠胃病、精神病和心血管疾病等，至今大量使用的青蒿素、丹参液、血栓通等许多重要药物都属于天然芳香油范畴。芳香油与人类的关系是密不可分的。

芳香油产业是个很庞大的产业，包括各种香料植物的种植，芳香油提取及精细加工，以及后续各条庞大的日用品、食品、饮料、烟酒、医药品等产业链。世界各国都有自己的芳香油产业。

芳香油产业可促进经济发展，如促进发展地方种植业，发展日用化工品工业、食品饮料工业、烟酒工业、药品工业等。芳香油产业还可促进地方旅游业发展，如大面积种植香料植物来生产芳香油时，还可制造出令人神往的花海景色，如山东平阴县、甘肃永登县的玫瑰花海，广西横县的茉莉花海，新疆的薰衣草花海等都是非常美丽动人的风景线，可促进地方旅游业发展和提升地方知名度。大力发展芳香油产业，还可取得扶贫和发展地方特色经济的显著效果。芳香油产业在"一带一路"建设中也是备受关注的项目。

从植物中提取芳香油的方法有多种，如压榨法、吸附法、超临界萃取法、亚临界萃取法、浸提法、水蒸气蒸馏法等。各种提取方法都有特定条件和特定范围，而使用最多的是水蒸气蒸馏工艺，绝大多数品种的芳香油都可以用水蒸气蒸馏的方法来提取。中国的芳香油产业实际上是由水蒸气蒸馏技术和工艺支撑起来的。

我国用水蒸气蒸馏生产天然芳香油有悠久的历史，拥有许多成熟的技术和工艺模式，如水上蒸馏、水中蒸馏及近几十年发展起来的蒸汽蒸馏等，这些传统蒸馏技术在一定时期内推动了我国芳香油产业迅速发展。

但是在当前环保要求十分严格的形势下，这些传统的水蒸气蒸馏技术在污水、烟气、燃料等方面受到严格限制，目前许多芳香油生产工厂因环保问题不能解决而停产；同时由于国际市场竞争激烈，传统蒸馏技术在出油率、能耗、生产效率等各方面都受到国外新技术的冲击，我国芳香油生产技术和工艺正在进入脱胎换骨、更新换代的转型时期。

　　在目前环保法规越来越严格的情况下，本书专门论述了当前主流的四十种常用的有代表性的芳香油环保生产技术，供芳香油生产企业及有关人士参考。

　　编者长期从事水蒸气蒸馏技术的研究，对国内外的芳香油水蒸气蒸馏技术有深刻体会，特此提出一些经验和看法，不妥之处盼专家学者指正。恳请广大读者将宝贵意见赐予 dayaequip@188.com，以便在重印和再版时做进一步修改与充实。

编者

2019 年 2 月

# 目 录
CONTENTS

# 第一章 肉桂油环保高收益生产技术

## 第一节 肉桂油简介

肉桂油又名玉桂油（以下简称桂油），英文名称为 cassia oil，相对密度为1.041～1.066，比水重，折射率为1.53～1.592。桂油外观呈淡黄色到棕黄色，带强烈的肉桂辛辣气味，它是从肉桂树的枝叶或树皮中提取出来的芳香油。

桂油的主要成分为肉桂醛，约占80%以上，为主要特征成分，此外还有苯甲醛、肉桂酸、苯乙醛、桉叶油素、樟脑、芳樟醇、香兰素等几十种成分。

桂油的用途广泛，常用于配制各种香水、香料、香精；用于制造药品，如外用药红花油、跌打药等；用于饮料，如可乐；用于酒类，如俄罗斯名酒、法国名酒等；还大量用于肉类加工、用作食品辅料等。世界市场对桂油需求量很大，仅可口可乐公司每年就要向中国购买桂油2000t以上。桂油是中国香料出口的大宗香料之一，每年出口量约在3000t以上。

中国桂油生产集中在西江流域，苍梧、藤县、桂平、平南、岑溪，罗定、德庆、云浮等地都是中国最古老的桂油产区，桂油生产后来发展到防城、东兴，直至云南的河口一带，在上述这些区域内桂油的生产方法都是一样的。

我国生产的桂油基本上是用桂树的枝叶来蒸馏取得的。因为桂皮外销价格较高，不会用来蒸油，在农村桂油生产实际是副业，在产桂区每亩（1亩＝666.7m²）山地年产桂皮价值过万元，而利用枝叶产出桂油价值6000～8000元，因此桂油生产也促进了桂皮生产发展。

肉桂树是樟科樟属中等大乔木，只生长在我国南方地区，如广西、广东、云南、福建等温暖地区，肉桂树的形态如彩图1所示。中国的肉桂树品种有西江流域本地的白头桂（白芽桂）、红头桂（红芽桂）和从越南引进的清化桂以及从印度、斯里兰卡引进的锡兰桂等。清化桂是世界上最优良的肉桂品种，源于越南的清化省，清化桂的桂皮是历史上历朝越南王进贡给中国皇帝的重要贡品之一。中国引进种植清化桂始于20世纪60年代，当时在云南、广东、广西、福建四省（自治区）试种，至今已在中国南方各地大面积种植。

桂树的繁殖方法有扦插繁殖和种子繁殖，一般大面积种植主要用种子繁殖。普通繁殖方法是2～4月间采摘15年树龄的老桂树的紫黑色果子（又称桂子），用水浸着搓去壳肉后将得到的果核即种子立即播种，在育苗地间距 100mm 播种，或用营养杯单独播种栽培，一年后待苗木长到 300～400mm 高时将其移植到山坡林地去，每亩山地种植 800 株左右。

在目前使用先进种植技术的情况下，肉桂树移植 2～3 年就可修剪枝叶用来蒸油，4～5 年内就可全株砍下剥桂皮及用枝叶蒸油，留下的树根会长出更多的新株，因此桂皮、桂油生产可长期稳定发展。用不同品种肉桂树的枝叶蒸桂油时出油率有区别，从越南引进的清化桂品种出油率最高。

## 第二节　肉桂枝叶原料处理

用来蒸馏桂油的枝叶包括在春天和秋天剥桂皮及修整树林时砍下来的枝叶，桂农称之为春叶和秋叶。无论春叶还是秋叶，在蒸馏桂油前都要经过晒干、堆叠、醛化后才能用来蒸油，否则出油率低，而且桂油成分差。

晒干是指将桂枝叶砍落后，将其晒半天至一天时间，不要暴晒时间过长，以免叶片从树枝脱落。

堆叠是指将枝叶晒好后捆扎运入仓库，或放进大棚内叠放，将一捆一捆的桂枝叶在离地 100mm 左右成行地堆叠起来，一直叠到 5～6m 高。各行桂叶之间要有通气缝，一定要避免雨水渗漏到枝叶中去，防止枝叶受潮发热发酵变质。

醛化指枝叶在叠放 3～6 个月期间，桂枝叶内的成分会慢慢醛化，肉桂醛成分不断增加，在 6 个月左右达到顶峰，此时生产的桂油中肉桂醛含量达到 85％以上。在枝叶醛化过程中枝叶颜色会慢慢变深，逐渐变成暗褐色，桂农称之为"猪肝色"，然后就可以将其用来蒸桂油了。枝叶醛化速度与温度、湿度有关，气温越高，天气越干燥，醛化速度越快。

处理后的春叶的含油量低于秋叶，约为秋叶的 70％～80％。但春叶含醛量高于秋叶，约比秋叶高 5％以上。

## 第三节　肉桂油的传统生产方式

世界各地的桂油生产都是采用水蒸气蒸馏的方法，桂油蒸馏有很悠久的历史，中国传统的桂油蒸馏方式是用和尚甑蒸馏。

用和尚甑来蒸桂油有近百年的历史，这种甑又称为甑头，外观很像和尚头，其实是一种冷却器，外面淋水，里面将蒸汽冷却。其直径为 800～1000mm，高 400～500mm。开始是用贵重的锡来敲制，称为锡甑，在 20 世纪 60 年代，罗定的师傅做的锡甑手工最好，故锡甑又称罗定甑，锡甑价格昂贵，在当时要上千元一套。后来又有用铜制的和铝制的，称为铜甑和铝甑。在 20 世纪 70 年代，肇庆做的铜甑价格仅为锡甑的一半，每台为 500～600 元，因此风行一时。20 世纪 80 年代初，梧州蝶山金属结构厂生产的出油率更高的、价格仅 200 多元一台的廉价铝甑取代了所有锡甑、铜甑。

　　和尚甑的结构如图 1-1 所示。

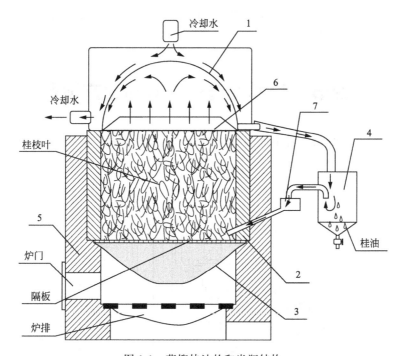

图 1-1　蒸馏桂油的和尚甑结构
1—甑头；2—无桶底的木桶；3—铁锅；4—油水分离器；5—炉灶；6—集油环；7—回流管

　　在图 1-1 中，甑头（1）的形状像个倒过来的铁锅，盖在一个无桶底的木桶（2）上，木桶压在一口大铁锅（3）上的多孔隔板上面。

　　使用和尚甑蒸桂油的过程为：蒸油时在木桶（2）中的隔板上垂直地放入桂枝叶，再放水到铁锅（3）里，随后在炉灶（5）烧火加热铁锅（3），当锅水沸腾后产生蒸汽将枝叶内的桂油成分带出，此时要放水不断淋甑头（1）降温，带着桂油成分的蒸汽上升碰到甑头顶面时就会被冷却成液体，沿甑头顶部的内弧面向下流到甑底的集油环（6）内聚集再流出甑外，进入油水分离器（4），桂油沉到分离器底部积聚，打开底部阀门就取得桂油，浮在桂油上面的蒸馏水经过回流管（7）返回锅内重新蒸馏。由此不断循环，直至蒸完桂油，这个蒸馏过程需要 4～5h，锡甑和铜甑的出油率约 0.5%。

　　上述这种用和尚甑来生产桂油的方式，过去在西江流域一带产桂区内很普遍，尤其在廉价的铝甑出现后。20 世纪 90 年代，在外贸系统和各地供销社联合推广下，在产桂区内家家户户普遍使用铝甑，其数量以万台计。

用铝和尚甑生产桂油的优点是简易可行，桂油品质好，出油率高于锡甑、铜甑，最高出油率可达到 0.7% 左右，但也有蒸馏时间长、生产效率低、燃料消耗大的缺点。由于其炉灶结构简单和铁锅受热面积小，导致热效率很低，每蒸 50kg 枝叶就要烧 75kg 木柴以上，燃料浪费严重。由于木柴是砍树而得，大规模蒸馏就意味着要大量砍树，出于环保目的，这种生产桂油的方式被逐渐叫停，在 2000 年以后和尚甑基本消失。

## 第四节　较早的肉桂油节能生产设备

能耗大的和尚甑被一种节能的方甑代替，方甑的主体结构如图 1-2 所示。

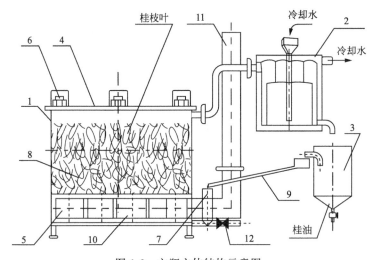

图 1-2　方甑主体结构示意图

1—方甑的蒸馏锅体；2—冷却器；3—油水分离器；4—盖板；5—炉膛；6—压杆；
7—进水口；8—多孔隔板；9—回流水管；10—火道；11—烟囱；12—排污阀

在图 1-2 中，方甑的蒸馏锅体（1）的外形呈长方形，长约 1.3m，宽约 0.8m，高约 1m 左右。在锅体下部设有炉膛（5）、火道（10）、烟囱（11）、多孔隔板（8），在锅体的上面有盖板（4），有 3 条压杆（6），锅体旁边还有冷却器（2）、油水分离器（3）、进水口（7）、回流水管（9）、排污阀（12）等。

使用方甑蒸馏桂油的蒸馏操作过程大致如下：

先在进水口处放水进锅内浸过多孔隔板面后，再将桂枝叶成条地横放入蒸馏锅体内铺满压实，加盖板（4），用木楔将 3 条压杆（6）压紧盖不漏气后。在炉膛（5）内点火，由于浸在锅水中的火道（10）的表面积比普通铁锅面积大 4 倍左右，所以升温快，约 10min 后锅内的水就沸腾。其后就有蒸汽进入冷却器（2）内，此时要不断地放水进入冷却器内来冷却蒸馏汽，使之被冷却变成含有桂油和蒸馏水的馏出液。馏出液从冷却器流出后进入油水分离器（3）内，由于桂油比水重，马上沉到油水分离器的底部，打开阀就可取得桂油，而蒸馏水（又称桂酒水）从油水分离器上端的出水口流出进入回流水管（9），返回锅内重复蒸馏。

蒸馏大约 1h 以后，当观察到从冷却器出来的馏出液内已没有油星时就可停止蒸馏，打开盖清理出枝叶渣，将其作为下一锅燃料，由此结束一次蒸馏过程。从进料到出料全程约在 1.5h 内，蒸馏时间比和尚甑缩减一大半。

这种方甑由广西梧州市大雅林产化工设备厂研制，在 20 世纪 90 年代名为"高效节能植物油蒸馏锅"，其出油率比和尚甑多 30％左右。如用和尚甑蒸馏春叶出油率为 0.5％、秋叶出油率为 0.7％，而用方甑蒸馏春叶出油率为 0.7％以上，秋叶为 0.9％以上。

这种方甑由于受热面积大，蒸馏气量大，可以大量节能，基本上用上一锅蒸过油的桂枝叶当作下一锅的燃料足够有余，由此开创了无需砍树作燃料的绿色循环的桂油生产历史。

这种高效节能蒸馏锅自 1996 年问世开始就迅速在国内及东南亚的产桂区大量使用，使用数量过万台，一度成为桂油生产主力设备。这种蒸馏锅还被应用到蒸馏其他芳香油，如薄荷油、香茅油、桉油等的生产中去。这种锅的技术构造专利获得中国 1998 年优秀发明专利金奖，这种方甑由当时的梧州市科委牵头在各产桂区大力推广使用。

但这种方甑有一定的局限性，只能一甑一人操作，每天最多只能蒸几百千克桂叶，总的来说生产效率不高，主要由个体农户使用。

# 第五节　提高肉桂油出油率的分离柱

1998 年，还有一种由广西大学林学院温教授发明的新的结构形式的方甑，即去掉冷却器和油水分离器，改用一种桂油分离柱来分离桂油，这种桂油分离柱内都装有丝网填料和冷却列管，可将出油率提高 10％以上，但因造价过高及需要冷却水的水位较高、水量过大，一般个体农户难以接受，因此推广面不大。

这种使用分离柱的方甑构造如图 1-3 所示。

这种使用分离柱的方甑在工厂化集中生产中，还是很有利用价值的。在其生产过程中，进出料和烧火都与上述方甑的操作方法相同，不同的是其回流水从蒸馏锅出气口返回锅内，在分馏柱底部可随时打开阀门取得桂油。

这种使用分离柱的蒸馏设备缺点还是一人一甑生产，生产效率不高。

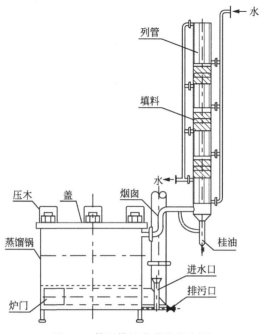

图 1-3　使用桂油分离柱的方甑

# 第六节　大产量的蒸汽蒸馏桂油设备

采用工厂化大生产模式，一套蒸馏设备每天可处理 10t 桂叶，人均生产效率比方甑提高很多倍，而且出油率比方甑提高 10％以上。这种蒸馏方式从 2000 年初期开始出现，主要由乡镇企业管理部门来建厂，在产桂区普遍以一乡一厂的形式来建立，如广西藤县当时就有 10 多家桂油厂，工厂全部由乡镇集体所有。

这类工厂的蒸馏设备如图 1-4 所示。

使用上述蒸馏设备的生产操作过程为：将醛化后的桂枝叶切碎放入料篮（2）中，再将料篮放入蒸馏锅（1）内，盖上锅盖（7）。用多个压码（8）压紧锅盖。从锅炉（4）放蒸汽，通过锅内的环形喷管（3）再分散喷射，使蒸汽穿过管面的水层（这个水层约有 100~200mm 厚）后向上喷。蒸汽穿过层层桂叶后从锅顶经气管（9）进入螺旋板冷却器（5），被冷却成液体后依次流入几个沉降锅（6）内。经 48h 以上沉降后，桂油沉降到各个沉降锅下部，打开底部各个阀门就可取得桂油，蒸馏水放回蒸馏锅重新用一次后排放掉，由此不断重复操作蒸馏下去。在蒸馏过程中，蒸馏锅压力保持在 0.5~2kgf/cm$^2$（1kgf/cm$^2$=98.067kPa），每锅蒸馏时间约 1.5h。

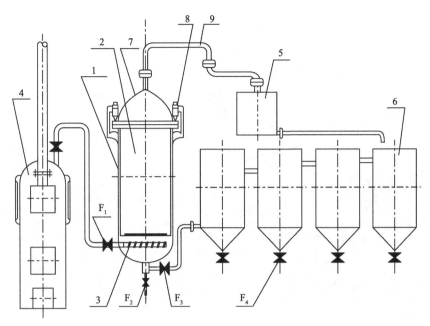

图 1-4　用蒸汽来蒸馏桂油的设备

1—蒸馏锅；2—料篮；3—环形喷管；4—锅炉；5—螺旋板冷却器；6—沉降锅；
7—锅盖；8—压码；9—气管；$F_1$—蒸汽阀；$F_2 \sim F_4$—球阀

这个方式与以前的方式对比，出油率和生产效率都大大提高，每锅可蒸桂枝叶量达 500kg，一个工厂每天可蒸馏处理桂枝叶 10～20t 甚至更多。一般出油率春叶达 0.9%～1%，秋叶达 1%～1.2%，燃料无需外购，将蒸完油的桂枝叶当作锅炉燃料足够有余。这种蒸馏方式至今仍普遍在各产桂区应用，包括越南等地。

这个模式的缺点是桂油沉降系统庞大、投资大，而且其收集桂油的作用不是很有效。通常其蒸馏废水未经处理就乱排放，这种废水带有强烈的桂油辣味，排到沟水中或田水中时，水中小动物都会绝迹。另外，其锅炉的烟气中带有大量粉尘及强烈的桂枝叶的辛辣味，会严重污染大气。在今天环保法规严格的情况下，上述这类乱排污水和烟气的工厂都会被关闭。

## 第七节　最新的环保型高收益桂油生产设备及操作方法

年产 40～50t 桂油的环保型工厂设备布置如图 1-5 所示。

在图 1-5 中，分层放料网框（1）的结构如图 1-6 所示，其装料框架高 40mm，共有 15 个，料篮（2）数量有 3 个，其结构如图 1-7 所示，其底部有活动托块三

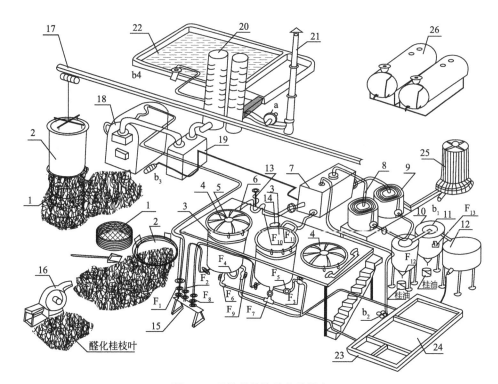

图 1-5　环保型的桂油蒸馏设备

1—分层网框；2—料篮；3—蒸馏锅；4—锅盖；5—螺丝压码；6—气导管；7—复馏器；

8，9—螺旋板冷却器；10，11—油水分离器；12—储水罐；13—螺丝压架；

14—三口气管；15—蒸汽分配器；16—枝叶切碎机；17—吊车；18—低压锅炉；

19—除尘器；20—烟气喷淋塔；21—烟囱；22—喷淋水储池；23—过滤器；

24—废水处理池；25—冷却塔；26—储油罐；$F_1 \sim F_3$—蒸汽阀；

$F_4 \sim F_{13}$—球阀；$b_1 \sim b_4$—水泵；a—引风机

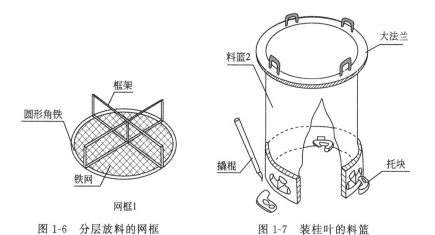

图 1-6　分层放料的网框　　　　图 1-7　装桂叶的料篮

个。蒸馏锅（3）数量有 2 个，其构造如图 1-8 所示，其容积约为 5m³。螺丝压码（5）每锅配 16 个，螺旋板冷却器（8、9）的冷却面积在 50m² 以上，锅炉（18）压力在 1kgf/cm² 以下，不列入压力容器监管范围，可重复使用蒸馏废水，每小时蒸发量在 1t 以上。复馏器（7）内设有多排蒸汽传热管来传热。油水分离器（10、11）设有金属丝网填料来吸附分离桂油。

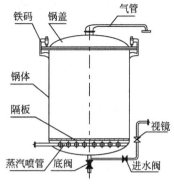

图 1-8 蒸馏锅的结构

上述环保型桂油生产工厂的蒸馏工艺操作步骤如下。

### 1. 进料操作

将醛化好的桂枝叶，用切碎机切碎成 30～50mm 长短，放人料篮（2）中。具体做法如下：先将料篮底部三块托块转向篮内，将料篮吊入料篮坑内，放入第一个网框（1），由托块托住，将桂枝叶放入料篮内，满到网框的限位框架面，铺平不留空位，再放入第二个网框，如此依次放料，直到第五个网框。装满料后就可将料篮吊入第一个蒸馏锅（3）内，盖上锅盖（4），用多个螺丝压码（5）压紧，再装上气导管（6），用螺丝压码在其两端分别将锅盖和三口气管（14）压紧连接后，就可放水入蒸馏锅中。具体做法是将储水罐（12）的水经阀 $F_4$ 和 $F_5$ 从锅底放入蒸馏锅中，满到阀 $F_4$ 和 $F_5$ 之间的视镜的水平中线为止（锅的放水阀门是 $F_5$ 和 $F_6$），以下就可以进行蒸馏操作。

### 2. 蒸馏操作

开始蒸馏时，打开蒸汽分配器（15）通向本蒸馏锅的阀门 $F_2$，在 1～2min 内逐渐将其开大将蒸汽放入蒸馏锅（3）。

蒸汽从蒸馏锅底部环形喷管喷出，向上穿过水层带出水雾来湿润桂枝叶，同时带出桂油成分从锅顶出去进入气导管（6），再通过阀门 $F_{10}$ 或 $F_{11}$ 后进入三口气管（14），再进入复馏器（7），经过复馏器中的几排列管，传热给复馏水后出去再进入冷却器（9），被冷却成含有桂油和蒸馏水的馏出液后依次进入油水分离器（10、11）将桂油分离出来，馏出液中的桂油成分被金属丝网填料吸附聚集在油水分离器（10、11）底部，打开其底部阀门 $F_{12}$ 和 $F_{13}$ 就可取得这些桂油，而被分离出来的蒸馏水从油水分离器（11）上部流出进入储水罐（12）储存，留作下一锅蒸馏时重复使用。

上述这些蒸馏水又称为桂酒水，带有桂油的辛辣、甜味，可用于食品、饮料加工及用作足浴、芳香疗法材料，其市场有待开发，如将其取出来利用就要补充等量的新鲜水。

在上述蒸馏过程中，蒸馏锅内压力保持在 0.7～0.9kgf/cm²，馏出液每小时流量约为蒸馏锅容积的 10% 左右，馏出液温度控制在 35℃ 左右。

在复馏器（7）里面的复馏水是蒸馏锅底部排放的废水，经过滤器（23）滤去砂石杂质后放入废水处理池（24），沉清后才输入复馏器进行复馏。

在蒸馏过程中，复馏器（7）内的复馏水不断被高温蒸馏汽传热升温直至产生蒸汽，将桂油成分带出进入冷却器（8）被冷却成液体，再流入油水分离器（10、11）进行油水分离，而留在复馏器中的复馏水趁热被输入锅炉（18）重复使用，由此做到污水零排放。

使用复馏水时，如果锅炉压力在 4kgf/cm² 以上时，锅炉就会有许多气泡产生，要增设消泡器，但使用压力在 1kgf/cm² 以内的低压锅炉时，无需增设消泡器，这类锅炉对水质要求很低，使用复馏水不会产生气泡。

单靠复馏水是不够锅炉用的，在蒸馏过程中要随时补充新鲜水入复馏器中，补水量相当于枝叶在蒸馏时吸收的水量，约为枝叶料质量的 40％左右。由上述可知锅炉的用水实际上是蒸馏废水加新鲜水。

在蒸馏约 1h 后，就要用玻璃量杯接取冷却器的馏出液来不断观察出油情况，当观察到冷却器流出的液体中油分很少时，表示桂油已基本蒸完，此时就可以结束蒸馏出料，一般每锅蒸馏时间为 1h 至 1h 20min，春叶出油率约 1％～1.4％，秋叶出油率约 1.5％～1.8％。

每天蒸馏生产出来的桂油，要用纱布过滤后才可放入储油罐（26）中，年产50t 桂油的工厂，其储存罐总容量约为 50t 以上。

### 3. 出料操作

出料时先打开锅（3）的底阀 $F_6$ 或 $F_7$ 将锅底废水放出，废水经过滤器（23）过滤后放入废水处理池（24）（废水经过沉降处理后重新利用），再打开锅盖（4）。待锅内蒸汽散尽后，将料篮（2）吊出放在地面，将其下部托块转向篮外，就可将 5 个网框（1）连同废渣卸出，料篮返回地坑装料。而此时另一个蒸馏锅开始通入蒸汽蒸馏，由此反复交叉地进行蒸馏操作。

### 4. 渣料、烟气、废水处理

蒸过油的桂枝叶渣不需要晒干，只要沥干水，不见明显湿印就可以直接将其推入锅炉（18）内燃烧。在使用上述蒸馏设备来蒸馏桂油时，枝叶残渣是烧不完的，通常会有 40％左右剩余，这些渣料有其他多种用途。

锅炉烧枝叶渣时烟气中的硫氧化物和氮氧化物不会超标，但会带有大量灰尘和辛辣气味，这就要通过除尘器（19）将其中大部分烟灰吸附后，再由烟气喷淋塔（20）喷淋，除尽烟气中的烟灰和气味后由引风机（a）将其压入烟囱（21）排放，这样烟气就能安全达标排放。

蒸馏废水是指锅底部排放的余水及从油水分离器（11）排出的蒸馏分离水，这些水可供锅炉使用。用来喷淋烟气的水是循环使用的，不用排放，但因不断被挥发，要不断补水，也可用蒸馏废水来补充。冷却器（8、9）用的冷却水也是循环利用不用排放的，还需补充挥发的水分，也可以利用蒸馏废水。

　　由上述流程可知，这个新工艺有以下特点：①废水被重复使用，由此做到污水零排放。②用废渣作燃料可做到燃料绿色循环利用，节省燃料费用。③烟气达标排放，由此做到保护环境。④用分层放料来蒸馏，缩短蒸馏时间和提高出油率，直接增加收益。⑤采用金属丝网填料来收集桂油，省去了庞大的沉清罐系统，节省了不少投资费用。

　　由此可见，使用上述环保新技术的桂油生产产业是个污水零排放的、烟气达标排放的、燃料自给自足的、出油率高的、效益好的、与环境友好的绿色产业，是个有发展前景的利国利民的产业。

# 第二章 香茅油环保高收益生产技术

## 第一节 香茅油简介

香茅油又名香草油、柠檬草油、雄刈萱油等，英文名称为 citronella oil，相对密度为 0.880～0.895，折射率约 1.466～1.487，颜色呈淡黄色到浅棕色，带有强烈的香茅草味或类似柠檬叶的气味。

香茅油中含有香茅醛、香茅醇、香茅酯、香茅酸、香叶醇、香叶醛、柠檬醛等几十种成分。

香茅油是很重要的日用化工品的配香原料，用于配制各种香精、香料、香水，用于化妆品、美容品、护肤品、洗衣粉、香皂、清洁剂、清新剂、杀虫剂，用于食品、饮料、外用药品及芳香疗法等。

我国生产香茅油有很多年历史，在近二十年来，尤以我国台湾地区的香茅油产量最大和品质最好，我国香茅油年产量在 3000t 以上。世界市场对香茅油的需求很大，每年需要 5000～6000t 以上，香茅油是我国出口的大宗芳香油之一，年出口量在 2000t 以上。

香茅油是蒸馏香茅草取得的，香茅草是禾本科香茅属多年生植物，又名柠檬草，香茅草形态如彩图 2 所示。香茅草在中国南方各地都可种植，品种来源有本地的及从印度尼西亚和斯里兰卡等地引入的。香茅草种植很简单，可用种子培育，也可用根茎栽种，通常大面积种植时以根茎种植为主。一棵新栽的根茎一年内就可分出多达 100 多个分支，可将其分离出来再扩大栽培。种植时每株种植间距 600～800mm，在春季雨水天时栽种，成活率很高，香茅草田间管理以施氮肥为主。

香茅草是多年生植物，是一种一年种植多年收获的高收益香料作物，每年可收割多次，亩产量达 3～5t。香茅草全株都可以用来蒸油，根茎还可以当食品配料，东盟各国和中国南方地区常用香茅草来制香茅鸡、香茅鱼、香茅烧烤、香茅火锅等。古时候人们还将香茅作为贡品，称为包茅。用于蒸油的香茅品种以爪哇种最佳，其出油率远远高于其他品种。

# 第二节　传统的香茅油蒸馏方式

中国农村以前生产香茅油使用的设备是多种多样的，开始时是用木甑来蒸馏，而近十多年来比较常用的设备如图 2-1 所示。

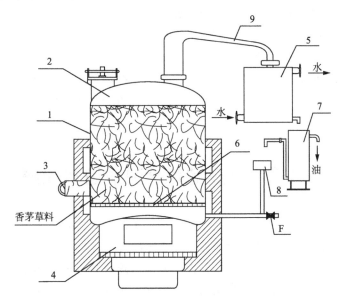

图 2-1　常用的蒸馏香茅油设备

1—蒸馏锅；2—进料口；3—出料口；4—炉膛；5—冷却器；6—多孔隔板；
7—油水分离器；8—进水口；9—气管；F—排水阀

使用这种设备的生产操作过程大致如下：

从进水口（8）放水进锅（1），满过多孔隔板（6）面以上 30～50mm 高左右。将当天收割的经过半天晾晒后的香茅草，切碎成 30～40mm 长短，打开进料口（2）将其放入蒸馏锅内，自锅底的多孔隔板起一直放到锅上部后关闭进料口，就可从炉膛（4）处点火蒸馏。

当锅内的水被加热至沸腾后产生蒸汽，蒸汽穿过香茅草，将香茅草油分带出，经过大气管（9）进入冷却器（5），被冷却成含有香茅油和蒸馏水的馏出液，再流入油水分离器（7）内进行油水分离。由于香茅油轻于水，就浮在油水分离器上部从出油口流出，用盛器接住就得到香茅油。蒸馏水从油水分离器下部出水口流出，再流入进水口（8）返回蒸馏锅重新循环蒸馏。

蒸馏时要不断观察从冷却器流出的液体含油情况，当 2h 后从液体中发现没有油星浮面时，就可确定香茅油已基本蒸完，就应停止蒸馏，熄火，打开进料口散气，再打开出料口（3）来出渣。清理完锅内的渣料后，关闭出料口，再从进料口重新投料，由此重新开始下一轮蒸馏操作。需要清理蒸馏锅时，打开阀 F 就可放清锅水，再将锅清理。

蒸馏用的燃料是用蒸过油的香茅草废渣，燃烧前应晒干，或至少要沥干水分才能作燃料用，晒得够干的废渣火力猛，出油率提高，蒸馏速度加快。烧晒干的草渣时，需 2～3h 可结束蒸馏，一般农户蒸馏每锅香茅草的时间以烧完上一锅的草渣为止。通常用这种方法来蒸馏时，出油率在 1％～1.2％。

这种蒸馏锅的原理是回水式水上蒸馏，属于常压蒸馏，其蒸馏锅的容量约为 2～3m³，每次蒸香茅草 300～400kg，因此其生产效率不太高，产量大的工厂要同时使用多套这类设备来蒸馏。

这种方式的优点是设备成本低、操作简单、污水量少和燃料绿色循环，但进料和出料操作很麻烦，生产操作周期时间长，每个生产周期要 4h 左右。这种生产方式至今还在一些山区农村使用。

## 第三节　用蒸汽来蒸馏香茅油的设备和操作方法

香茅油生产在 2000 年以后就逐渐采用压力蒸汽蒸馏的工艺，其设备特点是用蒸汽锅炉输来的蒸汽进入蒸馏锅底进行蒸馏，在蒸馏锅的底部增加蒸汽喷管，锅体也可以做得更大以增加放料量，将香茅草切碎蒸馏以增加出油率和缩短蒸馏时间。为了增加冷却效果，通常使用 2 个冷却器串联使用，一个列管式，一个蛇管式。这种设备如图 2-2 所示。

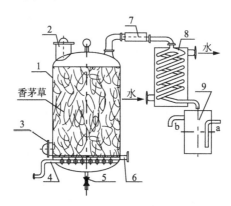

图 2-2　利用蒸汽来蒸馏香茅油的设备

在图 2-2 中，1 是蒸馏锅，较适合的容量在 2～3m³ 之间；2 是进料口；3 是出料口；4 是多环圆形蒸汽喷管，喷气孔直径约 3～4mm，气孔的总面积大于蒸汽管面积 4 倍以上，5 是排水阀，6 是进水口，7 是列管冷却器，冷却面积按蒸馏锅每立方米容量配 6m² 计算；8 是蛇管冷却器，冷却面积按蒸馏锅每立方米容配 5m² 计算；9 是油水分离器，容量为蒸馏锅每小时馏出液量的 50% 以上，其 a 为出水口，b 为出油口，b 比 a 高 20mm 以上。

使用上述设备来蒸馏香茅油的操作过程如下：先从进水口（6）放水进锅（1），满至出料口（3）下部的隔板为止，切碎的香茅草经投料口（2）放入锅内，装满锅后，放蒸汽经多环圆形喷管（4）向上喷蒸香茅草料。蒸汽将香茅油成分带出，经冷却器（7、8）后冷却成油水混合物的馏出液流入油水分离器（9），分离出香茅油和蒸馏水，香茅油从出口 b 流出，将其收集就得到商品香茅油。蒸馏水从出口 a 流出排放。蒸馏时要保持馏出液每小时流量相当于蒸馏锅体积的 10% 左右，温度为 35℃ 左右，当蒸馏至油水分离器出口 b 处无油滴出时就可停止蒸馏，打开出料口出渣后，再重新放料蒸馏。

使用蒸汽时可同时使用多个蒸馏锅来蒸馏，因此工厂生产效率和产量优于使用上述蒸馏设备的工厂，出油率增至 1.2%～1.5%，蒸馏时间缩短到 2h 以内，这种用蒸汽来蒸馏的方式目前逐渐成为香茅油生产的主流形式。

这种用蒸汽蒸馏的方式不能重新利用馏出水，不能将其回流再用，这些水大部分要排放掉，因此工厂会有大量的废水产生，如不处理就排放将污染环境；另外锅炉烧草渣，烟气中灰尘较多，烟气有时也会带有异味，也需要处理后才能排放。在环保法规日益严格的今天，香茅油生产必须做到符合环保要求，因此一些过去的生产工艺也要改进。

# 第四节　环保型高出油率的香茅油蒸馏设备及操作方法

一种高出油率、高生产效率以及不污染环境的香茅油生产工厂的设备配置实例，如图 2-3 所示。

图 2-3 是一个年产 40～50t 香茅油的工厂的设备图。分层网框（1）的结构和图 1-6 相同，共有 12 个。每个网框装料高度 300mm 的料篮（2），结构与图 1-7 相同，有 2 个。蒸馏锅（5）的结构与图 1-8 相同，有 2 个，其容积约 4.5m³。压码（7）每个蒸锅配 16 个，油水分离器（9）的容积按蒸馏锅的每立方米容积配 60L 计算，油水分离高度在 800mm 以上。锅炉（15）是蒸汽压力低于 1kgf/cm² 的低压锅炉，蒸发量约为蒸馏锅容积 15% 以上。喷淋管道系统（21）配有 20～30 多个喷淋头，冷却塔（24）循环供水给冷却器（8）使用，其流量约为 40m³/h，料篮坑（26）坑口与地坪持平，方便装料。

上述的香茅油厂生产操作步骤如下：

**1. 备料操作**

将当天或前一天割下的经晾晒几小时的香茅草用切草机（4）切成 30～50mm

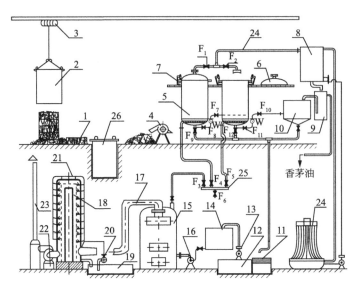

图 2-3　高出油率的香茅油生产设备

1—分层网框；2—料篮；3—吊车；4—切草机；5—蒸馏锅；6—锅盖；7—压码；
8—冷却器；9—油水分离器；10—储水罐；11—过滤网；12—废水池；13—水泵；
14—锅炉供水箱；15—低压锅炉；16—锅炉水泵；17—烟道管；18—喷淋塔；
19—喷淋水储池；20—水泵；21—喷淋系统；22—引风机；23—烟囱；
24—冷却塔；25—蒸汽分配管；26—料篮坑；$F_1 \sim F_{12}$—阀门

长，要随用随切，不要堆放太多或堆放时间太久，以免油分从切口挥发。

　　将一个料篮（2）的篮底的三个托块转向筒内后放入料篮坑（26）内，再放入第一个网框到料篮内，由托块托住，这时就可将切好的香茅草推进料篮，满到网框（1）面摊平不留空位，再放入第二个网框。如此操作，直至装满第六个网框为止。

　　将装好料的料篮用吊车（3）吊进第一个蒸馏锅（5）内，盖上盖（6），用 16 个压码（7）将盖压紧，再用气导管连接盖。由于两个蒸馏锅共用一套冷却器（8），此时要将通向本锅的气管阀门 $F_1$ 打开，而关闭通向另一个锅的阀门（$F_2$），打开阀门 $F_2$ 后就可以放水进蒸馏锅，放到锅外视镜（W）的中线为止。

　　在锅的喷管面以上的水量约为料重的 20%，这些水在蒸馏开始时先湿润物料用，使香茅油成分能顺利蒸出来，放完水进锅后，备料工作就完成了。

### 2. 蒸馏操作

　　在蒸馏开始前，要先做好以下工作：先将锅炉（15）提前点火，将蒸汽压力升到 0.8kgf/cm² 以上，才可放气蒸馏，冷却器（8）在开始蒸馏时就要由冷却塔（24）供水进行冷却，因为蒸汽放进蒸馏锅后很快就会从锅顶部出来进入冷却器。

　　在上述准备工作做完后，就可打开蒸汽分配管（25）上面通向本蒸馏锅的阀门 $F_4$，放气进锅蒸馏，阀门要逐步打开，控制在每隔 10～20s 打开四分之一，开至适合程度一直蒸馏下去。蒸汽放入量与蒸馏液流出量是有关联的，要控制馏出液量约等于蒸馏锅容积的 12%～15%。馏出液应保持温度在 30～40℃以内。冷却塔功率大小应与冷却器相匹配，其冷水流量约每小时 20m³/h。

在蒸馏过程中，从冷却器流出的馏出液先流入油水分离器（9），再被分成香茅油和蒸馏水。香茅油比水轻，从油水分离器顶部管口流出被收集放入油库，由此得到香茅油，蒸馏水从下一个管口流出进入蒸馏水储罐（10）后，再返回蒸馏锅作蒸馏底水用。

在蒸馏过程中，开始的 10min 内是水散主要时间，此时要保持常压或低压（0.5kgf/cm² 压力以下），目的是延长水汽接触香茅草料的时间。以后再提高压力，保持在约 0.8kgf/cm² 左右，直至蒸馏结束，蒸馏时间约为 1.5h。

每锅蒸馏时间的长短要靠不断观察从冷却器下部的出油口流出的液体中的含油量情况而定。通常用玻璃杯接液体来观察，如见杯中液体仅有很少油浮面时，估计蒸下去得油不多时就应停止蒸馏。一般按经验计算，通气蒸馏时间约为 1h 到 1h 15min，不过每批草料因含油量不同，实际蒸馏时间有长有短。

采用分层放料蒸馏模式，出油率要比不分层放料的蒸馏方式提高 20% 左右，当一般不分层蒸馏香茅油的出油率为 0.6% 时，用分层放料来蒸馏出油率可达 0.8%，增收是很明显的。

### 3. 出料操作

在停止蒸馏时，先关闭蒸汽阀 F₄，冷却器要继续供水，因为蒸馏锅内温度还超过 100℃，还继续有蒸馏汽输入冷却器。当观察到冷却器没有馏出液时，就可打开蒸馏锅下部的排水阀 F₉ 将锅底废水排放到过滤网（11），滤去杂质后进入废水池（12）内。

关气及放完废水后，就可打开 16 个压码，拆除锅盖的连接气管后就可用吊车将盖吊至操作平台旁边放好。稍待几分钟后待锅内热气消散后，就可将料篮吊起，移到卸料地点后打开料篮底部的三块托块，将网框连同蒸馏废料卸出，操作时要先将料篮降到地面再打开托块，再将料篮升起，逐个卸出网框和蒸馏废料。

卸完料后将料篮吊入料篮坑中进行装料操作，由此从头开始进行下一轮蒸馏操作。在第一个蒸馏锅结束蒸馏时，第二个蒸馏锅开始通气蒸馏，两个蒸馏锅共用一台冷却器交替地工作。

这个工厂用的锅炉（15）的蒸发量约为每小时 1t 以上，要选用特制的烧草的大炉门锅炉，因为其燃料就是蒸过油的废香茅草渣。

香茅草渣卸出锅后，最好晒干再作燃料，有大部分草渣含水量不多，可直接运给锅炉烧火，但要掺杂一些前几锅晒干的草渣，这样草渣足够供锅炉燃烧，蒸香茅油无需另购燃料，自给自足有余。

锅炉用的水是蒸馏锅蒸完油后留在锅底的废水，这些废水排放出来经过滤网（11）滤去 100 目以上的杂质后进入废水池（12），再由泵（13）输入供水箱

（14），当锅炉需补充水时由锅炉水泵（16）将供水箱的废水泵入锅炉内，重复使用，由此做到废水零排放。但锅炉如只使用废水是不够用的，还要每小时补入定量新鲜水，这个水量约为每锅蒸馏的香茅草质量的 30%。

锅炉排放的烟气必须经喷淋塔（18）处理，喷淋塔呈双柱型连通，烟气经过时要受到二三十个喷雾嘴喷淋，将烟气中的粉尘、气味除掉后，再由引风机（22）将烟气送到烟囱（23）排放。烧草的烟气是不含硫氧化物的，氮氧化物含量也是很微小的，除尘后就能够达标排放。

喷淋水是循环用的，其喷淋后排放到喷淋水储池（19）后，再由水泵（20）抽上去重复喷淋不排放。但由于烟气会带走大量水汽，使喷淋水不断减少，因此也要定期补水，可以用蒸馏废水来补充。

冷却系统在图 2-3 中有冷却器（8）和冷却塔（24）。这个冷却器是气流旋流冷却器，其冷却面积为 $20m^2$ 以上，可以迅速将蒸馏汽冷却成 $30 \sim 40℃$ 的液体，其冷却用水每小时进水量为 $30 \sim 40m^3$。

冷却器的冷却水由冷却塔循环供给，冷却器输出热水返回冷却塔经由风扇和大面积的填料降温后，再由水泵重新泵入冷却器使用，由此不断循环。

这些冷却水是不会排放的，也不含有芳香油成分，是相对清洁的水，但在不断被升温、降温过程中有大量水分挥发掉，需要不断补充水。工厂的冷却塔每天要补充水 500kg 左右，这些水也可以用蒸馏废水。由上述情况可知，这个香茅油厂在生产中是完全没有污水排放的。

由上述各项分析可知，这个年产 $40 \sim 50t$ 香茅油的环保型工厂没有污水排放，烟气达标排放，燃料绿色循环自给自足，出油率较高，经济效益较好，对环境也是友好的。

这个工厂每年约可蒸馏 4000 多吨香茅草，这些香茅草种植面积达千亩以上，可安排几十个农村劳动力。香茅油是国际畅销产品，供不应求，工厂取得收益是很快的，约两年内就可全部收回投资。由此可见，香茅油生产是值得大力发展的，尤其在贫困山区更有重要的扶贫意义。

# 第三章　广藿香油环保高收益生产技术

## 第一节　广藿香油简介

广藿香油又名百秋里油，英文名称为 patchouli oil，是一种棕色液体，带点偏红或偏绿的色彩，带有一种堆放日久的木材的气味。

广藿香油在蒸馏生产过程中，会分别得到轻于水的油分和重于水的油分，两者混合后的相对密度为 0.955～0.983，折射率为 1.5050～1.5120，可溶于乙醇。

广藿香油的成分主要为广藿香醇，约占 30%，是其特征成分，此外还有广藿香酮、广藿香烯、石竹烯、丁香酚、肉桂醛、苯甲醛等。

广藿香油广泛用于制造各类玫瑰香型、木香型和东方香型的香水、香料、香精等，是一种重要的定香剂，它还用于医药品，如藿香正气水等。广藿香油在国际市场需求量很大，价格也很贵，是一种重要的芳香油。广藿香油在东南亚各国、南美多国都有生产，中国主要以广东、海南、四川生产为主。

广藿香油是蒸馏唇形科刺蕊草属多年生半灌木或草本植物广藿香的枝叶而得。广藿香又称大叶薄荷、山茴香等，原产于印度、印度尼西亚、菲律宾等地，自宋朝起引入中国及世界各地，在日本、欧洲、美洲等地和中国广东、海南都有大面积栽培，后来四川等南方各省都有栽培。广藿香草的形态如彩图 3 所示。

广藿香在收获时的高度约为 1m，如任其生长高度可达 2m 以上。广藿香草大面积种植时主要方式为扦插繁殖，做法是每年春夏雨季选粗壮枝条剪成 100mm 长左右，保留上端两三片叶，将下端插入沙土中，每株相隔 50～60mm，约两个星期内就会生根。一个月后就可将其移植，每亩种约 3000 株，要开洼沟种植，要防涝、防积水，种植时每株间距约 500mm，可以种在大田或山坡。施肥以氮肥为主，幼苗时要防止红蜘蛛、蚜虫、卷叶虫等害虫，要及时喷药杀虫。在种植 3～6 个月内就可剪枝来蒸油，在南方地区，每年在 4～5 月份、7～8 月份或 11～12 月份可剪两三次，可连续收割枝叶两三年。

不同品种和在不同地区栽种的广藿香草的含油量是不同的，蒸馏时出油率也不同，有些差异很大，如广东湛江地区的出油率约为 2.8% 以下，菲律宾的出油率约为 3.5%，巴西的出油率约为 5%，俄罗斯的出油率不足 1% 等。

广藿香和藿香是不同的植物，广藿香是唇形科刺蕊草属半灌木和草本植物，而藿香是唇形科防风草属灌木。两者的芳香油成分不同，广藿香油含有广藿香醇、广藿香酮、广藿香烯等；这些在藿香油中都没有，虽然只有一字之差，但两者不能混为一谈。广藿香只用来蒸油，可做中药，不作食用；而藿香可食用，其花、茎、枝叶都可炒菜作汤，是很有风味的食品，藿香也可作中药。

# 第二节　广藿香油传统生产方法

## 一、原料准备

将收剪下来的广藿香枝叶晒至半干后将其堆放起来踏实，用塑料布等物遮盖密实，由其发热发酵，俗称"出汗"。三四天后再将其摊开晒干，然后将其打包存放，准备用来蒸油。

发酵醇化后的广藿香叶可以马上用来蒸油，也可以先存放几个月再蒸油，得油率会增加，但要耗时且占用地方。将发酵后的广藿香草切碎至 30～50mm 长短后就可马上用来蒸油，一般加工单位都是即切即蒸，以免油分挥发损失。

## 二、蒸馏生产

中国生产广藿香油有上百年历史，经历几代设备改造，每一代的特点和操作生产方法分别如下：

第一代是传统的木甑蒸馏设备，如图 3-1 所示。

20 世纪 60～80 年代，在我国广东地区和东南亚等地使用这种设备来蒸广藿香油很普遍，这种生产方法的设备简单，投资少，但出油率很低，干草出油率为 0.5%～0.8%，蒸馏时间长达一整天甚至更长，要消耗大量木柴，因其采用水密封需要经常加水，否则就会漏汽跑油，操作上比较麻烦。

第二代设备是 20 世纪 90 年代起使用金属制的蒸馏锅，如图 3-2 所示。蒸馏广藿香油的蒸馏锅都为金属制，除了锅底外，蒸馏锅的锅身也可成为受热面，这使蒸馏锅的受热面积大大增加，产生的蒸汽更猛更强，而且这种设备是将广藿香草切碎来蒸馏的，进料出料都很方便，由此也得到蒸馏时间缩短、出油率增加的效果。

用上述设备蒸馏广东产的广藿香草时，出油率会增加到 1.2%～1.8%，蒸馏时间缩短至 6h 以内。但这种设备是常压回水蒸馏设备，蒸馏温度较低，不能有效地提取广藿香枝叶中的高沸点重油，而这部分重油含有丰富且重要的醛类成分。

这类设备使用的燃料主要是木柴及蒸过油的叶渣，有些地方也用烟煤作燃料，这类设备目前仍在我国广东及东盟地区使用。

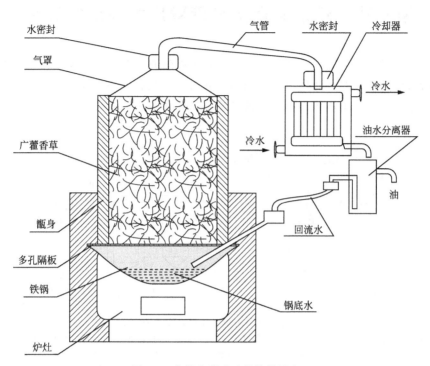

图 3-1　蒸馏广藿香油的传统设备

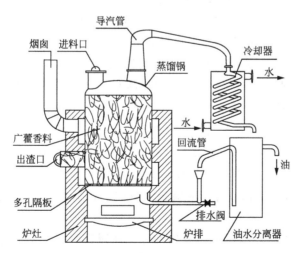

图 3-2　蒸馏广藿香油的金属制的蒸馏锅

## 第三节　蒸馏兼用溶剂萃取广藿香油的工艺

自 20 世纪 90 年代后期开始，有些企业使用锅炉产生的蒸汽来蒸馏广藿香油，这种带有压力蒸馏的方法使出油率增加，同时还采用化学萃取剂来回收在蒸馏液中的油分，因此使出油率再提高。这种设备结构如图 3-3 所示。

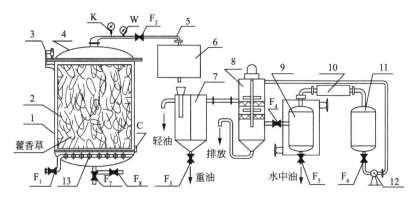

图 3-3　用蒸汽及溶剂来生产广藿香油的设备

1—蒸馏锅；2—料篮；3—压码；4—锅盖；5—气导管；6—冷却器；7—隔板式油水分离器；

8—苯萃取器；9—苯蒸馏器；10—苯蒸气冷却器；11—苯储罐；12—苯液泵；

13—喷管；$F_1$—蒸汽阀；$F_2$—闸阀；$F_3 \sim F_7$—球阀；$F_8$—进水阀；

K—压力表；W—温度表；C—视镜

上述设备的生产操作过程大致如下：

先放水经阀 $F_8$ 进入蒸馏锅（1）内，满至视镜（C）水平中线为止，即关闭阀 $F_8$，将醛化发酵好的广藿香枝叶切碎，放入料篮（2）中，用吊车将其吊入蒸馏锅内，放上盖（4），用 16 个压码（3）将锅盖压紧，并连接好气导管（5），打开气导管（5）上的阀 $F_2$，使蒸馏锅通过冷却器（6）与大气相通。

做好上述工作后就可开始蒸馏，打开蒸汽阀 $F_1$ 放蒸汽（压力约 3kgf/cm²）进入喷管（13）喷射，蒸汽穿过锅下部的水层，再向上穿过料层，一边水散一边带出油分，从锅盖顶部经气导管进入冷却器冷却成液体，再流入油水分离器（7）进行油水分离而取得广藿香油。在前 2h 内要调节阀 $F_2$ 保持蒸汽锅内蒸汽压力约为 0.5kgf/cm²，保持馏出液每小时流量为蒸馏锅容积的 5%～8%，这段时间主要是蒸馏广藿香的轻油部分。

在 2h 后，观察到冷却器馏出液中油分不断减少时，就要进行加压蒸馏，将压力增至 1.5～2kgf/cm²，馏出液流量保持不变，这样做的目的是将广藿香中的重油成分提取出来。

油水分离器（7）是隔板式油水分离器，它在中间垂直地被一块隔板分隔成底部连通的两格，蒸馏液体进入第一格后慢慢沉降，向下流过隔板后再浮上去从第二格的出水口出去进入苯萃取器（8），分离过程时间约 1h 左右。

蒸馏液中比水轻的油分聚集到油水分离器第一格上面从出油口流出，这些油称为轻油，而比水重的油分沉到分离器的锥底，打开阀门 $F_3$ 就可取得，这些油称为重油。

蒸馏液带着一部分密度与水相近、未能迅速沉降分离出来的广藿香油成分从分离器流出进入萃取器的苯液中，由于水比苯重会迅速下沉。为了延长水与苯混合接触的时间，使苯的吸附效果更好，此时就要开动萃取器内的搅拌器（转速 60r/min 以下），将蒸馏液搅拌分散，使其逐渐缓慢地向下穿过苯层进入丝网填料内。蒸馏液在丝网填料内的无数孔格间隙中做更多的曲折分散活动，由此与苯液充分接触，这可使蒸馏液中的广藿香油成分被苯不断吸附出来。蒸馏液经过几重搅拌和几层填料后，其中的油分被苯液吸收完后从萃取器下部流出，准备作下一锅的蒸馏底水用或排放掉。

苯的相对密度为 0.88，当其吸收 30% 左右广藿香油分后相对密度增到 0.95 时，就要将其放入蒸馏器（9），用水浴的方法将苯蒸出。苯蒸气进入冷却器（10）后被冷却成苯液进入储罐（11），储够一定量后由泵（12）再将其泵回萃取器（8）重复使用，而留在蒸馏器底部的广藿香油就是所谓的"水中油"。

在加压蒸馏 1h 后，就应打开油水分离器的底部阀门 $F_3$ 将重油放完，其后每隔 10min 放 1 次来观察重油出油量。当观察到无油或极少油时就要停止蒸馏，打开锅盖出渣，再从头开始下一轮蒸馏操作。

使用蒸汽蒸馏广藿香油的时间约为 4h 左右，实际时间以物料醛化程度及含油量多少而定。用这种方法出油率会上升到 2.5% 以上（广东料），其油分中水中油占 3%～5%，重油占 5% 左右，其余为轻油。

由于苯是石油化工产品，又叫安息油，是一类强致癌物质，它带有强烈的芳香气味，如吸入过量会危害生命。当其残留在广藿香油中时，若将这些油用来制药品，如藿香正气水等服用药时，是十分令人担忧的，而且苯也是易燃易爆的危险品，在生产时要十分小心。这种使用苯来提取广藿香油的工艺仅有少数大企业曾经使用过，民间蒸馏生产广藿香油是不会用这种方法的。

# 第四节　环保节能的广藿香油新型生产设备及操作方法

环保节能的广藿香油新型生产设备如图 3-4 所示。

在图 3-4 中，蒸馏锅（1）结构同图 1-8，其容积在 $4m^3$ 以内，料篮（2）结构同图 1-7，分层网框（3）结构同图 1-6 所示相同，其装料高度约 300mm。锅炉

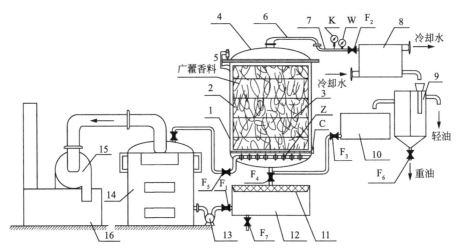

图 3-4　环保节能的广藿香油蒸馏设备

1—蒸馏锅；2—料篮；3—分层网框；4—锅盖；5—螺丝压码；6—气导管；7—气流控制管；
8—旋流式冷却器；9—隔板式油水分离器；10—储油罐；11—滤网；12—废水池；
13—锅炉进水泵；14—低压锅炉；15—引风机；16—文丘里除尘器；K—压力表；
W—温度表；C—视镜；F$_1$—蒸汽阀；F$_2$—闸阀；
F$_3$～F$_7$—球阀；Z—蒸汽环形喷管

(14) 压力在 1kgf/cm$^2$ 以内，不列入压力容器监管范围，蒸发量为蒸馏锅容积的 15% 以上，可以利用蒸馏废水。

另外配合蒸馏用的还有切碎机、吊车、料篮坑、冷却塔等，在图 3-4 中未画出。

上述环保节能的广藿香油生产操作方法如下：

**1. 进料操作**

将发酵好的枝叶切碎放入料篮 (2)，装满至第一个网框 (3) 框面，铺平不留空位，再如此法逐个放网框进料篮内，直至装满最后一个网框后。用吊车将料篮吊入蒸馏锅 (1) 内，再盖上锅盖 (4)，用多个压码 (5) 将锅压紧，再装好气导管 (6)，打开阀 F$_2$ 让锅通过冷却器 (8) 与大气相通。此后可打开进水阀门 F$_3$，放水进锅，满至视镜 (C) 水平中线为止。

**2. 蒸馏轻油**

当做完上述工作后就可开始蒸馏轻油，先将蒸汽通过阀 F$_1$ 放入锅下面的蒸汽喷管 (Z)，将蒸汽分散喷射来加热各层广藿香料，蒸汽一边进行水散一边加热将轻油抽出。此时要调节分配管的阀 F$_2$，将锅内压力保持在 0.5kgf/cm$^2$ 左右，在 1h 内就基本将轻油蒸完，带有轻油的蒸汽经冷却器 (8) 后成为液体，由油水分离器 (9) 分离取得广藿香轻油。

从冷却器流出的馏出液每小时流量应控制在蒸馏锅有效容积的 8%～10% 内，其温度要控制在 40℃ 以下。在一般情况下，冷却器用的冷却水是由冷却塔循环供给的，只要冷却塔选用合适，这个温度容易达到，一般 4m³ 的蒸馏锅应选用流量 30m³/h 以上的冷却塔。

油水分离器（9）要有 1h 以上的沉降容量，约为 0.8m³，使进入油水分离器的馏出液要沉降约 1h 以后才能离开，这样才能顺利分离出轻油和重油。从油水分离器第一格最高处的出油口流出的就是广藿香油的轻油部分，约占总油量 95%。

在蒸馏约 1h 后，就要每隔 10min 用玻璃量杯接取冷却器的馏出液来观察出油量情况，油分会明显浮在量杯水层上面，很易观察到，如其开始逐步减少就应加压蒸馏重油部分。

### 3. 蒸馏重油

蒸馏重油使用加压蒸馏。加压蒸馏操作为：关小气流控制管（7）的阀门 $F_2$，使锅内压力升到 0.8kgf/cm²，在保持馏出液流量不变的情况下继续蒸馏下去。

在加压蒸馏过程中，轻油继续流出，重油则聚集在油水分离器（9）的下部，在加压蒸馏约 70min 后，打开油水分离器的下部阀门 $F_6$，将全部重油放出后关闭 $F_6$。以后每 10min 打开 $F_6$ 放油一次，观察重油出油量变化，若观察到出油量太少，无蒸馏价值时就应停止蒸馏进行出料，再从头开始下一轮蒸馏。一般加压蒸馏时间约为 1.5h，每锅总蒸馏时间约 2.5h，出油率 2.5%～3%，分层蒸馏的效果是很明显的。

### 4. 出料操作

蒸馏结束时先关闭蒸汽阀 $F_1$，开气流控制管的阀门 $F_2$，让蒸馏锅恢复常压状态，然后松开压码，卸下气导管将盖吊起移开。此时操作要小心，因锅内会有大量热气冒出，要小心避开。待热气散去后，将料篮吊出，放到预定地点卸出枝叶渣，同时将另一个已备好料的料篮吊入蒸馏锅内，重新开始下一轮蒸馏操作。

### 5. 渣料、废水、烟气处理

枝叶渣可用作肥料和沼气原料，也可将其干燥后作锅炉燃料。

在蒸馏过程中，会有废水产生，这些废水是蒸馏分离水和锅底余水，其处理方法为：储水罐（10）的蒸馏分离水，在下一锅蒸馏时将其放入锅重复利用。蒸馏结束后，这些水留在锅底变成废水，要打开阀 $F_4$ 将其放出，经过滤网（11）过滤后进入废水池（12），经沉降处理后用阀 $F_5$ 和泵（13）将其返回蒸汽锅炉（14）重复利用，或供除尘器（16）用。这些废水是不够用的，要不断补充新鲜水供给锅炉用，补水量约为广藿香料质量的 50%，在上述蒸馏广藿香油的过程中是没有废水排放的。

锅炉以叶渣作燃料时，在高温天气及叶渣够干燥时基本足够用，在低温、雨天时或者需补充少量生物质燃料，其烟气中不含硫氧化物，氮氧化物也不会超标，但粉尘较多，必须进行除尘处理。让烟气进入文丘里除尘器就可有效除尘，若天气炎热，粉尘较多较猛时，可增加喷淋除尘，就可使烟气完全达标排放，用布袋除尘器来除尘则效果更好。

　　由上述处理方法可知，这个环保型蒸馏广藿香油的生产过程没有污水排放，烟气也是达标排放的，由于其采用分层蒸馏技术提高了出油率和缩短了蒸馏时间，利用废渣作燃料也节省了大部分燃料费用，这种蒸馏设备是效益较好的环保型广藿香油生产设备。

# 第四章　薄荷油环保高收益生产技术

## 第一节　薄荷油简介

薄荷油英文名称为 mentha arvensis oil，是一种无色或淡黄色或绿黄色的透明液体，其相对密度为 0.899～0.909，折射率为 1.456～1.466，含有强烈的薄荷味，可溶于乙醇。

薄荷油的主要成分是薄荷醇，约占 60%，此外还含有薄荷酮、薄荷酯、$\alpha$-蒎烯、$\beta$-蒎烯、侧柏烯、柠檬烯、月桂烯、桉叶油素、松油醇、迷迭香酸等几十种成分。薄荷油主要用于药品、食品方面，可制薄荷糖、清凉油、薄荷饮料等，还用于食品添加剂和日用化工等产业，薄荷油是用量很大的一种芳香油。薄荷油是蒸馏薄荷的枝叶而取得，薄荷的鲜叶和干叶都可用来蒸油。

薄荷是唇形科薄荷属多年生草本植物，又名银丹草，有 100 多个品种。大量种植的品种有亚洲薄荷和欧洲薄荷，这两种薄荷外观近似，成分基本相同，但风味稍有不同，亚洲薄荷带甜醇味，欧洲薄荷带辛辣味，故又称之为胡椒薄荷。薄荷草形态如彩图 4 所示。

薄荷自古以来就作为食品和药品，中国南方某些地区有将薄荷生吃或煮食的习俗，在《本草纲目》中有用薄荷来治疗感冒、头痛、喉痛和去风热、辟邪毒等记载。东南亚各国都有民俗习惯用薄荷作主食配菜，每餐桌上必备，欧洲人则经常用鲜薄荷打成汁作饮料或食用。近十多年来，非洲各国大量需求中国生产的薄荷制品，如薄荷糖、清凉油等。

中国的薄荷种植品种以亚洲薄荷为主，在南方各省都有种植，以江苏省产量最大。巴西、日本、巴拉圭等国也大量种植亚洲薄荷，而欧洲薄荷即胡椒薄荷的种植以美国和俄罗斯为主。

中国种植薄荷常用的方法是用根茎来繁殖。将薄荷的根茎在 4～8 月间割下，剪成 50～60mm 长，撒入深 150mm 左右的田沟中，每支根茎距离约 200mm，再盖上泥土后淋水即可，田沟之间距离约为 300mm。种植时间在每年 10～11 月份，施肥以施氮肥为主。

薄荷对土壤要求很低，在一般田地、山坡、河边、湿地都可栽种。薄荷枝叶不耐寒，冰霜会将其打萎，但其地下的根茎耐寒，即使在－30℃的低温下仍能存活，当春天到来时就会重新发芽生长，因此薄荷是可以在中国大部分地区种植的。

薄荷在春天发芽后很快就长得枝叶繁茂，薄荷作食用和药用时是可以随时收割的。用于蒸油的薄荷枝叶的收割时间有两次，在每年6～7月份进行第一次收割，在11月份进行第二次收割。只要将根留住，薄荷会重新发芽生长，薄荷枝叶可连续收割2～3年。

一亩地的鲜薄荷枝叶年产量约为2t，种植良种薄荷时则每亩鲜枝叶年产量可达3t左右，而且枝叶含油量也比其他品种高。

# 第二节　传统的薄荷油蒸馏生产方法

传统的薄荷油蒸馏生产操作步骤如下：

## 一、原料准备

蒸馏用的薄荷枝叶要用开花期的枝叶，此时的枝叶含油量最大，蒸馏时出油率才会较高。薄荷从春天发芽长到6、7月份时就会开花，此时应将其收割，留住根，薄荷会再出芽生长，长到10～11月份时又再开花，此时又将其收割，在农村习惯称第一次收割为第一刀，第二次收割为第二刀。

薄荷收割后要立即将其晒干，打包存放备用，枝叶晒干呈浅绿色时最好，此时香气最浓。有些地区的农民习惯将收割的薄荷枝叶晒到六至七成干时，将其扎成小扎，每扎大小以锄刀能方便锄去根茎的无叶部分最为合适，但蒸油用的枝叶只需晒干即可，无需费人工锄去无叶根茎，因为这些根茎虽然含油少，但在蒸馏过程中可支撑物料，造成宽松环境，避免物料因受热结成团块导致难蒸馏和出油率降低的现象。将上述晒干的枝叶切碎至30～50mm长短后就可以立即用来蒸油。

## 二、蒸馏生产

中国大规模生产薄荷油的起步时间较晚，距今仅三四十年。目前在薄荷油产区普遍采用的设备如图4-1所示。

使用这种蒸馏设备生产薄荷油时，操作过程大致如下：

### 1. 进料操作

先放水入蒸馏锅，满到多孔隔板面即可，再将枝叶投入蒸馏锅中，自锅底的多孔隔板起放料，要不断将锅周边的料压实，直至装满到蒸馏锅身的水密封环位置。装料后盖上气盖和气导管，使蒸馏锅与冷却器连通，将蒸馏锅的水密封环和冷却器的水密封环放满水后就可以点火蒸馏。

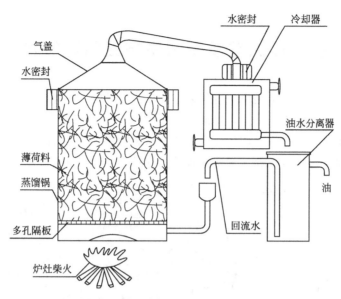

图 4-1　农村常用的薄荷油蒸馏设备

　　在这里要对水密封这个概念作以说明,其应用原理为:当气体在管道和容器中流动时,管道和容器之间的连接处要有封闭材料,否则气体就会漏出去。常用的封闭材料有弹性的密封胶圈等,但在农村很难找到大直径的合适的胶圈,于是在水环中放水,让锅盖或气导管插入水环中,用水环来防止气体漏出,这个水环就是水密封环。这种密封方法在农村蒸馏芳香油时普遍使用,其缺点是热量会损失,要不停加水到水环中,而且水环不能承受有压力的蒸汽等。

**2. 蒸馏操作**

　　在进完料放好水后就可在炉灶点火蒸馏,锅水烧开后产生蒸汽,蒸汽穿过薄荷枝叶将油分带出,从锅顶流出锅后进入冷却器,被冷却成水和油的混合液,再进入油水分离器利用重力原理将薄荷油和水分开。薄荷油浮上油水分离器顶部最高处的出油口流出,用瓶罐接住就取得薄荷油,水从位置稍低的出口处流出后返回蒸馏锅循环蒸馏。在蒸馏 2h 以后,当逐渐地观察到冷却器的馏出液中的油分不断减少甚至无油时,就可停止蒸馏,熄火出料,再开始下一轮操作。通常每锅蒸馏时间为 1.5~2h,得油率 0.8%~1%。

　　这种蒸馏方法的优点是设备简单,是一种因地制宜的常压回水蒸馏设备,至今仍然是各地农村蒸馏薄荷油的常用设备。其缺点是出料、进料很费人工,出油率也不高,蒸馏锅容量小,生产效率低。由于这种蒸馏锅通常是燃煤或木柴的,在今天环保法规严格的情况下,会引起污染环境的问题。

　　由于薄荷油一些成分会在水中溶解,如将油水分离器的分离水排放掉将会损失薄荷油,因此应使用回水蒸馏的设备来重复利用这些分离水。

## 第三节　环保型薄荷油生产设备及操作方法

为提高生产效率和出油率，近年来有些生产单位采用一种环保节能型的回水蒸馏锅，使生产效率成倍提高，出油率提高10％以上，而且可把蒸过油的叶渣作燃料，这就使薄荷生产做到燃料绿色循环。这种设备也是一种环保设备，在生产过程中可做到无污水排放和烟气达标排放。这种设备如图4-2所示。

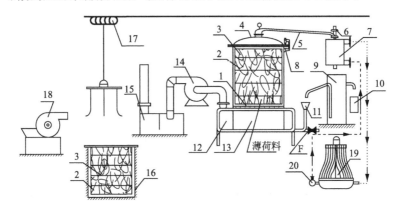

图 4-2　环保型薄荷油蒸馏设备

1—蒸馏锅；2—料篮；3—放料网框；4—锅盖；5—气导管；6—活动压架；
7—冷却器；8—螺丝压码；9—油水分离器；10—装油桶；11—回流水管；
12—炉膛；13—烟道加热系统；14—引风机；15—除尘器；16—料篮坑；
17—吊车；18—切碎机；19—冷却塔；20—循环水泵；F—排水阀

在图4-2中，料篮（2）的结构同图1-7，分层网框（3）的结构同图1-6，其放料高度约为400mm，烟道加热系统（13）的结构如图4-3所示。

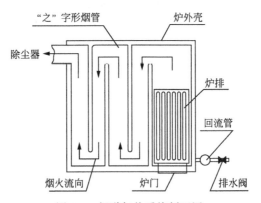

图 4-3　烟道加热系统剖面图

上述的环保型薄荷油设备的生产操作方法步骤如下：

## 1. 进料操作

先将薄荷干枝叶切碎至 30～50mm 长备用，将一个料篮（2）的底部活动托块转向篮筒内（其方法与第一章所述进料方法相同），然后放入料篮坑（16）中。再将一个网框（3）放入料篮后，将枝叶放入网框，堆至网框面推平，不留空隙后再放入第二个网框。如此放料，直到最后一个网框装满料，几层料的总高度以 2～2.2m 为宜。

料篮装满料后，用吊车（17）将其吊入蒸馏锅（1）内，盖上锅盖（4），用 16 个以上的压码（8）将盖和锅压紧。然后从进水口处放水进锅，浸到料篮的底面，此后就可以从锅底部的炉膛（12）点火加热。

## 2. 蒸馏操作

这个锅的燃烧系统是一种节能专利结构，其烟道为曲折"之"字形排列，使蒸馏锅的受热面积变得很大，如容积 5m³ 的蒸馏锅，其锅内烟管受热面积达 18m² 左右，比普通锅面积大三倍以上。这就使锅内的水很快沸腾产生蒸汽，而且蒸汽产生量很大，这使蒸馏速度大大加快。

在点火 10min 后就要放冷却水进入冷却器（7），通常用冷却塔（19）来作循环供水给冷却器进行冷却，两者要匹配，如蒸馏锅为 5m³ 的容积，就要选用流量 20m³ 的冷却塔。

冷却塔一面将从冷却器输进来的热水冷却降温，一面又将降温后的冷水泵回冷却器去吸收热量，由此不断使水循环。这个循环水是不排放的，还要不断补充水来弥补被挥发掉的水分。

冷却器通入冷却水后就会有馏出液从其下部出油口流出，馏出液是水和薄荷油的混合液，要将其放入油水分离器（9）将薄荷油分离出来。薄荷油比水轻，从油水分离器上部出口流出，蒸汽水从稍低 20mm 的另一个出口流出，经进水口返回蒸馏锅重新蒸馏，这就是回水蒸馏过程。

冷却器的馏出液的温度要控制在 40～50℃ 左右，温度太低薄荷油会析出薄荷脑晶体，会堵塞冷却器和影响油水分离效果。油水分离器要做得足够大，要至少能装下蒸馏锅在半小时内蒸馏出来的馏出液，如容量 5m³ 的蒸馏锅，其半小时内蒸馏出的蒸馏液一般约为 250L，这就是油水分离器的最小容积。

蒸馏约 50min 后，就要不断用玻璃杯来接取冷却器的馏出液来观察出油情况，如发现油花稀少及油水分离器出油口无油滴出时就应停火，吊出料篮卸渣，再马上将已装好料的另一个料篮吊入蒸馏锅内，再从头开始蒸馏，如此连接不断地蒸馏下去，以求得最快的生产速度。

通常在分层放料来蒸馏的情况下，1h 内就可蒸完枝叶料中的油分，比不分层堆料的蒸馏速度快三分之一以上，出油率至少增加 10%。一般薄荷干枝叶出油率可达到 1.1%～1.3%，可见分层放料蒸馏可明显增加收益。

由此可知，上述这种环保型蒸馏锅优点是突出的，而且用料篮分层来装料的方式生产效率很高，一个 $5m^3$ 容量的蒸馏锅每 24h 就可蒸完 8t 干枝叶，种植 1000 亩薄荷只需用一套这样的蒸馏锅在 8 个月内就可将其所产干枝叶蒸完。

### 3. 渣料、烟气、废水处理

蒸馏完油的枝叶渣可作为燃料用，每锅的薄荷枝叶渣干燥后都足够作为蒸馏下一锅的燃料用，在使用上述这种节能效果突出的蒸馏锅时，薄荷油生产完全可以做到燃料绿色循环利用，无需另购燃料。

用枝叶渣作燃料时烟气中会有大量灰尘，一定要进行除尘处理，其做法就是用除尘器（15）来除尘，用文丘里式或布袋式的除尘器都可以，这样就不会污染环境。

蒸馏锅的蒸馏水是重复使用不排放的，每锅还要补充新鲜水，补水量相当于干燥的薄荷枝叶在蒸馏时吸收的水量，约为干枝叶质量的 40％。除尘器也要补充被烟气挥发的水分，可直接用锅的蒸馏废水来补充，所以在这种薄荷油生产的过程中是没有污水排放的。

蒸馏出来的薄荷油称为薄荷原油，如将其冷却到 2℃ 左右就有大量薄荷脑晶体析出，因薄荷脑的主要成分就是薄荷醇，这样就大概会有占原油 60％ 以上的薄荷脑析出，剩下的薄荷油称为薄荷素油。原油、薄荷脑和薄荷素油这三种产品都是薄荷蒸馏生产得到的初级产品，都可以在市场上销售，再由后续的生产企业将其制成各种药品和食品。

由上述情况可知，薄荷油生产是完全可以做到无污染的，这个产业也是一个绿色循环的高收益的产业。

# 第五章　白千层油绿色循环生产技术

## 第一节　白千层油简介

白千层油英文名称为 tea tree oil，是一种无色到浅黄色的透明液体，带松节油和樟脑混合的微微的辛香味，其相对密度为 0.885～0.906，折射率为 1.475～1.4820，可溶于乙醇。

白千层油的化学成分有松油醇-4、1,8-桉油素、α-蒎烯、β-蒎烯、侧柏烯、莰烯、香桧烯、水芹烯、柠檬烯、松油烯、芳樟醇、香茅醇、榄香烯、伊兰烯、长叶烯等近五十种，但其中最主要的成分是松油醇-4 和 1,8-桉油素。国际市场一般要求松油醇-4 含量要在 35％以上，而 1,8-桉油素含量要在 5％以下。

白千层油是利用水蒸气来蒸馏互叶白千层树的枝叶而取得的。白千层油是一种天然广谱杀菌剂，在几百年前澳大利亚人就用它来治疗各种疾病和创伤，治疗各种毒虫、毒蛇咬伤及各种皮肤病如毒疮、藓、疥等，在当地是民用和军用必备品，直至第二次世界大战时期澳大利亚士兵仍每人随身携带白千层油用来防病治伤。

近几十年来，白千层油被广泛用于食品，如焙烤食品、口香糖、鱼制品、乳制品、饮料、酒类等，还用来制造各种杀菌剂、消毒剂、清洁剂、空气清新剂、除臭剂、消炎药等。近二十年来，白千层油在保健行业和芳香疗法中得到广泛应用，大量用于美容、按摩、护肤、洗发等，需求量日益增大。

白千层油产出国有澳大利亚、印度、印度尼西亚、马来西亚、越南、新几内亚、中国等，其中澳大利亚年产量达 600t 左右，目前白千层油全世界年产量仅2000t 左右，这个产量远远不能满足国际市场需要。中国近年来产出白千层油200t 左右，基本上都供出口，虽然起步晚，但中国白千层油年产量有快速上升趋势。

中国自 20 世纪 90 年代后期开始大量引种澳大利亚的互叶白千层树，在广西、云南、广东、福建、江西等地都建立了种植基地。白千层树形态如彩图 5所示。

白千层树是桃金娘科白千层属乔木，在生长多年后也可长成十几米高的大树，因其树身的白皮会一层一层不断地自然剥落随风飘扬，故被称为白千层树。

白千层树有 200 多个变种，其中能供蒸油的最佳品种就是互叶白千层，即澳洲茶树，市场上的白千层油大都是互叶白千层油，以下所述的白千层是指互叶白千层。

白千层树不耐冰冻，只能在南方种植，其种植方法以用种子育苗再移植为主。具体方法是在秋冬期间采集深灰色的果实晒几天，让果实自己开裂脱出细小的种子，可立即播种，也可以在 2～3 月份播种。播种于用细土铺成的育苗床中，盖上薄膜，约一个星期后种子就会发芽，待苗长到 100mm 左右高时就将其移于营养钵中培育，待苗木长到 700～800mm 高时就可将其移植到大田中。通常在每年春雨天将培育好的苗木按每棵苗距离 600×600mm 来栽种，施肥以氮肥为主，如能种在潮湿地区最适宜。

白千层树的根系非常发达，当枝干被砍去后，留在地下的树根就会马上发芽生长，因此用来蒸油的白千层树可以每年收割，可以连续收割十几年，每次收割时间以相隔 7～8 个月为宜。

# 第二节　传统的白千层油生产设备

白千层油的生产都是用水蒸气来蒸馏，自 20 世纪 90 年代后期至今，其蒸馏设备经历了几种形式。第一种蒸馏设备是直接加热的设备，如图 5-1 所示。

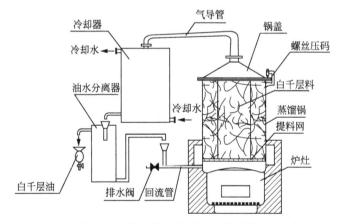

图 5-1　直接加热式白千层油蒸馏设备

图 5-1 中的蒸馏锅容积为 2～3m³，锅体、锅盖用钢制，冷却器用双头铝蛇管，气导管、油水分离器用铝制。

在蒸馏白千层油时，先放水入蒸馏锅，满至隔板面，将白千层枝叶砍成几截放入蒸馏锅内，一层层铺平堵住空洞，装满锅后上好锅盖，用十几个螺丝压码压紧锅盖，再装上气导管后就可以在炉灶中生火蒸馏。

蒸馏锅内的水烧开后就有蒸汽不断向上穿过白千层料，一边进行水散，一边将油分带出。蒸汽带着白千层油分从锅顶出去，经气导管进入冷却器后被冷却成含有白千层油和蒸馏水的油水混合液，再流入油水分离器中将油和水分开。白千层油比水轻，浮上水面从油水分离器上面出油口流出，用容器或分液瓶接住就取得白千层油，而蒸馏水从油水分离器下面出口流出，进入回流水管返回蒸馏锅循环蒸馏，不断将白千层油分提出，直至把油蒸完。当油水分离器出油口没有油滴出时就熄火停止蒸馏。

蒸完油打开锅盖，将预先放入锅底、留有几条铁丝拉索的出料网板拉起就可将全部枝叶渣料卸出蒸馏锅，出料速度很快。这种蒸馏锅每锅蒸馏时间为3～4h，出油率0.6%～0.8%。在2000年以前，广西种植白千层树的农户使用得较多。这种蒸馏锅有出油率低、蒸馏时间长、能耗大的缺点，而且烟气排放不环保。

# 第三节　用蒸汽蒸馏白千层油的设备

第二种蒸馏设备是用蒸汽来加热蒸馏的，如图5-2所示。

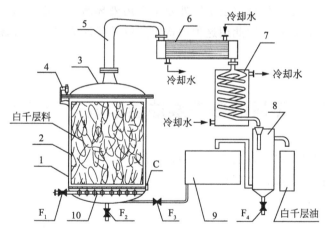

图5-2　利用蒸汽来蒸馏生产白千层油的设备

1—蒸馏锅；2—装料篮；3—锅盖；4—螺丝压码；5—气导管；6—列管冷却器；
7—蛇管冷却器；8—油水分离器；9—储水罐；10—蒸汽环形喷管；
C—视镜；$F_1$—蒸汽阀；$F_2$～$F_4$—球阀

上述设备的蒸馏过程大致如下：

先放水进蒸馏锅（1），做法是打开阀$F_3$，将储水罐（9）的水放入蒸馏锅内，满到视镜（C）水平中线止。将切碎的白千层枝叶料放入装料篮（2）（结构如图5-3所示）内装满后将其吊入蒸馏锅内，再盖上锅盖（3），用十几个螺丝压码

图 5-3　装料篮的结构

法兰　　吊耳

筒身

出料门

（4）将锅盖压紧，再装上气导管（5）连接蒸馏锅和冷却器（7）。然后可打开阀 $F_1$ 放蒸汽入环形喷管（10），开始蒸馏。

环形喷管将蒸汽分散成几百股气流向上喷向料篮底部，穿过料篮内的白千层料不断将油分带出，蒸汽带着白千层油分经锅盖、气导管进入冷却器（6、7）后被冷却成含有蒸馏水和白千层油的馏出液流入油水分离器（8）进行油水分离。白千层油轻于水，浮上水面从油水分离器上部出油口流出，落入盛器中，由此得到白千层油，蒸馏水从油水分离器下部出口流出进入储水罐内，留作下一锅蒸馏时放回蒸馏锅重新使用。

在蒸馏过程中，要保持蒸馏锅内压力在 $1.5 kgf/cm^2$ 左右，馏出液每小时流量约为蒸馏锅容积的 10%，馏出液温度保持在 35℃ 左右。

在蒸馏约 2h 后，当油水分离器的出油口没有油滴出时就可关闭蒸汽阀 $F_1$ 停止蒸馏。打开锅盖吊出料篮，将其下部出料门拉出销子打开后就可将全部料卸出。每锅蒸馏时间约为 2h，出油率为 1%～1.2%。这种蒸馏设备至今为止仍然是生产白千层油的工厂普遍使用的设备，这种设备的优点是生产效率和出油率高于第一种设备；但这种设备是不能利用蒸馏废水的，蒸馏锅底部的废水只能每锅都排放掉，如未经处理后排放出工厂外面是会污染环境的，而且蒸汽锅炉的烟气也受环保部门严格监控，因此用这种设备生产白千层油会受到环保新规定的严格限制。

## 第四节　环保的白千层油蒸馏设备及操作方法

第三种蒸馏设备是环保的蒸馏设备，如图 5-4 所示。

上述设备的生产操作过程如下：

### 1. 原料准备

白千层的树干、枝叶、花蕾、果实中的芳香油含油量是不同的，甚至油的成分也是不同的。如树干含油极少，约为枝叶的十分之一，花蕾、果实含油率约为枝叶的五分之一，而且在其油的成分中松油醇-4 含量仅为 12% 左右。另外在气温不同时，白千层枝叶含油量也不同，天气越热，含油量越高。因此在蒸油生产中，为了得到最佳效果，枝叶原料的准备工作要注意以下几点：

其一是砍伐时间应选在连续十几天高温天气后，此时白千层叶中含油量最高；其二是在白千层树未长出花蕾时收割，因为花蕾含油量少，而且成分不佳；其三是不要蒸馏大枝干，因为其含油量太少，毫无蒸馏价值，而且蒸馏过程中树干的木质反而会吸收油分。

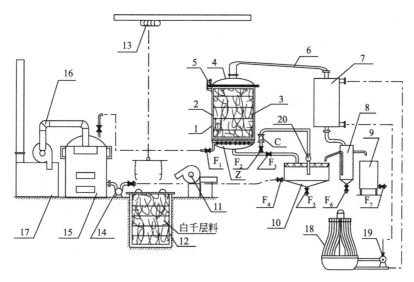

图 5-4　白千层油的环保生产设备

1—蒸馏锅；2—料篮筒；3—分层网框；4—锅盖；5—压码；6—气导管；7—旋流式冷却器；
8—油水分离器；9—白千层油油罐；10—蒸馏水罐；11—切碎机；12—料篮坑；
13—吊车；14—锅炉供水泵；15—低压锅炉；16—引风机；17—除尘器；
18—冷却塔；19—循环水泵；20—蒸馏锅供水泵；C—视镜；
Z—蒸汽喷管；$F_1$—蒸汽阀；$F_2$～$F_7$—球阀

白千层枝叶砍下来后，可以立即用切碎机将其切碎来蒸油，也可以将其存放于阴凉处，慢慢用来蒸油，在阴凉处存放 1～2 个月，枝叶内油分基本不会有很大变化。

**2. 进料操作**

先将料篮（2）的底部三块托块转入篮内，再将其放入料篮坑（12）内，料篮坑的深度与料篮的高度相同。料篮放进料篮坑后，篮口与地面持平，这样就很方便进料。

进料时先将第一个网框（3）放进料篮，由托块托住，再将切碎的白千层枝叶放入料篮内，堆满至网框面，铺平压实，不留空位。然后再放入第二个网框，依此操作放料，以后第三、第四、直到第五个网框都如此装料。

在装满料后即可用吊车将料篮吊入蒸馏锅（1）内，放上锅盖（4），用 16 个以上的压码（5）将其压紧至不漏气，再装上气导管（6）来连通冷却器（7）和锅盖。

在装料的同时要用水泵（20）将水罐（10）中的水泵入蒸馏锅内，满到浸过锅内的蒸汽喷管（Z）上面约 30mm 高为止，这 30mm 高的水量相当于料篮放入的枝叶质量的 20% 左右。这些水将被蒸汽向上喷散来湿润枝叶来进行水散，由此可使蒸馏速度加快和增加出油率。

### 3. 蒸馏操作

在做完上述进料准备工作后，就可以由阀 $F_1$ 放从锅炉（15）通来的蒸汽进入锅的喷管（Z），将蒸汽在蒸馏锅内分散喷射。

喷管是由多环管套合组成，在环管上钻有几百个直径约 3mm 的小喷孔，喷孔总面积大于进气阀门口径面积 5 倍以上，可均布地向上喷射蒸汽，在组装喷管时一定要确保料篮底部的每个位置都要有蒸汽喷到。

在蒸馏过程中，蒸汽喷起在喷管上面的水分，一面向上湿润各层物料，一面抽带出物料中的白千层油分从锅盖顶部出去。蒸汽带着油分通过气导管进入旋流冷却器后被冷却成液体，这些液体是蒸馏水和油分的混合液，又称馏出液。馏出液从冷却器出来进入油水分离器（8）后，利用重力原理进行分离。密度小于水的白千层油上浮从分离器上部的出油口自动流出，只要将其收集后再放入油罐（9）中静置一段时间，沉淀除去油中的微量水分后，就可放入包装桶当作商品来出售。

在蒸馏过程中要控制冷却器馏出液的流量，要每小时保持在蒸馏锅容积的 10% 以上，宁大勿小，馏出液温度控制在 35℃ 以内。

白千层油的主要成分基本都是沸点较低的成分，在水蒸气量充足及在分层放料来蒸馏的情况下，约在 40min 内松油醇-4 等主要成分就被完全蒸出来，因此蒸馏白千层油无需用到加压蒸馏。一般每锅蒸馏时间约为 1h 左右，出油率根据枝叶比例和收割时间约在 1.2%～1.8%。

### 4. 出料操作

在蒸馏 40min 后，当观察到馏出液中的油星稀少时，及见到油水分离器的出油口无油滴出时就可以停止蒸馏。先关闭蒸汽阀 $F_1$，打开锅底阀 $F_3$ 将锅底水放出，将其过滤杂质后放入储水罐，再放松压码，打开锅盖，将料篮吊到卸料地点，撬转料篮筒身下的托块就可将几个网框放出。将其中的枝叶渣清理出来后，再将料篮吊入料篮坑，重新放入网框来进料，而同时将另一个装好料的料篮吊入蒸馏锅内重新开始蒸馏。

上述的环保的白千层油蒸馏操作中，蒸过油的枝叶渣干燥后用作锅炉（15）的燃料足够有余，用叶渣作燃料时烟气不会有硫氧化物和氮氧化物超标现象，但粉尘一定会大幅度超标，烟气必须经过除尘器（17）处理后再排放，除尘器可使用文丘里除尘器和布袋除尘器，这样烟气都能达标排放。

从油水分离器（8）分离出来的蒸馏水，从白千层油层下面的低于出油口的一个出水口自动流出，流进储水罐（10）内，在下一锅蒸馏时再由泵（20）泵回蒸馏锅（1）重复使用，每锅蒸馏结束后这些水就成为废水留在锅内。应将这些蒸馏废水排出锅外，经过滤杂质后返回储水罐，这些蒸馏废水不需排放，可重新供锅炉（15）和除尘器用，但这些水是不够用的，需要不断补充新鲜水入储水罐中，补充的新鲜水量约为白千层料重的 40%。锅炉要补水时，由阀 $F_4$ 和水泵

（14）将储水罐的水输入锅炉。

在蒸馏过程中要不断供水给冷却器（7）用来冷却蒸馏汽，这些水是由冷却塔（18）循环供给的。冷却塔将从冷却器流来的热水经过喷淋和用风扇散热降温后再由泵（19）将其泵回冷却器循环使用。这些冷却用水在喷淋冷却过程中，会不断挥发损失，要由冷却塔的自动补给系统来补充自来水，也可用蒸馏废水补充。

由上述操作可知，使用这种方式来生产白千层油是高出油率、高生产效率、燃料绿色循环、污水零排放、烟气达标排放的环保模式。在目前国际市场对白千层油需求不断增大的情况下，白千层油产业是很有前途的。

# 第六章　八角茴香油的环保 高收益生产技术

## 第一节　八角茴香油简介

八角茴香油（简称八角油）英文名称为 star anise oil，是一种无色到浅黄色的透明芳香油，带有强烈的八角茴香气味，相对密度为 0.975～0.989，折射率为 1.533～1.560，可溶于乙醇。

八角茴香油的成分主要有茴香脑、茴香醛、茴香酮、松油醇、合金欢醇、蒎烯、柠檬烯、石竹烯、合金欢烯、红没药烯、棕榈酸、桉叶油素、苯甲酸等。

八角茴香油作为重要的配香剂和调味剂，广泛用于酒业、烟业，各种肉类加工、食品配料；还大量用于制药，如制抗"非典"的达菲、胃药等，有显著的抗菌作用，还可用来治疗膀胱病、利尿、催乳等。

八角茴香油是用水蒸气蒸馏八角树的枝叶和果实而得。八角树的形态如彩图 6 所示。八角树是樟科八角属常绿乔木，可高达二三十米，八角树不耐寒，只能生长在南方地区，在背风的、湿润的、背阳的山坡和山沟等地最适合八角树生长。

八角树种植方法有多种，一般以种子繁殖为主。其做法是在 10 月底采摘 20 年树龄的良种母树的成熟果实，阴干几天待其开裂后取出种子，用湿沙保存到第二年春天播种。将种子撒在育苗沙床中，盖上 20mm 薄土，20 天左右种子发芽，当苗长到 100mm 高时拉开各苗间距离来育苗，待苗木长到 500～600mm 高时就将其移植到大田中去。在春天将培育好的八角苗按株距 3.5m×3.5m 种植，管理好的林木在三年内就结果有收成，产量以后每年逐渐增加。专门用于砍枝叶来蒸油的八角树，种植密度在 1.5m×1.5m，从第三年开始，就可以砍部分枝叶来蒸油。

八角茴香油在我国广西、广东、云南及越南、印度尼西亚都有生产，以我国广西产量最大，全世界茴香油年产量为 3000t 左右，仅我国广西就超过 2000t。

八角茴香油可以用蒸馏枝叶、鲜果、干八角的方法来生产，以下对上述生产方法做以说明。

# 第二节　传统的用枝叶蒸馏八角油的方法

我国南方地区农民用八角枝叶来生产八角茴香油有数十年历史，其生产工艺和设备也有多种方式，目前在一些山区有些农民仍在使用传统的生产八角茴香油的蒸馏方法，其使用设备如图 6-1 所示。

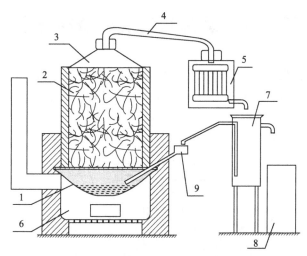

图 6-1　蒸馏八角油的传统设备

1—铁锅；2—甑身；3—气盖；4—气导管；5—冷却器；6—炉灶；
7—油水分离器；8—油桶；9—回流管

上述这种设备装料容积约 $1\sim2m^3$，一次可蒸 $100\sim200kg$ 干枝叶，在生产时先放水进铁锅（1），再将晒干的树枝放入甑身（2）内，从铁锅的隔板上堆起压实装满甑，然后盖上气盖（3），再用气导管（4）来连接冷却器（5）后就可以从炉灶（6）点火蒸馏。

锅内的水被烧开后产生蒸汽，将枝叶的油分蒸出，经冷却器将蒸汽冷却成液体，再由油水分离器（7）将八角油分离出来流入油桶（8）。由此取得八角茴香油，蒸馏水经回流管（9）返回锅重新蒸馏，直至 $5\sim6h$ 后蒸完油熄火出料，这就是蒸馏的全过程。

这种甑的密封性能是很差的，全靠水来密封或用一些湿棉布条来密封。当气量过大时压力增加，就会有蒸汽跑出而损失油分，故其蒸馏气量不能太大，否则会导致蒸馏速度放慢，蒸馏时间长达半天左右，其间会有许多挥发油分跑掉，所以出油率很低，往往在距蒸馏茴香油的生产地点很远都能闻到八角茴香油气味，这种现象就是油分跑漏造成的。

用上述设备蒸馏八角干枝叶时，出油率为 $0.8\%\sim1\%$ 左右，而干枝叶含油率达 2%以上，因此其浪费是十分严重的；如用这种设备蒸馏干八角果时，出油率约为 10%，而干透的八角果含油率在 20%～24%，由此可见其损失程度。

使用上述这种传统的甑来蒸馏八角油，燃料消耗是很大的，由于蒸馏枝叶时耗时长达五六个小时以上，蒸馏八角果时耗时达十几个小时以上，往往要烧很多木柴，这样既浪费燃料又破坏生态，生产成本又高，因此这种生产方法被淘汰是必然的。

# 第三节　蒸馏八角油的节能设备

有些地区农民使用由两个烟道连环的蒸馏锅来蒸馏八角枝叶，这是一种可以节约燃料甚至不用补充燃料的环保生产方式。其设备平面布置方式如图 6-2 所示。

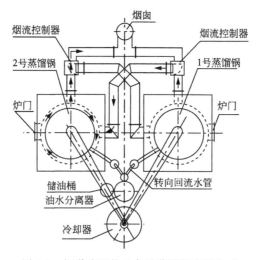

图 6-2　烟道连环的八角油蒸馏锅布置方式

在图 6-2 中，当 1 号蒸馏锅进行蒸馏时，将其烟流控制器的转向板关闭，让烟气顺着箭头方向进入 2 号蒸馏锅炉膛内，围绕着锅身的烟道流动来加热锅身，此时要打开 2 号锅的烟流控制器转向板，让烟气从 2 号锅顺利出去进入烟囱。

在 2 号锅内的刚蒸完油的湿枝叶，在锅体中被烟气加热，其中水分很快挥发，在 1h 内基本干燥到容易烧火的程度。此时可用手动葫芦操作吊架（见图 6-3）将干燥的枝叶拉出锅外卸下，2 号锅就可以再重新进料，并用蒸过油的枝叶来烧火蒸馏。然后轮到 1 号锅熄火，由 2 号锅输来烟气干燥枝叶，由此不断轮换。在每次蒸馏结束后留在锅内的水在进行烘干枝叶前要放出，在下次蒸馏时再将其放回锅内，重新使用不排放。

　　上述这种交替利用烟气来干燥蒸过油的枝叶，再将其作燃料来烧火蒸馏的做法是一种绿色循环的生产方法，由此无需再砍树作柴火，而且这种蒸馏锅的受热面积远远大于上述的老式蒸馏甑，出油率一般比老甑增加 10％ 左右，节省时间一半以上，增收是可观的。

　　烟道连环蒸馏锅的结构如图 6-3 所示。

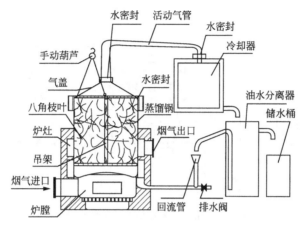

图 6-3　烟道连环的蒸馏锅结构图

　　图 6-3 中，吊架底部是一块圆形网板，中间有一条垂直钢管作拉杆，用葫芦吊起就很容易将全部叶渣拉起出锅，出完渣后再将其放回蒸馏锅就可以重新进料。蒸馏锅底做成反凸的酒瓶底形状，回流水口和排水阀连在一起，打开排水阀门就可将锅底水排尽。

　　这种回水蒸馏模式基本上没有污水排放，用蒸过油的枝叶渣作燃料，不会出现硫氧化物和氮氧化物超标现象，在偏远农村，烟气中的灰尘容易自然散落净化，但如果在烟道中设一个文丘里除尘器就可做到十足的环保生产了。

　　蒸八角油时的油水分离器一定要做得大些，最好可装蒸馏锅 1h 内的馏出液，原因是八角油密度较大，与水的密度接近，因此其油分分离需要较多时间，如有 1h 来沉降分离效果就较理想。

　　蒸八角油的油水分离器结构如图 6-4 所示。

　　图 6-4 中，直径 $D$ 依不同容量的蒸馏锅有差异，应按实测馏出液来计算，其余按固定尺寸，这个油水分离器效果才较理想。使用这种烟道连环的方法来蒸馏枝叶会有可观收益，非常适合农村个体农户使用。

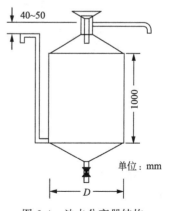

图 6-4　油水分离器结构

## 第四节　用蒸汽蒸馏八角油的设备及操作方法

枝叶供应量充足的规模较大的八角油厂也可以采用类似锅炉蒸汽蒸香茅油的方法，设备如图6-5所示。

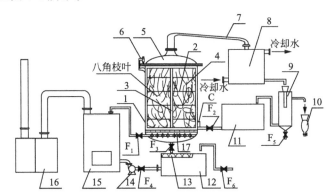

图 6-5　用蒸汽来蒸馏八角油的设备

1—蒸馏锅；2—多孔隔板；3—提料篮；4—分层网框；5—锅盖；6—螺丝压码；7—气导管；
8—冷却器；9—油水分离器；10—八角油分液瓶；11—储水罐；12—锅炉供水箱；
13—100目过滤网；14—锅炉水泵；15—蒸汽锅炉；16—除尘器；
17—环形蒸汽喷管；C—视镜；$F_1$—蒸汽阀；$F_2$~$F_6$—球阀

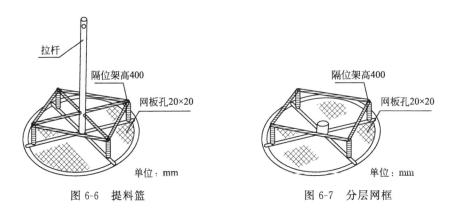

图 6-6　提料篮　　　　　　　　　　图 6-7　分层网框

在图6-5中，提料篮（3）的结构如图6-6所示，其放料高度为400mm，分层网框（4）的结构如图6-7所示，其放料高度为400mm，蒸汽锅炉（15）是压力在1kgf/cm² 以下的低压锅炉，不列入压力容器监管范围，对水质要求低，可利用蒸馏废水。

图6-5所示设备蒸馏八角油操作步骤如下：

**1. 进料操作**

先打开储水罐（11）的阀门 $F_2$，放水进蒸馏锅内，满到视镜（C）的水平中线为止，将提料篮（3）放入蒸馏锅（1）内的隔板（2）上面，将已切碎成20～30mm长的八角枝叶放入蒸馏锅中，堆满到提料篮的限位框面摊平不留空位，再放入第一个分层网框（4），再如法放入八角枝叶料，如此操作，再放入第二个、第三个，直到第五个分层网框，装满料后就可盖上锅盖（5），用十几个螺丝压码（6）压紧锅盖，再装上气导管（7）连通蒸馏锅和冷却器（8）后就可进行以下蒸馏操作。

### 2. 蒸馏操作

打开蒸汽阀 $F_1$，放从锅炉（15）通来的蒸汽入环形喷管（17），蒸汽被分散从几百个小孔中喷出，向上穿过喷管上面的水层，形成气雾湿润各层八角枝叶料，一面进行水散，一面进行加热。当蒸馏锅内枝叶料温度接近100℃时就有蒸汽穿过料层将八角油成分带出，经锅顶、气导管后进入冷却器内，被冷却成含有八角油和蒸馏水的馏出液。馏出液离开冷却器后进入油水分离器（9）内被分离成八角油和蒸馏水，八角油比水轻，浮上水面从油水分离器上面的出油口流出，进入分液瓶（10）内，由此得到八角油。蒸馏水从油水分离器下面的出水口流出，进入锅炉供水箱（12）内，留作下一锅蒸馏时重复使用。

在蒸馏过程中，馏出液的温度要保持在35℃左右，馏出液每小时流量要保持在蒸馏锅容积的10%左右。在蒸馏约1h 20min以后，当见到油水分离器出油口没有油滴出时就可以关闭阀 $F_1$ 停止蒸馏。一般每锅蒸馏时间为1.5h以内，出油率可达1.2%～1.8%，这种分层放料蒸馏可大大缩短蒸馏时间和大幅度提高出油率。

### 3. 出料操作

在蒸馏结束后，可打开蒸馏锅底阀 $F_3$，将锅内余水放出，经过滤网（13）滤去杂质后放入锅炉供水箱，重新供锅炉用。另外除尘器（16）的除尘水由于被烟气挥发也要不断补充，也可用蒸馏锅余水来补充。蒸馏锅余水是不够锅炉（15）用的，必须由阀 $F_6$ 补充自来水到储水罐中与蒸馏锅余水混合，由阀 $F_2$ 和水泵（14）供给锅炉用，每锅补水量为每锅蒸馏的干枝叶质量的50%左右。

在放出蒸馏锅余水后即可放松压码（6），拆卸气导管后就可移开锅盖，将提料篮中心杆拉起就可将各层叶渣同时拉出蒸馏锅外卸掉，再打开 $F_2$ 放水入蒸馏锅内，满到视镜（C）水平中线后，蒸馏锅就可重新装料进行蒸馏。由上述操作过程可知，用这种设备来蒸馏八角枝叶时是没有污水排放的。

蒸过油的八角枝叶渣干燥后作锅炉燃料足够用，还约有四分之一剩余，由此可做到燃料绿色循环利用，同时节省生产费用。锅炉烧八角枝叶渣时，烟气中无硫氧化物，氮氧化物也不会超标，只要配有除尘器，烟气就可达标排放。用这种方法来生产八角油虽然基本投资较大，但在原料充足、产量要求大的情况下，这是最适合也是最环保的生产方法。

# 第五节　用八角果实蒸馏八角油的环保高收益模式

八角树在长果期间会有些没有价值的小果和有不少被风雨打落地下的鲜果，这些果可以用来蒸油。其蒸馏方法可以采用图 6-3 所示的设备分层装料蒸馏，即将鲜果打碎、切片来蒸馏，如用直接烧火加热方法来蒸馏，可得油 3％～5％。如用图 6-5 所示设备，蒸汽在 $1kgf/cm^2$ 压力下，将鲜果切碎分层装料的情况下蒸油，出油率可达 4％～6％，蒸馏时间为 2h 左右。由于上述鲜果原料出现的时期较短，原料较少，所以一些加工厂在蒸馏时往往不将鲜果切碎就用来蒸馏，这样做出油率只有 3％左右，而且蒸馏时间长。

干八角在晒干后直接销往市场就可以取得很高的收益，但在八角市场低迷、库存期过长，或八角受潮变质的情况下，将其用来蒸油不失为一种保值和营利的做法。在八角茴香油价格高涨时，用干八角果来蒸油也会获得很大收益。八角干果含油量很高，有些地区的八角果在晒干到 60％重时，其茴香油含量高达 20％左右。

蒸馏干八角果的方法也有几种，其使用的设备有上述的甑和连环锅等，但最好是用图 6-5 所示的设备，即用水蒸气和分层放料来蒸馏。在蒸馏时每个分层网框放料厚度在 200mm 以内。要留出一半空间，因为八角干果在蒸馏时体积会不断膨胀，扩大一倍以上。如不留空间，干八角在蒸馏中会因体积膨胀导致互相挤压阻挡蒸汽通路，此时出油率就会降低，而且蒸馏时间会十分漫长，这就是不分层直接在锅内堆放干八角来蒸馏时要蒸十几个小时，同时出油率又低的主要原因。

在蒸馏干八角的过程中，水散一定要充足，在锅底环形喷管上面的水量至少为干八角质量的 80％左右。在蒸馏过程中，蒸馏锅内要保持 0.5～0.9kgf/cm² 压力一直蒸馏下去，当见到油水分离器出油口没有油滴出时就可结束蒸馏，这时已基本蒸完八角干果中的油分。用分层装料及预留膨胀空间来蒸馏的情况下，蒸馏 60％的干八角果时，出油率可达 16％～18％，甚至更高，蒸馏时间为 2～3h。

蒸过油的八角果渣干燥后也可作锅炉燃料，而且足够有余。干八角在蒸馏中会吸走大量水分，因此每锅要补充相当于八角质量的新鲜水，另外锅底余水杂质较少，不必每锅排放出来，过滤回用，可连用多次。

用图 6-5 的蒸馏设备及其操作方法来生产八角茴香油时可取得以下几方面的效果：

其一，在蒸馏过程中是没有污水排放的，还要不断补充新鲜水。

其二，用蒸过油的枝叶渣和八角干果渣当燃料时，其烟气中硫氧化物和氮氧化物不会超标，烟气中的灰尘用除尘器处理后可完全达标排放，符合环保要求。

　　其三，将蒸过油的八角枝叶渣及干八角渣用来作燃料是烧不完的，由此可做到自给自足绿色循环生产。

　　其四，具有蒸馏时间最短、出油率最高、生产效益最好的优点。

　　由此可知，八角油蒸馏生产是完全可以做到环保的、高效益的模式，八角产业是一个可以大力发展的不污染环境的产业。

# 第七章　山苍子油环保生产技术

## 第一节　山苍子油简介

山苍子油又名山鸡子油、山胡椒油、山姜子油等，英文名称为 litsea cubeba oil，是一种淡黄色透明的芳香油，带有浓烈的柠檬香味，相对密度为 0.880～0.905，折射率为 1.480～1.490，可溶于乙醇。

山苍子油主要成分为占 60%～80% 的柠檬醛，其余还有柠檬烯、蒎烯、樟脑、芳樟醇、松油醇、香茅醇、香草醇、莞荽醇、甲基庚烯酮等。

山苍子油广泛用于香料、香精、香水产业，用于制造日用品如化妆品、美容品、护肤品、空气清新剂、清洁剂、牙膏、香皂、食品调味剂、维生素等，世界市场尤其是西欧各国对山苍子油的需求量日益增加。

山苍子油是中国重要的出口芳香油品种，中国山苍子油产量占世界产量 90% 左右。山苍子油在南方各省都有出产，而以湖南永州产量为最大，其年产量占中国总产量 45% 左右，为每年 1000～1200t。

山苍子油是蒸馏山苍子树的果实、枝叶而得。山苍子树形态如彩图 7 所示。山苍子树又名山鸡子树、山胡椒树、山姜子树等，是樟科木姜子属的灌木，可长至 10m 高左右，每年可结出大量形似胡椒的果实，将其收采后用来蒸馏就可得到山苍子油。

山苍子树有野生的和人工种植的，野生的山苍子树分布在东亚地区、中国西部地区及南方各省（自治区）。中国最大的山苍子野生林在湖南永州，面积有 25 万亩，永州在明朝弘治年间就开始大量种植山苍子，至今有 500 年历史，今天许多野生林其实就是几百年前由人工种植的，后经历代自然繁殖形成的自然林。湖南永州的山苍子油是我国国家市场监督管理总局认定的地理标志产品。

收采野生山苍子需要大量劳动力，而且工作艰辛，要翻山越岭，还要上树攀枝才能采到，采摘成本较大，因此就有人在平地及平缓坡地上种植山苍子树，以方便采摘和提高产量，由此来降低生产成本。永州目前人工种植的山苍子林有 20 万亩，工厂加工山苍子油的原料大部分由人工林供给。

山苍子树的人工种植方法主要是用种子繁殖。8 月采摘紫黑色果实，除去果皮果肉后取出种子，可以立即播种，点播于深 50～60mm 的田沟中，再覆盖 20～

30mm 厚的土层后，用稻草盖好，在翌年春天种子会发芽。另一种做法是收取种子后用湿沙保存，待翌年二月用温水浸种子一天后播种，约一个月后种子出芽，种子出芽长成高 100mm 左右的小苗时要进行间苗，将苗距拉开到 200～300mm 来培育，待苗长到 500～600mm 高时就可移植，按 1m×2m 苗距种植，每亩地种 300 棵左右。

山苍子树是分公母树的，每年开花较早且树皮为深绿色的是公树，开花迟一个月且树身颜色为浅绿色的是母树，公树产量少，母树产量多。在种植时公树占 10%左右，要均匀分布种植。在树木未开花时，公母苗是难以区分的，到开花前后才能区分，这就需要预先在苗圃中储存足够母苗来替补被淘汰的公苗。

山苍子树有上百个品种，但常见的产油高的只有几种，其外形相差不大，出油率和油的成分相差也不大，所以这些品种都可以混在一起种植。山苍子树种植 3 年后就大量结果，在 7～8 年后达高峰期，每树每年可结 20～30kg 山苍子。

## 第二节　传统的山苍子油蒸馏方法

山苍子油的加工方法历来以水蒸气蒸馏为主，近年来也有人用亚临界萃取方法来生产，但由于其有很大局限性，不能成为主流工艺，实际上我国生产山苍子油的绝大部分工厂都使用水蒸气来蒸馏。

山苍子油的水蒸气蒸馏生产实际上是水上蒸馏、水中蒸馏、蒸汽蒸馏三种方法并存和混合使用。山苍子蒸馏在不同时期有以下几种形式的设备：

第一种是在 20 世纪 70～80 年代，农民使用的水上蒸馏的简易设备，如图 7-1 所示。

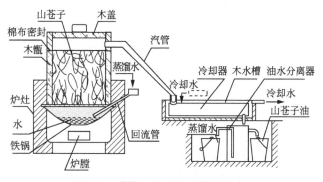

图 7-1　蒸馏山苍子油的简易设备

这种设备又名山苍子甑，由一口锅、一块钻孔的木隔板、一个木甑身、一个木盖、一条呈铁制或用竹制的气导管、一个呈铁制或大竹管做成的筒形冷却器和一个木制水槽组成，再配上一个呈铁制或木制的油水分离器，一个装山苍子油的油桶和一个装蒸馏水的水桶。

　　这种山苍子甑一般放置在溪水边或田沟边，砌起灶来烧火，其冷却器和水槽与溪水水面持平，可让溪水或田沟水流进来，而油水分离器、油桶、水桶等要挖地坑来放置。

　　这种甑为方便人工装料和出料，通常不会做得很高，其甑高 600～1200mm，可装 100～200kg 山苍子，将山苍子堆放在铁锅面的隔板上，铁锅装满水就可蒸馏。蒸汽由锅面向上从隔板小孔出去，穿过山苍子料层将油带出，经由冷却器冷却成液体后再由油水分离器分离取得山苍子油，其回流水由人工从回流水口处倒入锅内重复蒸馏。这种简易水上蒸馏需要 5～6h 才能蒸完，一般出油率在 4%～5% 左右。

　　第二种是在 20 世纪 90 年代各地普遍采用的半水中蒸馏、半水上蒸馏的设备，设备如图 7-2 所示。

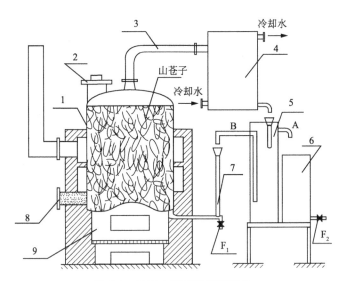

图 7-2　普通山苍子油蒸馏设备

1—蒸馏锅；2—进料口；3—气导管；4—冷却器；5—油水分离器；
6—储油罐；7—回流管；8—出料口；9—炉灶；Λ—出油口；
B—出水口；F₁—排水阀；F₂—放油阀

　　在图 7-2 中，蒸馏锅（1）全部用钢制，平底或凸底，其体积有 1～2m³，在蒸馏锅上面有进料口（2）和气导管（3）连接冷却器（4），蒸馏锅底部有出料口（8）和回流水口，回流水由油水分离器（5）输送来。

　　在蒸馏生产时，先放水入蒸馏锅，满到回流水管（7）的喇叭口稍下方位置，同时将山苍子从进料口投入，山苍子和锅水按 1∶1 的质量比投入，也有些加工户将山苍子破碎后再蒸馏，由此提高出油率，投完料关闭进料口就可以在炉灶（9）处烧火蒸馏。

锅水沸腾后产生蒸汽，蒸汽带出山苍子油分从锅顶部出去，经气导管进入冷却器后被冷却成馏出液，再流入油水分离器分离出山苍子油和蒸馏水。山苍子油从油水分离器上部出口 A 处流出，进入储油罐（6），由此得到山苍子油，将其静置除去微量水分后打开阀 $F_2$ 将其放入包装桶就可当产品出售，而蒸馏水从油水分离器稍低一点的出口 B 流出，进入回流管（7）返回蒸馏锅重新蒸馏。在蒸馏期间要保持有足够冷却水供给冷却器，防止有未冷却的蒸汽从其出口冒出，当蒸馏至油水分离器的出油口没有油滴出时就停止蒸馏。

蒸馏结束时先熄火，再打开锅底的出料口就可将山苍子渣水排放出锅，放料后要打开阀 $F_1$ 排清锅水再清洗锅，如底部有结块要铲除后才能重新放料蒸馏。这种蒸馏方法在蒸馏时约有一半料浸在水中，一半料冒出水面。蒸汽在锅水沸腾时冲上料面蒸馏，通常这种蒸馏方法得油率可达 5% 以上，蒸馏时间需 3~4h 左右，其进料量比上一种设备要多几倍，因此生产收益高。

上述两种方法都以烧木柴和烟煤为主，其烟气会污染大气，对生态环境不利，因此这两种燃烧方法被禁止使用。

# 第三节　用蒸汽来蒸馏山苍子油的工艺

2000 年后开始使用用锅炉供给蒸汽来蒸馏的设备，这类设备的生产效率和出油率都有所提高，这种设备如图 7-3 所示。

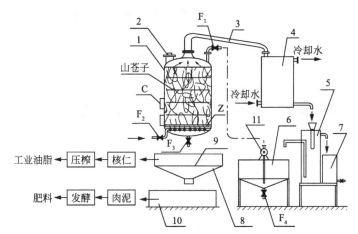

图 7-3　用蒸汽蒸馏生产山苍子油的设备

1—蒸馏锅；2—投料口；3—气导管；4—冷却器；5—油水分离器；6—蒸馏水储池；
7—山苍子油桶；8—渣水槽；9—过滤网；10—渣泥池；11—水泵；$F_1$—进水阀；
$F_2$—蒸汽阀；$F_3$—蒸馏锅排渣阀；$F_4$—排水阀；C—水位视镜；Z—蒸汽喷管

上述设备的生产操作过程为：

### 1. 进水操作

先放水入蒸馏锅（1），用水泵（11）将池（6）的水泵入锅，满至视镜（C）的水平中心线为止。

### 2. 进料操作

在蒸馏锅顶部的投料口（2）将山苍子放入，山苍子与水的质量相等，（水也可多些或少些，但不能少过山苍子质量的一半），放完山苍子后关闭投料口，当其余设备都装好后就可通入蒸汽来蒸馏。

### 3. 蒸馏操作

将从锅炉通来的压力为 $2kgf/cm^2$ 左右的蒸汽从蒸馏锅底部的蒸汽喷管（Z）处进入，在锅底分散喷射约十几分钟后，锅水被加热到沸腾就有蒸汽从下而上穿透山苍子料层，抽出油分从锅顶出去，经气导管（3）进入冷却器（4），被快速冷却成液体后进入油水分离器（5）被分离出山苍子油和蒸馏水。蒸馏水流入储池内，由水泵在蒸馏下一锅时泵进锅作蒸馏底水用，多余的水排放掉，而山苍子油流入油桶（7）中，可将其包装后作为商品在市场出售。

蒸馏 2h 后，当油水分离器的出油口没有油滴出时，即可停止蒸馏，这种蒸馏方法出油率较高，可达 6%～7%。

### 4. 出渣操作

蒸馏结束后打开蒸馏锅底部阀 $F_3$ 就可将渣水排出。企业为了综合利用废渣，设置渣水槽（8）和过滤网（9），将山苍子渣和水液分开。水液排放掉，渣泥在渣泥池（10）底部沉淀，用来发酵作肥料，而过滤出来的山苍子渣送去干燥，分离出核仁，再压榨核仁可得到 30% 的工业油脂，由此充分利用山苍子资源。

上述蒸馏方法虽然出油率高，但有大量污水排放，必须要用专门设备来进行污水处理，而且锅炉烟气也要处理，这就需耗用大量资金。

# 第四节　环保的反向蒸馏山苍子油的设备及操作方法

环保型的蒸汽反向蒸馏的设备，如图 7-4 所示。

在图 7-4 中，料篮（2）的结构如图 7-5 所示，其下部有三块可转动的托块。分层网框（3）的结构如图 7-6 所示，装料高度约 400mm，还有约 100mm 的空位，锅炉（13）压力在 $1kgf/cm^2$ 以内，不列入压力容器监管范围，对水质要求不严，可利用蒸馏废水。

上述反向蒸馏设备操作步骤如下：

### 1. 进料操作

将料篮（2）下部的三个托块转向篮内，放入一个网框（3），放入山苍子，装满到限位框面摊平不留空位后再放入第二个网框。如此操作装料，直到放入最

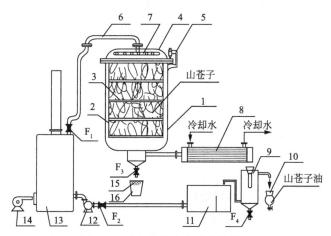

图 7-4　反向蒸馏山苍子油的设备

1—蒸馏锅；2—料篮；3—分层网框；4—锅盖；5—螺丝压码；6—气导管；7—环形蒸汽喷管；
8—冷却器；9—油水分离器；10—山苍子油集液瓶；11—储水罐；12—锅炉水泵；
13—低压锅炉；14—燃烧器；15—过滤网；16—手提水桶；$F_1$—蒸汽阀；$F_2 \sim F_4$—球阀

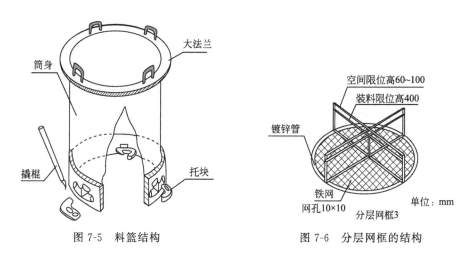

图 7-5　料篮结构　　　　　　　图 7-6　分层网框的结构

后一个网框装满料后将料篮吊入蒸馏锅内，盖上锅盖（4），用十几个螺丝压码（5）压紧锅盖，装好气导管（6）后就可以开始蒸馏。

**2. 蒸馏操作**

打开蒸汽阀 $F_1$，放锅炉（13）的蒸汽经气导管进入锅盖下面的环形蒸汽喷管（7）内，将蒸汽分散成几百股，从上向下喷向料篮的山苍子。蒸汽向下穿过山苍子层，一边加热，一边失去热能变成液体将山苍子湿润，逐层向下进行水散作用，蒸汽在各料层之间的空位重新集结分配，使蒸汽分配更均匀，待锅内温度上升到约 100℃ 时，就有蒸汽向下穿透山苍子料层，将油分从蒸馏锅下部带出进入冷却器（8）。被冷却成含有山苍子油和蒸馏水的馏出液。流出冷却器后进入油水分离器（9）内进行油水分离，山苍子油比水轻，浮在水面从油水分离器上面出油口流出，流入山苍子油集液瓶（10）内，得到山苍子油。蒸馏水从油水分离器的下面出水口流出进入储水罐（11），再经阀 $F_2$ 和锅炉水泵（12）定时定量地泵回锅炉（13）。

在蒸馏过程中，要保持馏出液温度在 35℃ 左右，每小时流量约为蒸馏锅容积的 10% 左右。当油水分离器的出油口无油滴出时就可以关闭蒸馏汽阀 $F_1$ 停止蒸馏。由于料层之间有空间，蒸汽可重新聚集分配，这使得各层料都能接触蒸汽得到充分蒸馏，杜绝蒸汽短路现象，使蒸馏达最佳效果。一般每锅蒸馏时间 1.5~2h，出油率 6%~8%，蒸馏效果优于以上各种蒸馏设备。

### 3. 出料及废渣、废水、烟气处理

打开锅底阀 $F_3$，将锅内余水排出，经过滤网（15）过滤后，用于提水桶（16）将其倒入油水分离器，回收其中的山苍子油，同时拆卸气导管，放松十几个螺丝压码就可将锅盖移开，再将料篮吊出锅外就可卸下各层山苍子渣料。同时将另一个已装好山苍子的料篮吊入蒸馏锅内，重新开始蒸馏。蒸过油的山苍子渣可用来榨油作工业原料。

锅炉压力很低，对水质无特别要求，只要无砂石、无油脂、无强酸强碱的废水都可使用，可以重复利用蒸馏废水。这种反向蒸馏设备在蒸馏山苍子油时是没有污水排放的，还需要定时定量补充一些新鲜水，补水量为山苍子料质量的 20% 左右。锅炉使用清洁燃料，由燃烧器（14）充分燃烧天然气或液化气来加热，烟气是达标排放的，不会污染环境。

由上述操作过程可知，这种生产山苍子油的模式是可以做到不污染环境，而且其具有很高的经济效益。

# 第八章　芳樟油环保高收益生产技术

## 第一节　芳樟油简介

芳樟油是一种淡黄色透明的芳香油，具有令人愉快的芳樟木的清香味，其相对密度为 0.860～0.868，折射率为 1.461～1.464，可溶于乙醇。芳樟油英文名称为 cinnamomum camphora var. linaloofera Fujita，简称 EOL。芳樟油是用水蒸气蒸馏芳樟醇型樟树的枝叶而得。

芳樟油的成分以芳樟醇为主，含量为 80%～95%，芳樟油还含有其他成分如桉叶油素、石竹烯、樟脑、柠檬烯、获烯、$\alpha$-蒎烯、$\alpha$-葎草烯、$\beta$-蒎烯等。

芳樟油可以直接用来调制各种香料、香精、香水等，还可用于杀虫剂、消毒剂、日用品、化妆品及保健业、酿造业等。将芳樟油中的芳樟醇成分分离出来后，用途更广泛，几乎所有的香水、香精、化妆品都要用到它，它是世界上用量最大的香料产品，全世界每年使用芳樟醇 2800 万吨以上。

植物中除了芳樟树以外，还有许多品种的植物都含有芳樟醇，但在过去的年代，要从植物中提取出芳樟醇来成本是很高的，而且产量也微不足道，根本不能满足市场需要，于是市场上就出现了人工合成的芳樟醇。

合成芳樟醇以乙炔或另一种廉价天然香料松节油为原料，生产成本较低，产量很大，全世界合成芳樟醇年产量在 28000t 以上，合成芳樟醇在香料产业中占据了绝对重要的地位。在此情况下，天然芳樟醇产量越来越少，几乎为零，但发现了芳樟醇含量极高的芳樟树品种后，天然芳樟醇生产又再现生机。

世界上的樟树家族是非常庞大的，有 3000 多个品种，中国的樟树有几百种。其中有些品种主要含有芳樟醇，称为芳樟；有些品种主要含樟脑，称为脑樟；有些品种主要含桉叶油素，称为桉樟；有些品种主要含黄樟醇，称为黄樟。

中国的芳樟树又有许多不同品种，其树叶油分中的芳樟醇含量从 20%～80% 不等。20 年前，福建的专家学者们经过艰辛寻找，终于找到几株特别的芳樟树，在其树叶中的芳香油中，芳樟醇含量高达 98%，这几棵樟树被迅速繁殖后陆续在各地展开大面积种植，这种芳樟树称为纯种芳樟树，专家学者将其命名为"牡丹一号"，由此拉开了中国大量生产天然芳樟醇的序幕。芳樟树形态如彩图 8 所示。

从芳樟树蒸馏出来的芳樟油再分离出天然芳樟醇是一条高产快速途径，天然芳樟醇产业与人工合成芳樟醇产业相比，前者没有污染，是绿色天然品产业，且人工合成芳樟醇产业的后续污染物处理是非常复杂昂贵的。2014 年，中国芳樟油产量已达 655t，产量跃居世界第一位。

芳樟油是利用芳樟树的枝叶为原料来蒸馏出来的，而芳樟树的枝叶产量和枝叶含油量与种植方法和收割时间有关，而蒸馏过程的出油率及经济收益主要与蒸馏模式和设备结构有关。

## 第二节  芳樟树的种植和收割

芳樟树种植是以扦插育苗→营养钵育大苗→大田移植的方法为主，其做法是将高产的纯种芳樟树如厦门的"牡丹一号"等的树枝截成长为 120mm 左右一段，用沙床或营养液袋培育生根后置于营养钵内栽种，待长成 500～600mm 高的苗木后再将其移植到大田去，种植时每亩按 1m×2m 植距种 400 棵苗，苗木管理要注意除虫，施肥以氮肥为主。

芳樟移植后在两年内就可以收割枝叶，收割枝叶有两种方法：其一是将整棵树离地 200～300mm 处砍下，待其再发芽长到翌年又再砍，每年如此，这种做法适合用机械来收割，可节省大量劳动力；其二是保留树干，只砍去树顶部，由树干的上下多处位置再发芽长出枝叶，翌年又再收割枝叶，这种方法是要费人力来收砍的，但枝叶产量要比第一种方法大。

芳樟枝叶中的含油量在不同月份是不同的，含油量最高的月份是 10 月份，其余月份稍低。由于砍下的枝叶必须在新鲜时就要蒸馏，不能久存，否则油分会损失，因此芳樟油生产实际上是只要蒸馏锅点火，就不论月份随砍随蒸，往往从春天就开始边砍边蒸馏，每月轮流在不同地点砍下去，周而复始，这样才可使蒸馏生产能连续进行，取得最大产出效果。

## 第三节  芳樟油生产的普通方法

芳樟树种植的收益必须由芳樟油的蒸馏生产来实现，芳樟油蒸馏生产的出油率对经济效益起决定性作用，当然还有燃料费用、环保处理成本等也很重要。

由于中国芳樟油生产呈起步状态，目前各地芳樟油生产基本上用水蒸气蒸馏工艺，蒸馏设备形式有几种，其中普遍使用的蒸馏设备如图 8-1 所示。

蒸馏芳樟油的过程为：

先放水进锅（1），满到隔板（6）面，将切碎的芳樟枝叶从进料口（2）放进蒸馏锅内，装满后关闭进料口，即可在炉灶（4）点火蒸馏，炉灶可烧柴或煤

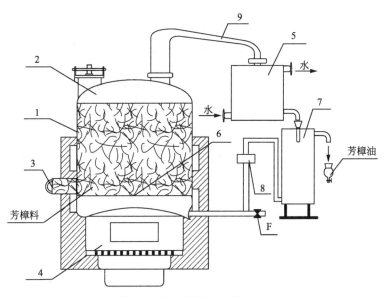

图 8-1 普通芳樟油蒸馏设备

1—蒸馏锅；2—进料口；3—出料口；4—炉灶；5—冷却器；6—隔板；
7—油水分离器；8—回流管；9—大气管；F—排水阀

（烟煤）。锅水烧开后产生蒸汽，蒸汽穿过芳樟料将油分带出，经大气管（9）进入冷却器（5），冷却成含有芳樟油和蒸馏水的馏出液，进入油水分离器（7）进行油水分离。芳樟油轻于水，浮在水面从油水分离器上面出油口流出，用盛器或分液瓶接住取得芳樟油，蒸馏水从油水分离器下面出水口流出后，进入回流管（8）返回蒸馏锅重新蒸馏，由此循环不断直到把油蒸完。蒸馏时火力越猛，出油越多，蒸馏时间越短。一般每锅蒸馏时间约 3h，出油率为 0.6%～0.8%。

上述设备的效益不理想，生产时产生的烟气会对环境有影响，因此这种生产方式会被禁止。芳樟油蒸馏生产应有更好的模式，采用出油率更高的新型设备及环保的生产方法，才能使芳樟油生产得到最大收益。

# 第四节　环保的芳樟油生产设备及操作方法

符合环保要求的新型芳樟油生产设备如图 8-2 所示。

在图 8-2 中，蒸馏锅（1）的结构与图 1-8 相同，其容积为 4～5m³；料篮（2）结构如图 8-3 所示；分层网框（3）结构如图 8-4 所示；锅炉（18）是低压锅炉，其压力在 1kgf/cm² 以内，不列入压力容器监管范围，对水质要求不严格，可以利用蒸馏废水；油水分离器（8）有效容积约为蒸馏锅容积的 6% 以上，其有效沉降高度在 800mm 以上。

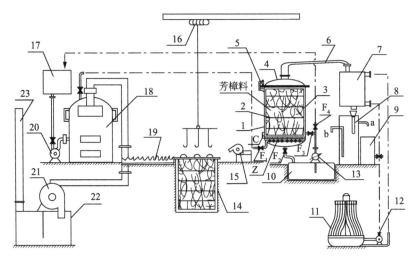

图 8-2  新型环保的芳樟油蒸馏生产设备

1—蒸馏锅；2—料篮；3—网框；4—锅盖；5—压码；6—气导管；7—旋流冷却器；
8—油水分离器；9—储油桶；10—储水池；11—冷却塔；12—冷却塔循环水泵；
13—蒸馏锅供水泵；14—料篮坑；15—枝叶切碎机；16—吊车；17—锅炉储水箱；
18—锅炉；19—烟气干燥器；20—锅炉进水泵；21—引风机；22—文丘里除尘器；
23—烟囱；$F_1$—蒸汽阀；$F_2 \sim F_4$—球阀；Z—喷气环管；C—视镜

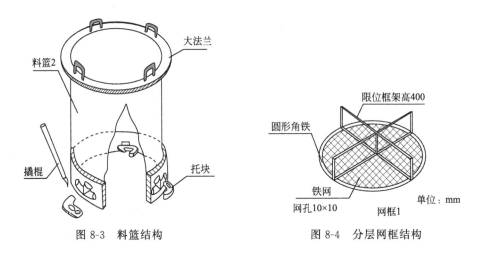

图 8-3  料篮结构                   图 8-4  分层网框结构

使用上述设备来蒸馏芳樟枝叶的操作过程如下：

## 1. 进料操作

先将料篮（2）放入料篮坑（14）中，再放入一个网框（3）到料篮中，由料篮底部三个托块托住。将新鲜收砍下来的芳樟枝叶用旋转刀式切碎机（15）切碎成 30~40mm 长短的碎料，将其放入料篮中，堆满至网框面铺平不留空位，再放入第二个网框，依此法进料直到装满第 5 个网框后，用吊车（16）将装满料的料篮吊入蒸馏锅内，盖上锅盖（4），用约 16 个压码（5）压紧锅盖。做完上述工作后，再装上气导管（6）将锅盖和冷却器（7）连接，就可放水入锅内。放水操作是打开阀 $F_3$，关闭阀 $F_4$，再用泵（13）将水池（10）的水泵进锅内，满至视镜（C）的水平中线止，然后关闭阀 $F_3$。做完上述进料工作后就可以进行以下的蒸馏操作。

### 2. 蒸馏操作

在进行蒸馏前，锅炉（18）要先烧足蒸汽，随时供蒸馏锅用。

蒸馏开始先打开锅下部喷气环管（Z）的进汽阀 $F_1$，蒸汽从环管组上面几百个小喷孔向上喷射，蒸汽穿过锅底的水层带起水雾向上进入料篮内的芳樟枝叶料层，逐层水散传热后带出油分，最后从锅盖出去，经过气导管进入冷却器。蒸汽被冷却成含有蒸馏水和芳樟油的油水混合馏出液流入油水分离器（8），依靠重力原理在油水分离器中进行油水分离。液体中轻于水的芳樟油浮上水面从油水分离器上部出油口 a 处流出去，进入储油桶（9），由此取得芳樟油，将其静置脱水后放入包装桶就可当商品出售。

在油水分离器中的蒸馏水从低于出油口的出水口 b 处流出进入储水池（10），供锅在下一锅蒸馏时重复再用，多余部分由泵（13）将其泵上锅炉储水箱（17）供锅炉（18）作补充水用，不排放。

从油水分离器中流出来的蒸馏水含有小量芳樟油，带有香味，又称为芳樟纯露，可以用于沐浴、足浴，是理想的天然护肤保健水，可用于保健服务业。纯露如大量销往市场时就不会再供锅炉重复使用，取走纯露时应立即补充等量的新鲜水供锅炉用。

冷却器使用的冷却水是由冷却塔（11）提供，由水泵（12）泵入冷却器吸收热量后成为热水，返回冷却塔。这些热水经过喷淋吹风使其降温成为冷水后再由水泵泵向冷却器重新利用，由此不断循环利用，这些冷却用水是不排放的，但会不断挥发损失，因此要经常补充新鲜水。

在蒸馏过程中枝叶被分层放置，而且各层较薄，当其在受热发软时也不会出现结团结块阻挡蒸汽的现象，所以蒸汽能充分接触各层枝叶将其中的油分抽出。实际上当蒸汽量充足，在每小时馏出液流量达蒸馏锅体积的 $12\%\sim15\%$ 时，半个小时内所有叶片的油分就被蒸汽抽完，余下继续被抽出的是树枝中的油分，约在 $1h$ 后，如见到油水分离器的出油口没有油滴出时，就可以关闭蒸汽阀 $F_1$，停止进汽结束蒸馏，可以开始后面的出料操作。在上述生产用的枝叶原料中，当树叶和树枝比例为 8：2 时，通常出油率可达 $1\%\sim1.3\%$。

### 3. 出料和烘干叶渣

当蒸馏过程结束关闭蒸汽后，在观察到冷却器馏出液呈点滴状态流出时，就可以打开锅底部阀门 $F_2$，将锅底水放入储水池（10）中重新利用。卸下气导管（6）后，再放开全部压码（5），打开锅盖（4），让锅内的余气发散 $1\sim2min$ 后再将料篮（2）吊出卸料，同时将预先放在料篮坑（14）的装满料的另一个料篮放入蒸馏锅重新进行蒸馏操作，而空料篮可立即放入料篮坑中再来进料，为下一锅蒸馏作准备。如使用两个蒸馏锅蒸馏时，只要各个蒸馏锅蒸馏的时间相差半小时以上，进料出料就不会出现时间碰撞。料篮在卸下网框时，要先将其放到地面，用铁杆撬将下面的三个托块向外转后再吊起料篮就可以将装满枝叶渣的网框逐个卸出。出料时要注意安全，操作人要穿戴手套、帽子、水鞋等，蒸过的枝叶温度是很高的，人的皮肤碰到会被烫伤，操作时要用大风扇降温。

从锅卸出来的枝叶渣可用来制绿肥或制沼气，但大量渣料堆放及运输较麻烦，最好是将其马上干燥供锅炉燃烧以节省燃料费用，还可以使车间清洁干净。

枝叶渣干燥的方法是将其铺在烟气干燥器（19）表面，利用锅炉的烟气热量将枝叶渣干燥。烟气干燥器表面呈三角波纹状，传热面积约 $24m^2$，干燥器表面高于地面 $20\sim30mm$，将叶渣铺在干燥器上面，$20\sim30min$ 叶渣就会被烘干至可燃烧的程度。叶渣干燥后要立即将其推到旁边的锅炉炉门前堆放以方便燃烧用。

锅炉应选用大炉门的烧柴草的锅炉，锅炉安装时应降低一个台阶，使炉门与车间地坪持平，只需用一块活动过桥板连接炉门口与地面，这样可以轻松地将枝叶渣推进炉膛内烧掉，由此可大大降低烧锅炉时的劳动强度。一般情况下锅炉用上一锅烘干的枝叶渣作燃料时，产生的蒸汽足够使用，枝叶烘得越干越够用，天气炎热时枝叶渣还烧不完。

### 4. 废水和烟气处理

在蒸馏过程产生的废水有从油水分离器分离出来的蒸馏水和从蒸馏锅底排放出来的余水，都流入储水池中重新供锅炉、除尘器、蒸馏锅重新利用不排放。而这些水不够用，每锅要补入新鲜水，补水量为枝叶料质量的 $40\%$ 左右。用枝叶渣作燃料时烟气中的硫氧化物和氮氧化物都容易达标，但是烟气中的粉尘是很多的，要处理后才能排放。

在上述蒸馏芳樟油的生产过程中，烟气除尘的处理过程是：锅炉烟气从锅炉燃烧室出来后进入烟道，沿烟道进入干燥器内将烟气中热量传给枝叶渣使其干燥，烟气在干燥器中沿水平面走一个来回后被引风机强力抽引，将其压进除尘器（22）中。当烟气中的灰尘被除尘器吸附掉后，再从烟囱（23）向天空排放，此时的烟气已成为环保达标的烟气，对环境不会造成不良影响。烟气在干燥器中流动时会有不少灰尘留在干燥器中，因此干燥器要定时放水进去冲洗，冲洗完的水带着灰尘流回除尘器的水池中重复使用，不能乱排放。

由上述操作过程可知，这种芳樟油蒸馏工艺有以下几个优点：

其一，没有污水排放，其蒸馏分离水、冷却器用水、除尘器用水都是不排放的，还要不断补充新鲜水。

其二，燃烧枝叶渣时，产生的烟气不含硫氧化物，氮气物也不会超标，灰尘经除尘器处理后可达标，因此其烟气排放是达到环保要求的。

其三，用废枝叶渣作燃料可节约成本和实现循环生产，使这个芳樟油生产成为可持续发展的绿色环保产业。

其四，采用了分层放料和大气量蒸馏的方法来生产，由此得到出油率高、蒸馏时间短、生产效率高的实际效益，这对企业发展起到非常重要的作用。

总的来说，用上述这种环保、节能、高出油率、高生产效率的生产技术措施来支撑芳樟油产业，在世界市场需求量巨大的情况下，芳樟油产业会得到迅速发展。

# 第九章　岩桂油环保高收益生产技术

## 第一节　岩桂油简介

岩桂油又名香桂油、小花桂油，英文名称为 cinnamomum petrophilum oil，颜色淡黄透明，带有浓烈的樟油气味，岩桂油的相对密度为 1.083～1.0938，比水重，折射率为 1.536～1.543，可溶于乙醇。

岩桂油主要成分有黄樟油素，占 94%～97%，还有其他如芳樟醇、$\alpha$-蒎烯、$\beta$-蒎烯、松油醇、石竹烯、桉叶油素、丁香酚、橙花椒醇等十几种成分。岩桂油主要用于提取黄樟素，可用于制造重要香料洋茉莉醛、香兰素等，这些是中国大宗出口商品，岩桂油还大量用于医药品、日用品、香料、香水、香精等领域。

2012 年中国岩桂油的产量为 2000t，基本上供出口，尤其出口西欧市场。中国最主要的岩桂油产地在四川筠连县，2012 年年产量达 1200t，占当年中国产量 60% 左右。

岩桂油是用水蒸气蒸馏岩桂树的枝叶而得，岩桂树形态如彩图 9 所示。岩桂树又名香桂树、少花桂树、三条筋树、臭樟等，是樟科樟属小乔木，分布在我国四川、贵州、云南、湖北、湖南、广东、广西等地，在印度、尼泊尔、柬埔寨也有大面积分布，岩桂树主要生长在海拔 400～1500m 的砂岩、石灰岩地带。

三四十年前中国开始大规模种植岩桂树是从四川宜昌地区开始，政府投入了大量资金扶持种植，当地农民积累了许多成熟的种植经验。岩桂树的种植方法有种子育苗、压条繁殖、嫁接繁殖、扦插繁殖等方式。由于用种子育苗种植时，其品种不稳定会产生变异，比较适合的种植方法是扦插育苗，这样可保证良种不变异，可进行大面积种植。

扦插育苗在 5～8 月进行，将树枝剪成 150mm 一段，扦插于沙床，待生根出芽后移至营养钵培育，由其长成 400～500mm 高的大苗后于来年春季移植于林地，每亩地种 400 株适合。

岩桂树的品种有几十种，而最优良的品种是由国家林业局设在四川筠连县的育种基地培育的长叶岩桂，这是出油率最高的品种。筠连县是中国最大的岩桂基地，有野生岩桂 6 万亩，人工种植的岩桂 75000 亩。

岩桂树在砂岩、石灰岩地区种植时，还可以起到很重要的水土保持作用，可大大降低水土流失率。如在岩桂树林中套种龙犀草等植物，就可将常态的水土流失现象减少 97％左右，所以种植岩桂除了有经济效益外，还有很重要的环保意义。

岩桂树种植三年后就可以剪枝叶来蒸油，每次收剪枝叶时将全树 50％的枝叶剪下，待到翌年树木再长出新树叶时再剪采。每年剪 50％枝叶，可保持每年枝叶的产量不降外还会逐年增加，而农民过去一次剪 70％枝叶的做法会导致枝叶产量逐年大幅度下降，因此这种采叶法不再使用。

岩桂枝叶的含油量会随月份不同有变化，在每年 6 月中旬到 7 月中旬这一个月期间，岩桂的树叶含油率最高，超过其他月份含油量 15％以上，这个月是剪叶蒸油的黄金时间。在 8～11 月期间树叶含油量稍低于 7 月，但叶子含油量仍达 4％左右，仍可以采叶蒸油。岩桂新鲜枝叶剪下来不需要任何发酵处理就可马上用来蒸油，可以取得最佳收益。

# 第二节　岩桂油传统的生产设备

我国岩桂油蒸馏生产有四十多年历史，生产设备和生产工艺随时代发展有不同变化，经历过几代工艺和设备。

传统蒸馏设备如图 9-1 所示。

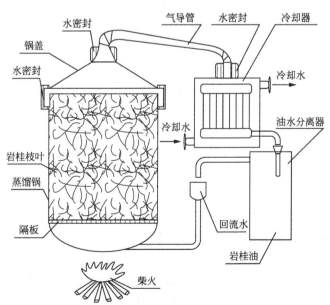

图 9-1　蒸馏岩桂油的传统蒸馏设备

这种设备每次放枝叶 200～300kg，人工放料踏实，并将蒸完油的渣料清理出，进出料很费人工，蒸馏时间需 4h 以上，出油率 1%～1.5%。其冷却器和气导管、气盖都用星铁制成，锅身用铁制，也有些用木制，以木柴或煤为燃料，能耗大、效益差，这种设备在 20 世纪 90 年代期间普遍使用，目前已较少见。

# 第三节　明火加热蒸馏岩桂油的设备

明火加热蒸馏设备如图 9-2 所示。

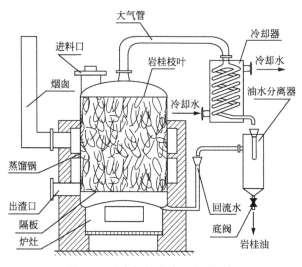

图 9-2　明火加热岩桂油蒸馏设备

生产过程如下：

将新鲜岩桂枝叶用切碎机切碎成约长 50mm 一段，从投料口将其投入蒸馏锅内，从隔板面堆到锅顶椎体下部，放水进锅浸过隔板面后就可以从炉灶点火蒸馏，在蒸馏中蒸汽不断带出油分输出锅外，经大曲管进入蛇管冷却器，冷却成液体后进入油水分离器，岩桂油会沉底积聚。蒸馏结束后打开油水分离器底部开关就可取得岩桂油，而蒸馏水从油水分离器上面出口流出，经回流管返回蒸馏锅重复蒸馏。

这种锅用钢制，如砌炉灶合理，将锅身也变成受热面积时，蒸馏速度是很快的，通常在生火后 2～3h 之间就可结束蒸馏，出油率在 1.8%～2.2% 之间，而且出料、进料都很方便，这种蒸馏锅每次蒸枝叶约 200～300kg，很适合个体生产者使用。其燃料可用上一锅的枝叶渣加上少量木柴，生产效益是很好的。这种设备是一种回水蒸馏设备，没有多少污水排放，但其蒸馏生产时，经常烧得冒烟滚滚，对环境是有影响的。目前这种锅还在一些山区使用。

# 第四节　用蒸汽蒸馏岩桂油的设备

蒸汽蒸馏岩桂油设备如图 9-3 所示。

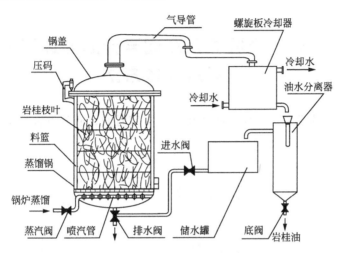

图 9-3　蒸汽蒸馏岩桂油设备

蒸汽蒸馏设备的蒸馏操作如下：

先将新鲜岩桂枝叶用切碎机切碎成 50mm 长短，放入料篮中，然后吊入蒸馏锅内，将水放进蒸馏锅内，满至料篮底，盖上锅盖，用多个压码压紧，再用气导管连接蒸馏锅和螺旋板冷却器，此后就可以开始蒸馏。

蒸馏时先打开蒸汽阀，让锅炉输来的蒸汽进入喷汽环管，从环管的几百个喷汽孔从锅底往上喷，穿过水层，带出水分向上一边湿润枝叶一边将油分抽出，蒸馏汽从锅顶出去经气导管进入冷却器被冷却成带有油分和水分的馏出液，流进油水分离器，将油和水分开。岩桂油比水重，沉到油水分离器底部，打开油水分离器底部开关就取得岩桂油，而蒸馏水从上部出口流出进入储水罐，再供下一锅蒸馏时放回蒸馏锅重复使用。

在蒸汽穿透岩桂叶蒸馏 1.5h 后，就要用玻璃杯接取冷却器的馏出液来观察出油情况，如见油星稀少或油水分离器出油口无油滴出时表示油分基本蒸完，可以关闭蒸汽停止蒸馏。打开蒸馏锅底部的排水阀，将锅底余水排放掉，再打开锅盖将料篮吊出卸渣料，同时马上将另一个装满料的料篮吊入蒸馏锅，马上再放水进锅重新开始蒸馏，由此不断重复操作以求取得最高的生产效率。

这种使用螺旋板冷却器的蒸馏方法实际上是有压力的蒸馏方式，因为在螺旋板冷却器中，气流行程很长，阻力较大，因此会造成蒸馏锅有压力，这个压力一般在 $0.5\text{kgf}/\text{cm}^2$ 左右，岩桂枝叶中的油分在这个压力下很快就被蒸出来，在半小时内出油量就达到 80%，在 1.5h 内就会被全部蒸出来。

　　用这种蒸汽蒸馏的工艺，出油率可达到 2%～2.5%，而且蒸馏时间缩短到 1.5h 左右，这种蒸馏工艺效益是很高的。但这种工艺是有很多污水排放的，这需要处理成本，锅炉烟气要做除尘处理，也要增加费用，且这类工厂应设在有蒸汽供给的和有污水处理系统的工业区，使用有局限性。

# 第五节　分层放料蒸馏岩桂油的环保型设备及操作方法

　　图 9-4 所示的设备可提高出油率和缩短蒸馏时间，而且没有污水排放，是环保高收益的设备。

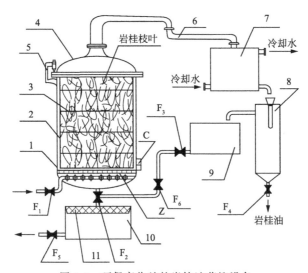

图 9-4　环保高收益的岩桂油蒸馏设备

1—蒸馏锅；2—料篮；3—网框；4—锅盖；5—压码；6—气导管；7—旋流式冷却器；
8—油水分离器；9—储水罐；10—废水池；11—过滤网；$F_1$—蒸汽阀；
$F_2～F_6$—球阀；C—视镜；Z—蒸汽喷管

　　图 9-4 中蒸馏锅（1）的结构与图 1-8 相同，其容积约 $3～4m^3$。料篮（2）结构与图 1-7 相同，网框（3）结构与图 1-6 相同，其放料高度约 400mm。

　　除上述设备外，这种蒸馏工艺还要配有吊车、枝叶切碎机、蒸汽压力在 $1kgf/cm^2$ 以下的低压锅炉及除尘器、冷却塔等，还要有便于装料的料篮坑，工厂布置类似第一章所述的桂油蒸馏系统（图 1-5）。

　　环保蒸馏操作步骤如下：

## 1. 进料操作

　　将鲜枝叶切碎，放置在料篮坑内的料篮（2）中，逐层将网框（3）装满料后将料篮吊入蒸馏锅（1）中，盖上盖（4），用 16 个以上的压码（5）将其压紧，再装上气导管（6）连通冷却器（7），然后打开阀 $F_3$、$F_6$，从储水罐（9）处放水入锅，满到视镜（C）的水平中心线止，就可以打开阀 $F_1$ 放蒸汽进锅蒸馏。

### 2. 蒸馏操作

放蒸汽先经阀 $F_1$ 进入锅底部的环形喷管（Z），从几百个小孔中喷出，穿过锅底部水层向上喷，蒸汽穿过各层岩桂枝叶，一面湿润枝叶，一面加温将其中油分带出，带有油分的蒸汽从锅盖顶部出去，经过气导管（6）进入冷却器（7）。由于冷却器是冷却面积很大的高效冷却器，蒸汽马上被冷却成液体，再流出去进入油水分离器（8）。岩桂油比水重，沉于油水分离器底部，打开油水分离器底阀 $F_5$ 就取得岩桂油，而分离出来的水分从油水分离器上部出口流出，进入储水罐（9），待下一锅蒸馏时再将其放入锅重新蒸馏，多余的放入废水池（10）供锅炉重复用。

由于岩桂原料被分层放置，在蒸馏过程中不会结团结块，因此蒸汽能充分接触各层物料，所以蒸馏效果好、速度快，油抽得干净。在通入蒸汽后 1h 内就可结束蒸馏，枝叶中的油分基本被蒸完，一般出油率为 2.5％～3％，远远高于上述几种设备的出油率。

### 3. 出料和废水、烟气处理

蒸馏结束后，放松各个压码，卸下气导管，移开锅盖，待锅内蒸汽散尽后就将料篮吊出卸料。然后打开阀 $F_2$ 将锅底部的废水经过滤网（11）过滤后放入废水池（10）中，将这些废水供不严格要求水质的低压锅炉用，这些水不排放，但不够锅炉使用，要在废水池中补充相当于枝叶料质量 30％的新水才够锅炉使用。此外，除尘器、冷却塔的用水也是不排放的，还要不断补水，都可直接用废水来补充，因此在蒸馏过程中是没有污水排放的。蒸完油的枝叶可作为锅炉燃料，可自给自足节省燃料费用。使用枝叶渣作燃料时，其烟气中的硫氧化物和氮氧化物都不会超标，用除尘器除尘后烟气也可达标排放。

由此可见，上述环保型蒸馏设备及操作工艺具有出油率高、蒸馏速度快、无污水排放、烟气达标排放、燃料绿色循环等突出优点，是一种很环保的岩桂油生产工艺。

# 第十章　薰衣草油环保高收益生产技术

## 第一节　薰衣草油简介

薰衣草油英文名称为 lavender oil，是一种浅黄色透明的液体，有薰衣草的浓香味，相对密度为 0.875～0.888，折射率为 1.459～1.470，可溶于乙醇。

薰衣草油含有乙酸芳樟酯，是最主要的特征成分，国际标准要求含量在 35% 以上，此外还含有芳樟醇、乙酸薰衣草酯、石竹烯、月桂烯、柠檬烯、乙酸正己酯、松油醇、桉叶油素、樟脑等多种成分。

薰衣草油是世界流行的芳香精油，可用于配制高档香精、香料、香水，常用于皮肤保养、治疗皮肤病，是养颜保养皮肤的佳品；薰衣草油还用于治疗一般呼吸道、肠胃、尿道疾病，还有显著的安神、镇静、治疗头痛的作用。薰衣草油是蒸馏薰衣草的花穗而得。薰衣草又名香草、灵香草、拉文德草等，薰衣草是唇形科薰衣草属多年生耐寒耐旱的小灌木（亚灌木）。薰衣草形态如彩图 10 所示。

薰衣草原产于地中海沿岸和阿尔卑斯山脉一带，后来陆续被英国、南斯拉夫、保加利亚、法国、意大利、俄罗斯、中国、日本等国引进大量种植，最著名的薰衣草产地有法国普罗旺斯、日本北海道、保加利亚玫瑰山谷和中国新疆伊犁河谷等。薰衣草品种有几十种，而适宜蒸油的有纯种狭叶薰衣草、宽叶长穗薰衣草，及上述两种杂交的杂花薰衣草，伊犁地区主要种植这三种薰衣草。

中国的薰衣草从伊犁开始已经在全国各地生根落户，从北京到哈尔滨，到上海、杭州、河北、河南、安徽、四川、贵州、湖北、湖南，到广州、深圳、海南、台湾等地都有种植薰衣草的报道，薰衣草紫蓝色花海已成为各地的一道明亮的风景线。

薰衣草的种植方法有种子繁殖和扦插繁殖，由于用种子繁殖薰衣草品种会退化，所以从第二代开始主要是用扦插繁殖。扦插是剪取约 100mm 长的木质化或半木质化的枝干扦插于河沙与木糠的混合沙床中，培育到长出根后再移植于疏水性好的大田中，每亩地种植约 1200～1500 棵苗，幼苗成活后 4～5 个月内就会开花，就可以剪花穗来蒸油。每年 6 月底到 7 月初收头茬花，10 月底到 11 月初收二茬花，四五年后就达到丰产年，每亩每年可产鲜花穗 2～3t。薰衣草是多年生植物，割了又会再长，可连续收割十年左右。

　　薰衣草的花穗含油量在开花过程有变化，长花蕾时含油量较少，含油率为 0.3％～0.5％；当花开尽时，含油率为 1％左右；当花穗开始凋萎时，含油率最高可达 1.5％～2.3％。因此每茬剪花蒸油时间应在盛花期至末花期。

　　采花要在露水已干、无雨的白天进行，花穗收割以割到花穗下第一双叶子为最好，因叶子太多会影响出油率及油质量。花穗收割后最好当天用来蒸油，来不及蒸可摊薄晾干后再蒸油。

　　薰衣草油的生产方法有溶剂萃取和水蒸气蒸馏两个方式，而用水蒸气来蒸馏有几百年历史，最名贵的薰衣草油都用这个方法来生产。

# 第二节　传统的薰衣草油蒸馏设备

　　目前在法国的普罗旺斯地区，薰衣草油的生产方式有用溶剂萃取和用水蒸气蒸馏两种。由于当地的薰衣草品种有纯种的薰衣草和杂交的薰衣草，杂交薰衣草含油量大于纯种薰衣草，但油的质量低于纯种薰衣草，通常生产杂交薰衣草油时使用溶剂萃取方法，而生产纯种薰衣草油时采用水蒸气蒸馏方法。在普罗旺斯的格拉斯山区还保存有传统的燃烧木柴的水蒸气蒸馏薰衣草油的设备，至今还在使用。这种传统设备如图 10-1 所示。

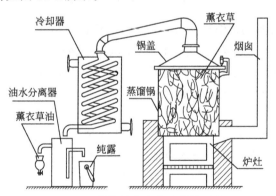

图 10-1　传统的薰衣草油蒸馏设备

　　上述设备蒸馏过程是将薰衣草穗放入蒸馏锅，要压实到一定程度，由人进去踏实或将浇注水泥来增加质量的大轮胎放入锅中压实，然后放水进锅，再直接点火加热来蒸馏。

　　这种蒸馏方法是为了取得足够浓度的薰衣草纯露，不用回水蒸馏，只是放足水蒸完水为止，将前一半蒸馏液放回下一锅蒸馏用，而后一半蒸馏液作为纯露包装入瓶出售。这种方法蒸纯种薰衣草出油率为 0.5％～0.8％，薰衣草油质量最好，而且纯露质量也好，但这种蒸馏方法有时间长、能耗大、木柴消耗量大和出油率低的缺点。

# 第三节　蒸汽蒸馏薰衣草油的设备

普罗旺斯产量大的工厂后来都改用蒸汽来蒸馏，即在蒸馏锅底设置喷蒸汽的环形管，将蒸汽喷上薰衣草，将油提出，由此提高出油率和蒸馏速度，这类设备结构如图 10-2 所示。

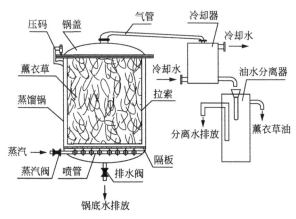

图 10-2　用蒸汽来蒸馏薰衣草的设备

图 10-2 这种设备的蒸馏操作方法与传统蒸馏设备相似，只是用从锅炉输来的蒸汽代替直接烧火产生的蒸汽来蒸馏，由于从锅炉输送来的蒸汽温度较高且带有压力，所以出油率会提高同时可缩短蒸馏时间，但不能回水蒸馏。这种工艺有污水量大的缺点，如不做处理就排放会污染环境，另外锅炉烟气不处理就排放也会污染环境。

我国新疆伊犁地区自 1964 年引入薰衣草种植至今，基本都是采用上述类似法国的水蒸气蒸馏工艺来生产薰衣草油。目前在伊犁地区使用明火加热及使用蒸汽来蒸馏生产薰衣草油的工厂数量过百，如未配备污水和烟气处理设备，对环境会有污染。

我国目前薰衣草油年产量有 200 多吨，占世界总产量 1/15 左右。我国的薰衣草油主要供国内香水、保健、化妆品行业使用，出口极少，产量较低，尚不能满足国内需要。

# 第四节　蒸馏薰衣草油的环保型设备及操作方法

在薰衣草油生产中要取得环保、节能、高出油率效果时，应当使用以下的蒸馏工艺和设备，如图 10-3 所示。

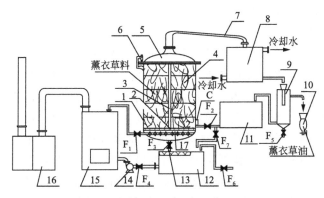

图 10-3　环保高效的薰衣草油蒸馏设备

1—蒸馏锅；2—隔板；3—提料篮；4—分层网框；5—锅盖；6—螺丝压码；7—气导管；
8—冷却器；9—油水分离器；10—分液瓶；11—蒸馏水储罐；12—锅炉供水箱；
13—100目过滤网；14—锅炉水泵；15—低压锅炉；16—除尘器；17—喷气管；
C—视镜；$F_1$—蒸汽阀；$F_2 \sim F_7$—球阀

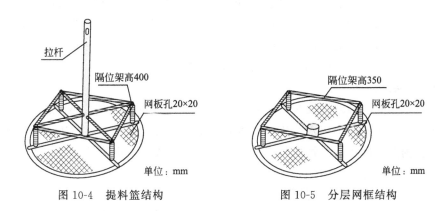

图 10-4　提料篮结构　　　　　　图 10-5　分层网框结构

在图 10-3 中，蒸馏锅（1）容积约 $4 \sim 5m^3$；提料篮（3）结构如图 10-4 所示；分层网框（4）结构如图 10-5 所示，其装料高度为 350mm，数量有 5 个；锅炉（15）压力在 $1kgf/cm^2$ 内，不列入压力容器监督范围，是很安全的低压锅炉，可利用蒸馏废水。

环保蒸馏设备操作步骤如下：

**1. 进料**

先打开水阀 $F_2$、从储水罐（11）放水入蒸馏锅（1）内，满至视镜（C）的水平中线为止。将提料篮（3）放入蒸馏锅内，将切碎成 $20 \sim 30mm$ 长的薰衣草料放入提料篮内，满到隔位架面铺平不留空位，再放入下一个分层网框（4），依次如此法放薰衣草料，直到放入第 4 个网框装满料（如无切碎机，可不用分层网框，直接放收割下的薰衣草长料，均匀放置在提料篮上，压实即可，但出油率低）放满料后盖上锅盖（5），用多个螺丝压码（6）将锅盖压紧后装上气导管

（7）就可以进行下一步蒸馏操作。

### 2. 蒸馏操作

锅炉（15）要提前储足蒸汽供蒸馏。蒸馏开始时先打开蒸汽阀 $F_1$ 放压力为 $0.5 \sim 0.9 \mathrm{kgf/cm^2}$ 的蒸汽入喷气管（17），蒸汽从几百个小孔分散向上出去穿过薰衣草层，一边水散，一边加热。当锅温度上升至接近 $100 ℃$ 时，就有大量蒸汽穿透料层将薰衣草油分带出，经锅盖和气导管进入冷却器（8），被冷却成含有薰衣草油和蒸馏水的馏出液。从冷却器出来进入油水分离器（9）内进行油水分离，薰衣草油浮上水面从油水分离器上面的出油口流出，流入分液瓶（10）内，由此取得薰衣草油。蒸馏水从油水分离器下面的出水口流出，进入储水罐（11）内，留作下一锅蒸馏时由阀 $F_2$ 放入蒸馏锅中重复利用。多余的水由阀 $F_7$ 放入锅炉供水箱（12）中，由阀 $F_4$ 和水泵（14）供给锅炉（15）重复使用，不排放。

在蒸馏过程中，要保持馏出液每小时的流量为蒸馏锅容积的 $10 \% \sim 12 \%$，馏出液温度为 $35 ℃$ 左右，馏出液流量越大出油率越高，蒸馏速度越快。在蒸馏约 $1 \mathrm{h} \ 30 \mathrm{min}$ 以后，如见到油水分离器的出油口没有油滴出时就可关闭阀门 $F_1$ 停止蒸馏，一般出油率为 $1.2 \% \sim 1.8 \%$，按薰衣草料收割时间有差别。在蒸馏过程中，打开分液瓶底开关可随时取得薰衣草油，要取纯露时打开油水分离器下面的阀 $F_5$ 就可取得，取走纯露时要马上补入等量的新鲜水。

### 3. 出料操作

蒸馏结束后，打开锅底阀 $F_3$，将锅内余水放出，经过滤网（13）过滤后流入锅炉供水箱，留作锅炉用水。放出锅余水后就可拆卸气导管，放松压码将锅盖移开，待锅内蒸汽散尽后，将提料篮拉起，将全部草渣料提出锅外卸掉，再从头开始放料进行下一轮蒸馏操作。

### 4. 渣料、烟气、废水处理

蒸过油的薰衣草渣可作肥料、沼气原料，也可干燥后作为锅炉的燃料，足够使用。锅炉烧草渣时烟气中的硫氧化物和氮氧化物都不会超标，配合使用除尘器（16）后烟气中的粉尘含量也不会超标。

蒸馏过程中，由油水分离器排出的蒸馏水及锅的锅底余水，是供锅炉和除尘器重复使用的，因此没有污水排放。由于薰衣草料会吸收一些水分，除尘器也会蒸发一些水分，因此还要不断补充新鲜水才能继续生产。

由上述操作可知，这种蒸馏薰衣草油的模式是环保的、节能的、出油率高的、燃料绿色循环自给自足的。

种植薰衣草除了蒸油以外可有以下几项收益：其一是薰衣草可作名贵花卉整枝出售，花穗可做枕头、坐垫、挂件等日用品和工艺品，可在当地形成一个薰衣草加工业。其二是薰衣草可做洗浴、足浴、美容等的优质材料，利用薰衣草可做成有特色的保健业。其三是薰衣草紫蓝花海是一道迷人耀眼的风景线，可激发当地旅游热潮和提高知名度。

# 第十一章　岩兰草油环保生产技术

## 第一节　岩兰草油简介

岩兰草油又名香根草油，英文名称为 vetiver oil，是一种黄棕色到深蓝色的黏稠液体，带有复杂的玫瑰味、檀香味、烟味等混合气味，相对密度为 1.012～1.020，折射率为 1.520～1.528，可溶于乙醇。

岩兰草油的成分有安息香醇、岩兰草醇、岩兰草酮、岩兰草烯、糠醛等。

岩兰草油可用于治疗精神疾病，可压制暴怒等激动的情绪，可治疗头痛、失眠等，故又称为"安定之油"。岩兰草油还用于按摩、泡浴，治疗风湿病、皮肤病，可去皱纹、斑痕等，岩兰草油还有杀菌、防腐、治伤、催情、止痛的显著功效。

岩兰草油是香水工业中的重要定香剂，由于其黏稠、难挥发，可长久留住香气。岩兰草油主要产出国有印度、印度尼西亚、泰国、海地等，全世界总年产量约 250t，主要销往美国、欧洲、印度等，中国岩兰草油产量较小。

岩兰草油是蒸馏岩兰草的根部而得，岩兰草形态如彩图 11 所示。岩兰草是禾科多年生草本植物，原生于热带地区，如印度、印度尼西亚、海地、泰国、缅甸等地。1958 年引进中国，在我国江苏、浙江、台湾、海南均有种植。

岩兰草的根系非常发达，呈网状和海绵状，生长几年以上的草根可深入地下 2～5m，有很好的水土保持作用。世界各地都将岩兰草视为保护堤岸、道路护坡等水土保持工程的首选植物。

岩兰草生命力极强，可以生长几十年，甚至上百年。岩兰草在旱地和湿地都可生长，在零下十几度时其根仍有生命力，春天再发芽。岩兰草即使在强酸强碱的环境都可生长，是制造人工湿地来处理污水的最佳植物。生活污水在流入密植的岩兰草湿地几天后，其中有害物质会减少 60%～80%，可见岩兰草是天然的污水净化植物。

岩兰草用种子种植很困难，主要是用分株繁殖来种植。将剪去上部草叶的草根分拆出单株后，种于潮湿泥土中就可生长，种植时要有足够水分，如在湿地种植或在下雨天种植都可以。

岩兰草按用途不同种植模式有所区别，如用于水土保持、护坡护堤，或用于湿地处理污水时，可用上述的种植方法。但若用于蒸油时，就要用另外的种植模式，由于岩兰草的根系深入土壤中，如要挖根来蒸油就很费事、成本高，因此种植时必须考虑采用容易取得岩兰草根的方法。

在印度主要产出岩兰草油的地区，农民种植岩兰草的方法是用塑料袋或塑料桶装泥种植，将其放在湿地中或在旱地上排列成大田，统一管理。15～18 个月内拉起岩兰草就可取得其根，无需挖掘，比较方便。这种种植方法由印度某中央研究所向各国推介，如要在中国发展岩兰草油产业，这种种植方法值得借鉴。

# 第二节　岩兰草油传统的生产方式

岩兰草油的蒸馏生产以印度的方法最悠久古老，其方法如下：

## 一、原料准备

在岩兰草长到 15～18 个月后，在 12 月到 1 月间将其根收割，此时草根出油率最高。将草根洗净切碎成 10～20mm 长短后晾干 2～3 天，再浸泡一夜后放入蒸馏锅蒸馏。但用蒸汽蒸馏时草根也可以不切碎和不浸泡。

## 二、蒸馏操作

印度北方是蒸馏岩兰草油历史最悠久的地区，其使用的蒸馏设备如图 11-1 所示。

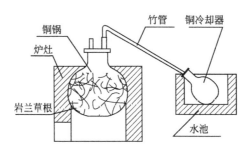

图 11-1　蒸馏岩兰草油的印度阿塔工艺设备

图 11-1 中，将切碎的岩兰草根放入直径 1000mm 左右的球状铜锅中，装满至铜锅体积的 3/4，加入盐水或海水浸过铜锅内料面后，用竹管来连接铜锅和形状类似大花瓶的铜冷却器，再用布条、胶皮等材料密封好竹管使其不漏气。在水池中放水浸到冷却器顶部后就可以在炉灶生火蒸馏，这种锅是烧木柴的，蒸馏岩兰草油每次需要 40 多个小时。

在蒸馏过程中，蒸馏锅产生的蒸馏汽带出岩兰草油通过竹管进入铜制的冷却器，被冷却成液体留在冷却器内。当液体积聚到冷却器容积一半时就要将其倒出，放入大桶中静置分离岩兰草油，岩兰草油会慢慢沉在水底，待沉积到一定时间后，除去水分就取得岩兰草油。在整个蒸馏过程中，要多次拿出铜冷却器来倒出其中的蒸馏液，操作较麻烦，出油率为 0.3%～0.5%。

用这种方法生产出来的岩兰草油呈蓝绿色，带檀香木味，印度人认为这是世界上品位最高的岩兰草油。这种传统的生产方式称为 Atter（阿塔）工艺，印度的香料行业至今还在使用，这种蒸馏岩兰草油的方式实际上是水中蒸馏方式，但是有出油率低、蒸馏效率低、蒸馏时间长、能耗十分大的缺点。

## 第三节　普通蒸馏岩兰草油的设备

近十几年来，印度、印度尼西亚、海地、泰国等地普遍都采用较新型的回水式蒸馏锅来蒸馏岩兰草油，设备如图 11-2 所示。

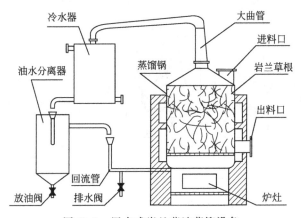

图 11-2　回水式岩兰草油蒸馏设备

图 11-2 中，蒸馏锅和冷却器都是用不锈钢制造，蒸馏锅容积为 $1\sim2m^3$，锅下部有隔板和回流水口。将岩兰草根去泥洗净后装入到蒸馏锅至其容积的 4/5，将水放入锅内满到回流水口稍下位置就可在炉灶点火加热蒸馏锅来蒸馏。

在蒸馏过程中带有岩兰草油分的蒸馏汽从锅顶出来进入冷却器，被冷却成液体流入油水分离器，这种油水分离器是专门用来分离重油的分离器，岩兰草油比水重，沉到分离器底部积聚，蒸馏水从上面流出进入蒸馏锅的回流口返回蒸馏锅重复蒸馏。

这种蒸馏锅可燃煤或木柴，甚至烧岩兰草叶，每锅蒸馏时间需 8～10h，出油率约为 1%～1.5%，油的颜色呈黄棕色或琥珀色，市场上很多岩兰草油都是这种蒸馏工艺生产的。

用这种蒸馏方法也可取得较浓的岩兰草纯露，打开油水分离器底部放油阀，先放尽岩兰草油后就可以接着放出纯露。在蒸馏过程中取纯露时，要在回流水口补回等量的新鲜水回蒸馏锅。

# 第四节　环保型岩兰草油蒸馏设备及操作方法

岩兰草油蒸馏生产也有用压力蒸汽来蒸馏的，用2个蒸馏锅串联，又叫串锅蒸馏工艺，在蒸馏过程中保持锅内压力在 $3\sim4kgf/cm^2$ 之间，这就可以将草根中的高沸点油分完全蒸馏出来，由此提高出油率和提高油品质，同时可以节省燃料。

串锅设备如图11-3所示。

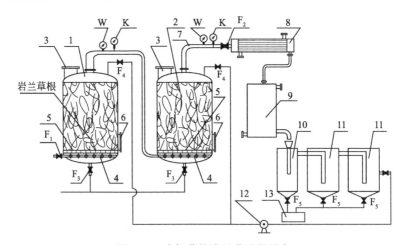

图 11-3　串锅蒸馏岩兰草油的设备

1，2—蒸馏锅；3—进料口；4—蒸汽环形喷管；5—多孔隔板；6—出渣口；7—气导管；
8—列管冷却器；9—蛇管冷却器；10—油水分离器；11—沉降罐；12—水泵；
13—岩兰草油储罐；$F_1$—蒸汽阀；$F_2$—气流控制阀；$F_3$—排水阀；
$F_4$—进水阀；$F_5$—放油阀；W—温度表；K—压力表

上述串锅蒸馏岩兰草油设备的操作步骤如下：

## 1. 放料操作

先在两个锅中各放入岩兰草根料，将新鲜根料先洗净、切碎，每锅按 $120kg/m^3$ 或 $60kg/m^3$ 投入鲜料或干料，装到每锅80%容量，然后放水进锅满到视镜（C）水平中线为止。

## 2. 蒸馏操作

放水后开始在锅（1）底阀门 $F_1$ 处放蒸汽进入本锅的环形喷管（4），蒸汽分散从几百个小孔向上喷射，蒸汽带出油分穿过锅的料层后从锅顶出去，沿气导管

（7）进入锅（2）底部喷气管，再次分散从几百个小孔喷上锅内的料层，蒸汽将两个锅料中的油分从锅（2）顶带出去，依次进入列管冷却器（8）和蛇管冷却器（9）。

蒸汽在两个冷却面积足够大的串联冷却器中被冷却成液体，其间液体中的油分子在蛇管中做长距离流动和互相碰撞，使其中的微小油分凝聚成油液随蒸馏水一同流出冷却器进入油水分离器（10）进行油水分离。此时大部分已聚成油液状的岩兰草油沉到分离器的底部，打开底部阀门 $F_5$ 就可取得这些油，而极少部分油悬浮在水中随蒸馏水从油水分离器上部出口出去，依次进入两个沉降罐（11）进行沉降分离，油分慢慢沉降到两个沉降罐的下部，在各个沉降罐下部积聚。在沉降约十几个小时后，打开各个沉降罐底部阀门 $F_5$ 就可取得这些较轻的岩兰草油。

国外有些工厂将浓盐水注入油水分离器，加大水的比重，使岩兰草油浮上水面分离出来，这样做可以不用沉罐来分离，但有许多盐水要排放，这类工厂都设在海边。在蒸馏过程要保证两个蒸馏锅内有一定压力，约在 $2\sim3kgf/cm^2$，这个压力由阀门 $F_2$ 来调整，开大阀门 $F_2$ 压力就小，关小阀门 $F_2$ 压力就大，由此可得到适宜的压力。

冷却器的馏出液温度宁高勿低，最好保持在 $60\sim70℃$ 之间，这样油水分离会容易些，馏出液的颜色越淡，岩兰草油沉降越快，出油率会提高。馏出液的流量控制在每分钟 $2\sim2.5kg$，每次蒸馏时间约 $2\sim3h$，鲜草根出油率达 $1.8\%\sim2.5\%$，干草根出油率达 $3\%\sim5\%$。需要取纯露时，在油水分离器底部放出岩兰草油后，再放出的就是纯露。

### 3. 出料操作

蒸馏结束时，先关闭蒸汽阀 $F_1$ 后打开各个蒸馏锅底的阀门 $F_3$，将锅内余水排放掉，再打开各锅进料口，让热气散发，稍后再打开各锅出渣口（6）出渣，出完渣时要小心操作，因为残渣温度很高。出完渣后关闭出渣口和阀 $F_3$ 就可重新进料，进料后将沉降罐内的水液用泵（12）分别泵入两个锅，满至各锅视镜（C）水平中线止，就可从头开始打开阀 $F_1$ 通入蒸汽再来蒸馏。

用串锅蒸馏岩兰草油时，每个锅体积都不能做得太大，因蒸馏压力较大，要考虑安全。每锅容积以 $2m^3$ 左右为宜，锅身直径 1.2m，高度 2.2m，锅壁厚度 8mm 左右较安全，两个锅体积尺寸基本相同。使用上述 $2m^3$ 蒸馏锅来生产时，配合用的锅炉供汽能力约为每小时蒸发量 0.3t（300kg）。

### 4. 渣料、烟气、废水处理

蒸过油的根渣晒干可作燃料，如选用专门烧草的锅炉时，用渣料和部分岩兰草叶作燃料足够用，由此可做到燃料绿色循环利用。用植物燃料烧锅炉时，烟气中的硫氧化物和氮氧化物都不会超标，但烟气会多些，只要增设除尘器，烟气排放基本符合规定。

这种 $2m^3$ 蒸馏锅在生产中产生的污水量是很少的，将这些从锅底排放出来的废水用过滤器和沉降池处理后，与从油水分离器分离出的蒸馏水混合，就可泵回锅炉重复使用，可以做到污水零排放。

由上述操作过程可知，生产岩兰草油是可以做到环保和绿色循环的。中国目前各地种植岩兰草主要用于水土保持、污水处理和保护生态环境，在 20 世纪 70～80 年代，浙江、福建曾有些乡镇企业小规模种植岩兰草来生产岩兰草油，而目前用于蒸油的模式化大规模种植还未出现，中国的岩兰草油生产还有待进一步开发。

# 第十二章　檀香油环保生产技术

## 第一节　檀香油简介

檀香油又名白檀油，英文名称为 sandalwood oil，是一种浅黄色到棕黄色的透明液体，带有檀香木材的甜醇芳香味，相对密度为 0.973～0.985，折射率为 1.505～1.508，可溶于乙醇。

檀香油主要成分有 $\alpha$-檀香醇和 $\beta$-檀香醇，两者总含量约 40%～90%，其中澳洲檀香油含量最少，印度檀香油含量最大，印度尼西亚檀香油居中。檀香油还含有其他成分，如檀香烯、橙花椒醇、姜黄烯、喇叭醇、$\alpha$-没药醇、檀香酮、檀香酸、异醛等。

檀香油是一种价值高的芳香油，可配制各种高级香精、香料、香水等，也是很重要的定香剂，可用于各类香水、香皂、化妆品、洗发水、淋浴液、护肤品、芳香疗法材料等。

檀香油可用于治疗皮肤干燥及炎症，可淡化疤痕、细纹，滋润肌肤，可安抚神经紧张、减轻焦虑、催情、抗菌、治感染伤口、清血抗炎等。

檀香油是蒸馏檀香树的心材而得，檀香树形态如彩图 12 所示。檀香树是檀香科檀香属乔木，可高达十几米，原产于印度、印度尼西亚、澳大利亚等地，中国广东、云南和东南亚各地也有种植，其树木心材是优良的家具材料，也是蒸馏生产檀香油的原材料。

檀香树可以在中国南方各地大量种植，但种植的方式很讲究。檀香树是一种半寄生物种，它不能单独生存，必须吸取其他树木的养分才能存活，是植物界中的"吸血鬼"。檀香树的根带有无数吸盘，在地下碰到其他树木的根时就会将其吸紧掠夺其养分，至死不会分开。因此檀香树的主根不是向下生长的，而是分成多支向不同方向伸延，在地下四面八方去寻找其他树木的树根以吸其养分，檀香树在找不到其他植物来"吸血"的情况下，在一年以后就会枯萎死去。

檀香树在小苗木时，以吸附草类植物如茅草、蓬莱草、蒲公英、飞机草等的草根来维持生长；长至一年这些草死后就要吸附一些较大植物如山毛豆、狗屎豆、黄角皂及多种小灌木植物；长到 2～3m 高时，就要吸附大型树木的树根才能生长，这些树木有龙眼、荔枝、黄皮、无花果等众多果树及相思树、黄花梨、鸡翅木等多种硬质树木。因此种植檀香树时必须同时安排种植其他供其"吸血"的植物。

檀香树比较适合的种植方法是用种子育苗再移植。收集粒大、成熟的紫红色的果实，脱壳去肉后将其中的种子洗净即栽种。先将种子用红霉素水（浓度50～100mg/L）浸泡1天后再晒干，见种子壳有裂缝时即栽种，这样种子会早些发芽。种子要埋在育苗袋的营养土中，深约20～30mm处培育，适当淋水，培育几个星期后就会发芽。

檀香种子出芽长到1个月后，当长出叶子成为小苗后就要在育苗袋中种上供其"吸血"的小草，待苗长到20～30mm高就可以连同土坯一起移植到种植地点去。每棵苗之间的距离约在2.5～3.4m之间，种植时马上就要在苗木旁边种植供其吸附的草类，如草长得太高，遮挡檀香苗木阳光时就要将其剪低。

在檀香苗长到1m高时，原来供其吸附的草类死掉后，就要在离苗木1m左右的地方种植供其"吸血"的小灌木，也要防止小灌木长太高挡住阳光。同时要提前安排种植长期供其"吸血"的大型树木，如各类果树、各类硬质树木等，这些树要种植在檀香树两侧，距离檀香树2～3m，这样檀香树就会生长得很顺利。

檀香树长到十几年以后，就可将其砍伐来供应市场。此时其心材部分富含檀香油，含量达3%～5%，木材核心部分含油率会高达10%左右，从边材到木皮，含油量会逐渐减少，从2%降到0.1%左右。檀香树被砍伐后，其树桩很快会长出几棵新株，新株生长速度很快，几年后又长成檀香树，由此延续不断。

# 第二节　檀香油传统的生产工艺

檀香油通常是用水蒸气蒸馏工艺来生产，本节介绍其生产工艺的历史和现状。

人类生产檀香油的历史是从几百年前的印度开始，印度蒸馏檀香油使用的工艺称为阿塔（Atter）工艺，这种工艺是在几百年前由伊斯兰教徒传承下来的。阿塔工艺使用的设备如图12-1所示。

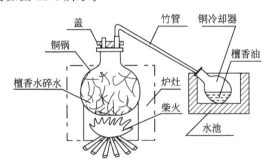

图12-1　蒸馏檀香油的阿塔工艺设备

上述设备生产檀香油的过程大致如下：

先将檀香木的心材粉碎或刨成薄片，放入直径 1m 左右的、球形的铜制或陶土制的蒸馏锅中，檀香料约占锅的大半容积，加入盐水或海水浸过檀香料，盖上锅盖用胶泥布条料封好，在盖上的出气口放入通气竹管，竹管下端伸入一个铜制壶状冷却器内，将冷却器放入水池中浸着，就可以烧火加热蒸馏锅来蒸馏。蒸汽将油分从蒸馏锅带出，经过竹管进入冷却器被冷却成含有檀香油的馏出液，当其满至冷却器容积的一半时，要将其倒出桶中静置，同时分离檀香油，在蒸馏过程中要多次这样操作。蒸馏檀香油的时间每锅次约需一个星期，效率非常低，要取得大产量必须用十几个甚至几十个蒸馏锅并排蒸馏，这要消耗很多木柴等燃料，出油率为 2% 左右，生产成本很高。

# 第三节　用蒸汽来蒸馏檀香油的设备及操作方法

近年来，在澳大利亚、印度尼西亚、中国广东等地生产檀香油都是用蒸汽来蒸馏，蒸馏时使用压力蒸汽，压力为 $2\sim3\mathrm{kgf/cm^2}$，蒸馏时间每锅次需十多个小时，出油率可达 5%，这类设备如图 12-2 所示。

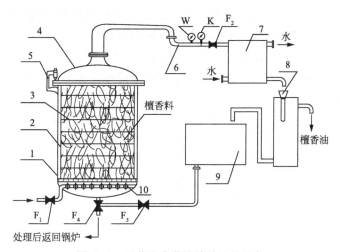

图 12-2　用蒸汽来蒸馏檀香油的设备

1—蒸馏锅；2—料篮；3—网框；4—锅盖；5—压码；6—气导管；7—冷却器；8—油水分离器；
9—储水罐；10—蒸汽环形喷管；$F_1$—蒸汽阀；$F_2$—气流控制闸阀；
$F_3\sim F_4$—球阀；K—压力表；W—温度表

在图 12-2 中，蒸馏锅结构与图 1-8 相同，容积约 $2\sim3\mathrm{m^3}$。料篮（2）结构与图 1-7 所示相同，分层网框（3）与图 1-6 相同。

环保生产檀香油操作步骤：

### 1. 进料操作

将檀香木心材打碎成米粒状大小或刨切至刨花般的薄片就可用来蒸油，通常木器家具加工厂剩余的檀香木的边料、碎料、木屑、木糠等都可用来蒸油，一些白色的不能利用的边材含油率虽然低些，但也可用来蒸油。在装料前先放水进锅（1），漫过蒸汽喷管（10）管面上 50～100mm 为止。将打碎或刨成薄片的檀香木原料装入料篮（2）中的各个网框（3）中，装入的方法如下：

先在各个网框底镶上一块网孔约 1mm 大小的金属网，防止木碎掉下，然后铺上檀香木碎料 30～50mm 厚，再盖上一件金属网，再铺上碎料，由此一层一层地放料，每个网框放料总厚度为 150mm 左右，这样做的目的是防止檀香木碎料在蒸馏过程中结团结块导致无法蒸馏的现象出现。如用刨花等薄片原料蒸馏时，无需再加金属网，只需依次装满各层网框即可。将装满料的料篮吊入蒸馏锅内，盖上锅盖（4），用多个压码（5）将其压紧，再装好气导管（6）后，就可以进行蒸馏。

### 2. 蒸馏操作

打开汽阀 $F_1$ 放蒸汽入锅蒸馏，要控制锅内的压力，一般最高压力在 3kgf/cm² 以内，蒸馏时间约 15～18h。

蒸馏檀香油可以在不同压力段取得不同成分含量的檀香油，如在前 8 个小时内，使用 1kgf/cm² 压力，此时蒸出的檀香油中 $\alpha$-檀香醇和 $\beta$-檀香醇含量最高；在随后的 5h 将压力调整到 2kgf/cm²，蒸馏所得的檀香油 $\alpha$-檀香醇、$\beta$-檀香醇含量较低，其他醛类、酮类含量较多；最后将压力调整到 3kgf/cm²，再蒸馏 3～4h 再将其他高沸点油分蒸出。在各段时间蒸馏出来的檀香油要分开放置。

如使用 3m³ 容积的蒸馏锅时，在上述蒸馏过程中要控制馏出液流量为 5L/min 左右。油水分离器（8）的体积要足够大，约为蒸馏锅容积的 1/10 左右，而且沉降高度至少在 1.2m 以上才能完全分离出混在水中的檀香油。

用这种操作方法蒸馏檀香油总得油率约在 5%～8%，而三个时间段所得的成分有差别的檀香油可按市场需要单独出售或按比例混合出售。

### 3. 残渣、废水，烟气处理

蒸完油余下的檀香木残渣还是很有价值的一种原料，可以用来作宗教用品，如用来生产柱香、香烛等产品。

蒸馏檀香油要用锅炉来产出蒸汽，而锅炉的燃料可以用天然气、液化气、燃油和生物质燃料，当使用这类清洁燃料时，锅炉的烟气是很容易达标排放的，没有烟气处理问题。

檀香油蒸馏生产的主要环保问题是废水处理问题，这些蒸馏废水是由蒸馏锅底部排出的锅底水和从储水罐（9）排放的多余的蒸馏水组成，这些废水在蒸馏 1t 檀香木料后会有 3～4t 的排放量，可由污水处理系统处理后，重复供压力 4kgf/cm² 以下的低压锅炉及除尘器用，可做到污水零排放。

在上述的污水中，有90％以上是从油水分离器分离出来的蒸馏水，这些水含有檀香油成分，其实是一种檀香纯露，带有浓郁的檀香木气味，是可用来制喷雾剂、香皂、沐浴液、洗发水等日用品和保健品的，应当将其充分利用，而不是排放掉。

由上述操作过程可知，檀香油生产是完全可以做到高出油率、高收益及不污染环境的。

# 第十三章　牡荆油绿色循环生产技术

## 第一节　牡荆油简介

牡荆油又名黄荆油、荆条油，英文名称为 vitex oil。牡荆油是一种浅黄色到棕黄色的液体，带有微微的辛辣香味，相对密度为 0.890～0.910，折射率为 1.485～1.500，可溶于乙醇。

牡荆油含有 50 多种化合物，其中主要的是石竹烯，含量在 20％～40％之间，这是牡荆油的特征成分，还含有荜烯、β-榄香烯两种重要的成分，共占 8％～10％，此外其他成分如 α-蒎烯、β-蒎烯、水芹烯、松油烯、没药烯、柠檬烯、桉叶油素、松油醇、乙酸龙脑酯等，基本都是少量或微量的成分。

牡荆油有止咳、平喘、祛痰作用，对慢性支气管炎有特别疗效，其单方牡荆丸曾获中国科学大会奖，畅销欧洲、俄罗斯等地，牡荆油还可治疗感冒、胃病、肠道疾病、妇科疾病等。牡荆油还用于各种日用品，用于香水、香料、香精、化妆品、沐浴液、芳香疗法材料等。

牡荆油是蒸馏牡荆树的枝叶、花穗所得。牡荆树的形态如彩图 13 所示。牡荆是马鞭草科的落叶小灌木和小乔木，可长到 4～5m 高，在中国南方和北方都有广泛分布。牡荆耐旱、耐寒、耐贫瘠，在砂岩地、石质山地、石灰岩山地都能茂密生长。牡荆在夏天会开很多花，也是一种可供蜜蜂采蜜的重要蜜源。牡荆生命力很强，砍了还可生长，越长越旺，牡荆往往也是当地的柴薪植物。

牡荆因其开花美丽也可作为一种园林观赏和盆景植物，广泛种植于各地园林中。用于蒸油的牡荆以野生为主，由于各地野生的牡荆很多，目前还未见有大面积人工种植牡荆供蒸油的。

牡荆繁殖以种子在野生环境繁殖为主，主要原因是牡荆在扦插或压枝繁殖时，生长速度太慢，枝苗细弱，不及野生苗的生长速度和强壮程度。牡荆的叶、茎、花穗都含有芳香油，其中鲜叶含油量为 0.8％～1.1％，鲜茎含油量为 0.4％～0.8％，鲜花穗含油量为 1.3％～1.8％，在花穗开到末期时，茎、叶、花穗的含油量均达到最高。

鲜叶的油分中含石竹烯较多，可高达 40％～50％，而茎和花穗的油分含石竹烯较少，将叶、茎、花穗一起蒸油时，得到的牡荆油中含石竹烯 20％～30％，仍可符合市场要求。

# 第二节　牡荆油的传统生产方法

牡荆油生产主要是用水蒸气常压蒸馏方式。我国的牡荆油生产自 20 世纪 80 年代开始，由广州当时的大型制药企业来推动蒸油，在广西的钟山县、富川县一带盛产野生牡荆的石灰岩地区有数百户农民蒸油。在 20 世纪 80～90 年代初，这一带逐渐成为我国牡荆油主要的生产基地，当时农民使用的蒸牡荆油的设备是很简单的，其结构如图 13-1 所示。

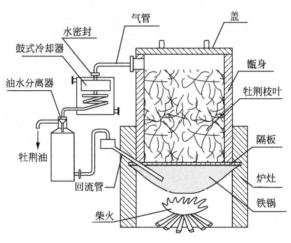

图 13-1　牡荆油蒸馏甑

这种设备的生产过程大致如下：

将在末花期（在 6～7 月间）砍下的新鲜牡荆枝叶连带花穗放入木甑身中，通常一次放料 300～400kg，放到出气管口下面压实，盖上木盖，在铁锅放满水就可以在炉灶中点火蒸馏。铁锅的水烧开后产生蒸汽，蒸汽穿过牡荆料将其中油分带出，从出气管流入冷却器，经冷却器冷却后变成含有油分的液体进入油水分离器。由于油比水轻，从分离器上面出口流出，流入牡荆油桶储存，由此取得牡荆油，而水从分离器下部流出进入回流管口，重新返回铁锅蒸馏，每锅蒸馏时间需 5～6h 以上，出油率为 0.5％左右。使用这种设备时进料出料操作烦琐，一般生产周期至少要 8h，燃料以木柴为主，要消耗较多木柴，生产效率和出油率都较低。

这种设备是由当时的广州大型制药企业在梧州订制后送给农民使用的，这种设备因生产效益不大，逐渐被淘汰。

# 第三节　生产牡荆油的环保蒸馏设备及操作方法

在近十几年来牡荆油生产开始使用一种节能的环保型设备，经济效益也大大增加，这种设备如图 13-2 所示。

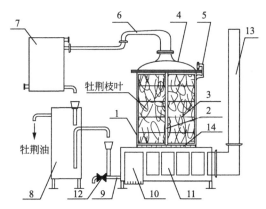

图 13-2　环保节能的牡荆油蒸馏设备
1—蒸馏锅；2—提料篮；3—分层装料网框；4—锅盖；5—压码；6—双头铝蛇管冷却器；
7—油水分离器；8—牡荆油桶；9—回流水管；10—燃烧室（内有炉排）；
11—"之"字形烟管；12—排水阀；13—烟囱；14—隔板

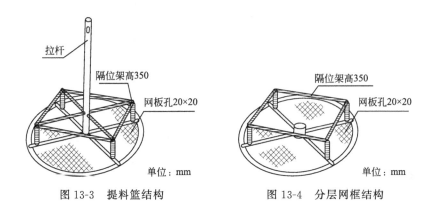

图 13-3　提料篮结构　　　　　图 13-4　分层网框结构

在图 13-2 中，提料篮（2）结构如图 13-3 所示，分层网框（3）结构如图 13-4 所示，其放料层高 350mm，燃烧室（10）和浸在水中的"之"字形烟管构成蒸馏锅（1）的燃烧系统，其冷却器（6）的结构为双头铝蛇管。

蒸馏牡荆油设备的生产操作过程如下：

## 1. 进料操作

先将新鲜牡荆枝叶用切碎机（一般是用旋转切碎机）切成 20～50mm 长短，将提料篮（2）放入蒸馏锅（1）内隔板（14）面，放料进锅，满至提料篮的限位架面，铺平，再放入一个分层网框（3），装料满到限位架面，如此操作直至放入最后一个网框装满料，再盖上锅盖（4），用 16 个左右的压码（5）将锅盖与蒸馏锅压紧，从回流水管（9）放水入蒸馏锅，满到提料篮底部为止。

### 2. 蒸馏操作

放水入锅后就可在燃烧室（10）点火蒸馏，烟气沿着浸在蒸馏锅下面的水中的"之"字形烟管（11）流动，将热量通过烟管外壁传给锅水。由于烟管外壁面积很大，很快将热量传给锅水，使锅水迅速升温产生大量蒸汽进行蒸馏，蒸汽产生的速度比一般直接加热蒸馏锅快两倍左右，产生蒸汽量多一倍以上。蒸汽向上穿过各层牡荆叶，将油分带出，从锅盖顶部出去进入冷却器（6），冷却器冷却面积很大，冷却效率很高，蒸汽很快被冷却成 30℃ 左右油水混合的馏出液，进入油水分离器（7）后被分离出水和牡荆油。牡荆油比水轻，浮上水面，从油水分离器最高的出油口流出进入盛油桶，由此得到牡荆油，蒸馏水从油水分离器稍低的出水口流出，进入蒸馏锅的回流水管（9）返回蒸馏锅重新蒸馏。由于蒸馏锅用分层放料模式及用大蒸汽量来快速蒸馏以及用高效冷却器（7）来急速冷却，这样可以明显增加出油率和缩短蒸馏时间。

从冷却器有馏出液流出开始，约 1h 内就可以将枝叶中的油分抽完，从 50min 开始就要从冷却器的出口接取馏出液观察，如见到油量稀少时，就要熄火停止蒸馏。一般生产周期连同进出料的时间在内为 2h 左右。这种设备蒸馏带花穗的枝叶时，出油率可达 1%～1.3%，由此可见，其生产效率和出油率都远远优于旧式设备。

### 3. 出料操作

停止蒸馏时，先熄火，然后拆除气导管，放松各个压码（5），移开锅盖（4），待锅内蒸汽散尽后，就可将提料篮拉起，将各层渣料一起拉出锅卸掉，再从头开始放料、加水进行下一锅蒸馏。

### 4. 渣料、废水、烟气处理

蒸过油的叶渣可作肥料、沼气原料，也可干燥后作燃料，足够蒸馏使用，因此这种蒸馏方法可做到绿色循环利用。

这种设备在燃烧枝叶渣时，烟气中的硫氧化物和氮氧化物都不会超标，如在烟囱处装一个文丘里除尘器，烟气就可达标排放。

回水蒸馏工艺在生产时是没有污水排放的，每锅还要补充相当于枝叶质量三分之一的新鲜水。在蒸馏一段时间后，可将蒸馏水排放给除尘器用，可做到完全没有污水排放。

由上述操作过程可知，牡荆油用这种工艺生产是完全可做到节能、高效率、高出油率的，也可以做到燃料绿色循环和不污染环境的。

# 第十四章　菖蒲油环保生产技术

## 第一节　菖蒲油简介

　　菖蒲油又名石菖蒲油、鸢尾根油，英文名称为 orris root oil，是一种黄色、黄棕色黏稠半固体，在 40～50℃时融化成液体，带有类似樟脑的微微辛辣气味，相对密度为 0.9120～0.9530，折射率为 1.480～1.505，可溶于乙醇。

　　菖蒲油的主要成分为细辛醚，其为菖蒲油的主要特征成分，含量在 40%～70%之间，此外还含有甲基丁香酚、芳樟醇、苯甲醛、糠醛等十多种其他化学物质。

　　菖蒲油可用于配制紫罗兰型、龙涎香型等香水、香料、香精，是重要的香水原料，也可作为食用香料，其作用类似生姜、肉豆蔻，微量添加于食品中时，可使食品具有特殊风味；菖蒲油还有化湿开胃、醒神功效，可治疗癫痫、昏热等病症。

　　菖蒲油是蒸馏天南星科菖蒲属植物石菖蒲或水菖蒲的根茎而得，菖蒲的形态如彩图 14 所示。菖蒲原产于中国及日本，在全世界的温带、亚热带都可生长，中国南北各地都有分布。菖蒲是中国传统的防疫、驱邪的"仙草"，在端午节或古时瘟疫爆发时常用来焚烧或挂于屋檐门前。

　　菖蒲的药效在《本草纲目》中有记述：主风寒湿痹、咳逆上气、开心孔、补五脏、通九窍、明耳目、出音声，主耳聋、温肠胃、止小便利，久服轻身、不忘不迷惑、延年。菖蒲有七个品种和两个变种，而最适宜用来蒸菖蒲油的品种为水菖蒲和石菖蒲，水菖蒲生于湿地、溪水、浮岛等地，石菖蒲则生于阴潮砂质土地，如水岸边、溪水边的沙土、石砂地带等，植株高为 1m 左右。石菖蒲容易生长，容易繁殖，可以大量种植来供蒸油。

　　上述这两种菖蒲的外形、根茎很相似，尤其根茎晒干切碎后很难分别。水菖蒲根茎含油率高于石菖蒲，而且其中的细辛醚成分也稍高于石菖蒲。在实际生产蒸馏中，这两种菖蒲的根茎都可用来蒸油，蒸出的油都称为菖蒲油，有时也会按市场需求将用石菖蒲蒸出的油标明为石菖蒲油，而水菖蒲的油标明为菖蒲油。

　　菖蒲的种植方法有两种，其一是在秋天采其红色果子破开，取其中的种子来播种，将种子置于营养泥土下 20～30mm 处培育，待其出芽长成苗后移植于种植地；二是在春天菖蒲生长茂盛、根芽多时，分段截取带有芽的根茎来移植。

种植石菖蒲的地点应选在水边阴潮的沙石土上，种植地块多数是几十平方米的不规则小块沙土地。菖蒲长到二三年后，当见其根茎在地面上显露时就可收取其根茎来蒸油，收挖时根茎保留 1～2 株苗不挖，过一二年又可长成大片菖蒲田，一般每亩可产出鲜根茎约 200～300kg。在 10 月份左右将菖蒲根茎挖出洗净、晒干、切片、储存以后就可用来蒸油，储存时间越长，含油率越高，油分品质越好。

## 第二节　菖蒲油的传统生产方法

菖蒲油传统的生产方法是以水中蒸馏为主，主要使用设备如图 14-1 所示。

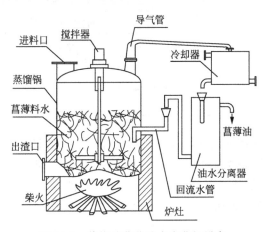

图 14-1　传统的菖蒲油水中蒸馏设备

图 14-1 中，用明火加热的蒸馏锅有效容积约 1～1.5m$^3$，在蒸馏时将菖蒲根茎切片和水一起放入蒸馏锅中，以水浸过料面为准，蒸馏时要间歇地开动搅拌器，以防料渣粘锅底或结团结块影响蒸馏。当蒸汽带出菖蒲油进入冷却器冷却成油水混合的馏出液流出时，其温度宜高不宜低，以 60～70℃为宜，以避免菖蒲油凝固堵塞冷却器，这就要控制冷却水进入冷却器的流量不宜过大。馏出液流入油水分离器后菖蒲油的油分会浮在水面，从油水分离器上部出油口流出，用盛器收集得到菖蒲油。馏出液中的蒸馏水从油水分离器下部流出，从回流水口返回蒸馏锅重新蒸馏。一般蒸馏时间每锅约 4～5h。

上述蒸馏方式在蒸馏时火力不能太猛，以免蒸馏锅出现结焦结块现象。这种方式会有大量渣水排放，这些渣水含有大量的淀粉，可直接用作肥料或用作沼气供发酵使用。

## 第三节 菖蒲油的环保生产方法

在环保要求严格，不允许烧煤甚至不允许烧木柴的地区，上节所述这类设备可以改烧天然气或液化气，也可改用导热油来加热。如用导热油来加热，要在锅内设置加热蛇盘管，如图 14-2 所示。

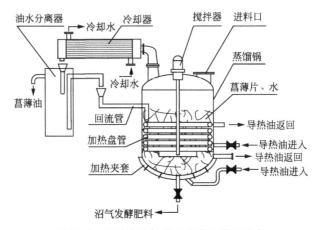

图 14-2　用导热油加热的菖蒲油蒸馏设备

图 14-2 中，在蒸馏锅的底部设有加热盘管，同时蒸馏锅的外壁还设有加热夹套，可通入导热油来加热锅内的水料。1.5m³ 容积的蒸馏锅，其加热总面积约为 3.5m²，面积越大，加热速度越快。这种蒸馏方式的操作方法基本上与上一种设备相同，但使用导热油来加热，生产过程会变得更清洁、更环保和更安全，蒸馏锅也不会出现烧焦和结块现象。这种方法的出油率为 3%～4%，稍高于第一种蒸馏方式，蒸馏时间为 4h 左右。导热油炉可采用电加热式导热油炉，也可采用燃气加热式导热油炉，这两种加热方式都没有烟气污染问题。

这类菖蒲油蒸馏工厂应设置有污水处理系统，或将工厂建在有污水处理设备的工业区内，使生产排放的污水得到妥善处理，这就可以做到菖蒲油的环保生产。

# 第十五章 柏木油绿色循环生产技术

## 第一节 柏木油简介

柏木油又名雪松油，英文名称为 cedar wood oil，是一种浅黄色到棕黄色的透明芳香油，带有柏木的清香味，相对密度为 0.941～0.966，折射率为 1.5020～1.5080，可溶于乙醇。

柏木油的成分有柏木脑、α-柏木烯、β-柏木烯、松油酸、香柏油烃、松油烃、柏木酮等几十种化学物质。

柏木油是中国大宗出口的芳香油，可用于调配香料、香精、香水，可用于化妆品、沐浴液、洗发水、清新剂、美容品、足浴、芳香疗法等，还可用于医药品、日用品，也是香料产业中的一种优良的定香剂，柏木油还可以分离出多种单离香料，它们有更广泛的用途。

柏木油是蒸馏柏木树的树根、枝叶、边料、碎料而得。柏木树形态如彩图 15 所示。柏木是柏科柏木属常绿乔木，高达数十米，在我国浙江、福建、江西、湖北、湖南、四川、云南、贵州、广东、广西各地都有种植，柏木的种类有侧柏、扁柏、圆柏、刺柏、杜松等，这些柏木都可以用来蒸油。柏木的树干是优质家具用材，不适宜用来蒸油，用来蒸油的柏木部分是砍树后留下的根桩和枝叶，还有加工剩下的边料、碎料、木片、木糠等。

柏木有天然野生的和人工栽种的，野生林已不允许砍伐，一般用来蒸油的柏木基本上是人工栽种的。柏木的种植方法是用种子栽种。每年 7～9 月份收集种子，要先采摘果球来取种子，因为果球在树上会自动裂开，种子到处飞散就很难收集。播种在每年 2～3 月份或 10～11 月份，每亩要播种子 7～8kg，约 10 万粒种子，但出芽率只有 5％左右。当种子出芽长到 200mm 高以上时，就可将其移植到石灰土质、砂岩土质、碳岩土质等的种植地点。种植时在阴雨天挖苗，即挖即种，这样苗木容易成活，一般每棵苗之间距离为 1～2m 左右。柏木是钙质土壤的标志性植物之一。

柏木长到 250mm 直径以上后就可砍伐，将树干用作制造家具的材料，其余的树桩、树根、枝叶、边材就可用机械切碎用来蒸油。一般可用切刨机将木头刨成 1～2mm 厚的刨片，也可用旋切机将木料切碎成米粒般大小的碎木粒。

# 第二节　蒸馏柏木油的传统设备

　　柏木油的蒸馏方法有几种。自 20 世纪 60 年代开始，福建、江西、云南、贵州就有农民开始蒸馏柏木油，供外贸部门收购出口，当时使用的蒸馏设备有两种。第一种是传统的木甑式的蒸馏设备，在贵州很多地方使用这类设备，如图 15-1 所示。

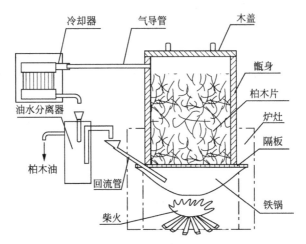

图 15-1　蒸馏柏木油的木甑设备

　　上述设备的生产操作方法是将柏木碎料放入木甑身中，自隔板面堆放到出气管口以下，再将铁锅放满水，在甑顶盖上木盖后用湿布、胶条等密封好就可以点火烧铁锅来加热蒸馏。蒸汽带出油分从气导管进入冷却器，冷却成液体后进入油水分离器分离出柏木油，柏木油在油水分离器上部出水口流出，蒸馏水在油水分离器下部出口流出，经回流水管返回铁锅重复蒸馏。

　　这种蒸馏方法每锅需要蒸馏十多个小时，蒸馏时间很长、出油率低，约在 2%～3%，要消耗大量木柴作燃料。这种方法其实是古老的蒸馏方法，蒸馏其他芳香油也可使用，这种方法在东南亚各地及中国南方有很久的使用历史。

　　第二种蒸馏设备是反渗透蒸馏设备，当时在贵州有不少地区使用这种设备，如图 15-2 所示。

　　这种设备的特点是蒸汽不是从物料下面向上穿透物料把油分带出，而是从物料上面向下穿过物料将油分带出，如图 15-2 中气流运动箭头所示。

　　这种工艺其实是水蒸气反向蒸馏工艺，20 世纪 80 年代，在发达国家就开始采用。这种设备与一般的蒸汽向上的木甑相比，有安装尺寸较小的优点，但不能承受较高蒸馏压力，使用范围有限。

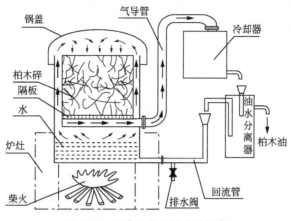

图 15-2　反渗透蒸馏柏木油设备

这种方法蒸馏柏木油出油率为 3%～4% 左右，蒸馏时间为 5～6h，这种蒸馏锅的直径不能太大，每锅蒸馏柏木料约 200kg 以内，生产效率不高，但收益高于上一种木甑。

## 第三节　柏木油的明火加热蒸馏设备

蒸馏柏木油较实用的明火加热蒸馏设备，在福建、浙江一带使用较多，设备如图 15-3 所示。

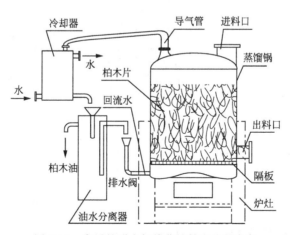

图 15-3　常用的明火加热蒸馏柏木油的设备

这种设备蒸馏操作如下：将柏木料从蒸馏锅上部的进料口投入，在锅下部的多孔隔板面堆起，装到蒸馏锅容积的 3/4，再放水进锅满到隔板面就可在炉灶点火蒸馏。蒸汽携带着柏木油成分从锅顶导气管出去进入冷却器，被冷却成油水混合的液体流入油水分离器，进行油水分离。柏木油从分离器上面出口流出，用盛器接住取得柏木油，蒸馏水从分离器稍低的出水口流出，进入蒸馏锅的回流水管返回蒸馏锅重新蒸馏。

这种锅受热面积较大，蒸馏速度较快，出油率达 4%～5%，进料出料也方便，每锅蒸馏时间为 4～5h，每锅可装 400～500kg 料，生产效率较前两种设备高，但这种设备的成本高于上述两种设备，这种设备以煤或木柴作燃料，如其烟气未做处理就排放会污染环境。

使用这种蒸馏锅时要注意，蛇管冷却器馏出液的温度宁高勿低，保持在 60～70℃最安全，原因是柏木油中含有柏脑成分，这些成分在 40～50℃以下就会凝固积聚在管壁，导致冷却器管道堵塞，使压力增加甚至造成爆炸事故，这是要十分注意的。

## 第四节　环保的柏木油的蒸汽蒸馏设备及操作方法

近年来，柏木油蒸馏生产使用了一些新型设备，其中一种较环保、安全、节能、高出油率的设备如图 15-4 所示。

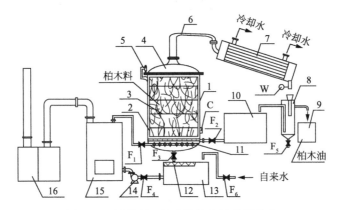

图 15-4　环保高出油率的柏木油蒸馏设备

1—蒸馏锅；2—料篮；3—分层网框；4—锅盖；5—螺丝压码；6—活动气导管；7—列管冷却器；
8—油水分离器；9—柏木油桶；10—储水罐；11—蒸汽喷射环形管；12—过滤网；
13—锅炉水箱；14—锅炉水泵；15—低压锅炉；16—除尘器；
F₁—蒸汽阀；F₂～F₆—球阀；C—视镜；W—温度表

图 15-4 中，蒸馏锅（1）的容积为 2～4m³，料篮（2）的结构如图 15-5 所示，分层网框（3）结构如图 15-6 所示。冷却器（7）是列管冷却器，倾斜安装，油水分离器（8）有保温层，防止温度降到 60℃以下。锅炉（15）压力在 1kgf/cm² 以内，对水质要求低，可以利用蒸馏废水。

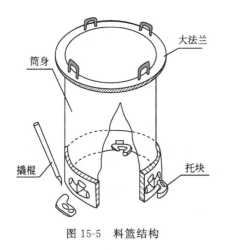

图 15-5　料篮结构

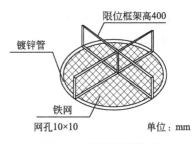

图 15-6　分层网框结构

蒸馏设备操作步骤如下：

**1. 进料操作**

将料篮（2）底部三个托块转向篮筒内，放入一个分层网框（3），将柏木碎片装满至限位架面，铺平不留空位，然后再放入一个分层网框，依此法放料，直至将最后一个分层框装满料。当料篮内的各个网框装满料后，将其吊入锅（1）内，盖上锅盖（4），用 16 个以上的螺丝压码（5）压紧锅盖，再装好气导管（6），连接蒸馏锅和冷却器（7）后，就可从阀 $F_2$ 处将储水罐（10）的水放进蒸馏锅内，水满至视镜（C）水平中线为止。

**2. 蒸馏操作**

完成上述工作后就可以从蒸汽阀 $F_1$ 处放从锅炉（15）通来的蒸汽进入环形喷气管（11），蒸汽从环形喷气管的几百个小孔喷出带起水雾向上穿过各层柏木料，一边升温，一边进行水散湿润柏木料。当柏木料温度升到接近 100℃ 时就有蒸汽将柏木油成分带出，经气导管进入冷却器，蒸汽被冷却成含有柏木油和蒸馏水的高温馏出液，从冷却器流出，进入油水分离器（8）进行油水分离。柏木油比水轻，浮上水面从分离器上部出油口流出，流入柏木油桶（9）内，由此可得到柏木油（原油）。蒸馏水从分离器稍低的出水口流出进入储水罐（10），在下一锅蒸馏时将其经阀 $F_2$ 放回锅内。

冷却器的馏出液温度要控制在 60～70℃ 之间，馏出液每小时流量要控制在约等于蒸馏锅容积的 8%～10%，油水分离器内的温度要保持在 60℃ 以上，如温度低于 50℃ 时，就要加入沸水来升温。

在蒸馏 1.5h 后，如见到油水分离器出油口无油滴出时就可关阀 $F_1$ 停止蒸馏。在一般分层放料来蒸馏的情况下，每锅蒸馏时间为 2.5h 左右，这种蒸馏生产的速度是很快的，出油率也高，为 5%～8%，按每批柏木料含油量有所差异。

### 3. 出料操作

蒸馏结束后就可打开锅底阀 $F_3$，将锅内余水排放，放水后打开各个压码，卸下气导管将锅盖移开，将料篮吊出锅，再将其吊到卸料地点进行卸料，而同时将另一个已装好的料篮吊入锅内重新进行蒸馏操作。

### 4. 废水、烟气、废渣处理

蒸馏锅底部的余水经过滤网（12）过滤后再进入锅炉水箱（13）内，经阀 $F_4$ 和泵（14）定时定量泵回低压锅炉（15）重复使用。低压锅炉压力在 $1kgf/cm^2$ 以内，对水质要求不严，可以利用这些锅底废水，不会影响供气质量，由此做到无污水排放。锅底废水是不够用的，每锅需补充相当于柏木料质量 1/3 的新鲜水。蒸过油的柏木渣通常在干燥后用作锅炉的燃料。

锅炉燃烧蒸过油的柏木碎料时，其烟气不含硫氧化物，氮氧化物含量也不会超标，烟尘经除尘器（16）处理后也可达标，因此烟气排放是可以达到环保要求的。锅炉用蒸过油的柏木渣作燃料足够有余，无需另购燃料，因此可以做到燃料绿色循环利用，节省燃料费用。

由上述操作过程可知，使用上述柏木油的蒸馏工艺可取得高出油率、无污水排放、烟气达标排放和燃料绿色循环利用的效果，这是一种不污染环境的柏木油生产工艺。

# 第十六章　松针油环保高收益生产技术

## 第一节　松针油简介

松针油又名冷杉油，英文名称为 pine needle oil，是无色透明或微黄色透明液体，带松树清香味，相对密度为 0.872～0.878，折射率为 1.473～1.476，可溶于乙醇。

松针油含有乙酸龙脑酯、蒎烯、三环烯、檀烯、柠檬烯、罗勒烯、异松油烯、苧烯、月桂烯、没药烯、乙酸异龙脑烯、龙脑等多种成分。

松针油有消炎、抗菌、除臭作用，可用于按摩、足浴，可加快皮肤血液循环使皮肤细滑，是芳香疗法的重要材料。松针油可治感冒、除口臭，治疗支气管炎、胃病、肩周炎、牙疼、痔疮等疾病，其单方胶囊可治疗颈痛、失眠、心绞痛、心悸、浮肿、晕眩等。松针油还可用于香料、香精、香水配制，还是高效的脱臭剂。

松针油由蒸馏松树或冷杉树的枝叶而得，中国数量较多的松科植物有马尾松、湿地松、南亚松等，分布于全国各地，其枝叶都可用来蒸馏松针油。松针树形态如彩图 16 所示。

中国马尾松、湿地松、南亚松的种植方法都是用种子来育苗后移植。一般做法是在秋天 10～11 月摘松果晒干爆裂后就取得其种子，在春天播种，将种子用温水泡 2～3h 后再播种，用 10～20mm 土层覆盖，几周后就会出芽，当芽一年长成 300～400mm 高的小苗后，调节各苗的距离为 500mm×500mm 左右。当苗培育到 1m 高左右时，就可将其移植到种植地点去，每苗距离 2～3m 左右。松树长到 15 年左右就可砍伐用作建筑用材或造纸，在其生长时间内可收集松针和砍枝条来蒸油。

松针油的另一个品种是冷杉油。冷杉树也是松科植物，其树叶、树皮都可用来蒸油，用来蒸油的最佳品种有西伯利亚品种和加拿大品种。在中国冷杉分布很广，从大兴安岭、秦岭、喜马拉雅山到浙江、湖南、广东、广西、贵州、云南、台湾的高山上都有冷松分布。冷杉形态如彩图 17 所示。

冷杉的种植方法是用种子来育苗后移植。秋天采松果，晒裂后取得种子，风干后置于干燥处。在春天播种，播种前先将种子浸水 6h 左右，每亩育苗地撒 4～

5kg 种子，用 20～30mm 土层覆盖，有 10％ 左右的种子在半个月左右出芽。要搭棚遮挡苗木，透光 50％ 左右，施稀尿素水（含量 5％），待小苗长到 30～40mm 高时就要间开各苗距离来培育，苗距约 50mm。培育到 1m 高以上时就带土移植到山坡，每亩种植 100 棵左右。冷杉树长到 10 年后直径达 25cm 以上时，就可砍伐作家具用材或作建筑用材，在其生长期间采下的枝叶及砍伐余下的枝叶都可用来蒸油。松针和冷杉枝叶的蒸油方法是大同小异的。

## 第二节    早期的松针油蒸馏设备

松针油的加工有几十年历史，其设备经历几代，在较早时期使用的第一种蒸馏设备是用明火加热的蒸馏设备，如图 16-1 所示。

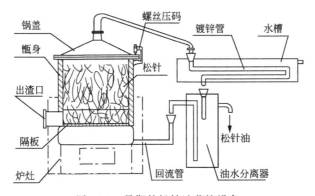

图 16-1    早期的松针油蒸馏设备

上述设备的生产过程是：放水进蒸馏锅满至隔板面，然后点火烧蒸馏锅，同时放松针进锅，一边踩实一边观察冒气情况，如见到有冒气处再补些松针踏实，直到装满锅顶，然后放上锅盖，用十几个螺丝压码将其压紧，并连通冷却器。这种冷却器是用镀锌管连接成的，镀锌管可做成"之"字形排列，平置于水槽中。

在蒸馏时，蒸汽带出松针油成分从锅顶进入冷却器，被冷却成含有松针油的液体后流入油水分离器进行油水分离，松针油从分离器上面出油口流出，用盛器接住得到松针油，而蒸馏水从油水分离器下面的出水口流出，进入回流管口返回蒸馏锅重复蒸馏。蒸馏一锅的时间需 6～8h，要视炉灶结构及燃烧情况而定，一般出油率为 0.5％ 左右。

这种设备进出料较麻烦，很费人工，生产效率较低，燃料消耗大，往往把上一锅蒸过油的松针烧完后还要烧比松针多 2 倍的木柴。这种设备也有优点，就是在山林中迁移时很灵活、很方便，可到处去蒸油，全部设备只要用两部马车就可运输，这类设备四五十年前在东北各山区就被广泛使用，甚至临近我国东北的俄罗斯地区的农户蒸油时也普遍使用。

# 第三节　环保的蒸汽蒸馏松针油的方法

环保蒸馏设备是使用锅炉产生的蒸汽来蒸馏的设备。这类设备在固定地点蒸馏生产，有生产效率高的优点，设备结构如图 16-2 所示。

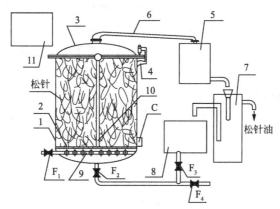

图 16-2　利用蒸汽来蒸馏松针油的设备

1—蒸馏锅；2—多孔隔板；3—锅盖；4—螺丝压码；5—螺旋板冷却器；6—气导管；
7—油水分离器；8—储水罐；9—蒸汽喷管；10—提料架；11—松针备料斗；
$F_1$—蒸汽阀；$F_2 \sim F_4$—水阀；C—视镜

使用上述设备蒸馏松针油的操作过程如下：

**1. 进料操作**

将松针放入松针斗（11）内，放够一锅用量，将提料架（10）放入锅（1）内的隔板（2）上面，进料时将松针斗的侧门打开，将松针放入蒸馏锅内，并不断铺平踩实。装满松针后盖上锅盖（3），用十几个螺丝压码（4）将其压紧，再装上气导管（6）。连接冷却器（5）后，打开阀 $F_2$ 和 $F_3$，放储水罐（8）内的水进锅，满到视镜（C）的水平中线为止，其后就可以开始蒸馏。

**2. 蒸馏操作**

开始蒸馏时先打开蒸汽阀 $F_1$ 放从锅炉通来的蒸汽进入喷管（9），让蒸汽从几百个小孔向上喷射，蒸汽穿过松针料层将松针油带出，从锅盖出去，经过气导管进入冷却器被冷却成含有松针油的馏出液，再进入油水分离器（7）进行油水分离。松针油轻于水，浮上水面从油水分离器上面的出油口流出，用盛器接住得到松针油，而蒸馏水则从油水分离器的出水口流出，进入储水罐（8），准备供下一锅蒸馏时使用。

在蒸馏时要控制阀 $F_1$ 的进汽量，保持馏出液每小时流量为蒸馏锅体积的 10％左右，宁大勿小，要保持馏出液温度在 35℃左右。在蒸馏开始到 40min 后，在冷却器的出液口接取馏出液来观察，如发现油星稀少及油水分离器的出油口没有油滴出时就要关闭阀 $F_1$，停止蒸馏。通常每锅蒸馏时间在 1.5h 左右，出油率为 0.6％～1.2％。

### 3. 出料操作

蒸馏结束后，放松压码，移开锅盖和气导管后，稍待蒸汽散去后，就可将提料架（10）拉起。此时松针经蒸馏后已湿透，可粘连在一起被提出锅，只要用吊车或手动葫芦吊就可将全部松针渣料拉起卸出锅外，其后就可重新进料，继续开始下一锅蒸馏。松针斗要提前放好新料，供下一锅用。

在蒸馏生产松针油时，要将不同树种的松针分开蒸馏，因为各种松针油的成分是不同的。

### 4. 渣料、废水和烟气处理

将蒸馏锅的废水经过滤沉清后，与从油水分离器排放出来的蒸馏水混合，输回锅炉重新使用，这些水不含有引起结垢的矿物质，对锅炉不会有影响，一样可产生蒸汽来供蒸馏。如使用压力低于 $1kgf/cm^2$ 的低压锅炉时，使用这些水更没有问题。但这些水是不够用的，还要补充新鲜水，补水量相当于松针料质量的 1/3 左右，因此在蒸馏松针油的生产中是没有污水排放的。

将蒸过油的松针作燃料时，其烟气中的硫氧化物和氮氧化物都不会超标，用除尘器来除尘后烟气可达标排放。用蒸过油的松针作燃料足够有余，由此做到燃料绿色循环利用，还可节省燃料费用。

由上述操作过程可知，这种松针油的蒸馏生产工艺是完全可以做到高效率、高出油率、燃料绿色循环和不污染环境。

# 第十七章　松节油环保高收益生产技术

## 第一节　松节油简介

松节油又称松节水，英文名称为 turpentine，是一种无色透明、有松树芳香味的芳香油，相对密度为 0.870～0.940，折射率为 1.4670～1.5100，可溶于乙醇。

松节油成分是萜烯的混合物，其中有 α-蒎烯、β-蒎烯、莰烯、苧烯、石竹烯、长叶烯、水芹烯等十几种物质。

松节油有广泛的用途：其一是可直接作溶剂，可稀释油漆、树脂等；其二是松节油本身是一种芳香油，可作为香料用，还可经分解、合成后，制成多种合成香料以弥补其他天然香料市场空缺，如将其合成樟脑、冰片，合成檀香、芳樟醇、紫苏香料，合成非兰酮、新铃兰醛、长叶烯香料、乙酸诺甫酯等等；其三是松节油还可以制造用途广泛的萜烯树脂、蒎酸等。

松节油是天然香料中产量最大的一种芳香油，中国松节油年产量十余万吨，占全国植物芳香油总产量的 30%～40%。松节油是用松树作原料生产出来的。松树的形态如彩图 18 所示。

一般松树的种植可用种子播种育苗后再移植，也可用枝条扦插繁植。用松树种子来种植的做法是在 10 月份摘松果晒干，让其裂开释放种子出来，将种子用二倍体积的沙子混合后用袋装好，埋于沙堆中，待第二年春天见到大半种子开裂时就可将其播种。用 20～30mm 厚的泥土覆盖种子，几周后种子就会发芽出土，待其长到 20mm 左右高就移床分开培育。当树苗长到 1m 高左右就将其移栽到山地去，一般每亩种 200～300 株。松树种植也可用枝条来繁殖，将带有叶芽的枝条剪成 100mm 左右长，埋于培育土中几个月后就可出根长成树苗，待其长得够高后再将其移植造林。

松节油是松香生产的副产品，其生产方法有三种。第一种是将 15 年树龄的松树树干切碎来蒸煮制造纸浆时，会有黑液浮油从纸浆面浮出，将这些浮油处理后再蒸馏就会取得松香和松节油；第二种是将松树砍伐后留地下的树根挖起切碎，用石油溶剂将其中的松香、松节油成分提取出来，再将溶剂蒸去，就可得到松香和少量的松节油；第三种方法是在松树的树干上割沟就会有松脂流出，将松脂用水蒸气蒸馏就取得松香和松节油。中国生产松节油就是采用第三种方法，一般每生产 1000kg 松香会取得 100～300kg 松节油，不同的松树种类有不同的松节油得率。

# 第二节　松脂的采割方法

当使用松脂来生产松香和松节油时，要先在松树身上割沟采取松脂。割松脂的方法分为两类。第一类是在树身垂直开沟采脂，这种采脂方法如图 17-1 所示。

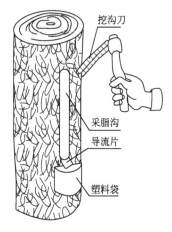

世界上大部分国家都采用垂直开沟采脂的方法，因这种方法操作简单，刀具制造简易，但产脂率较低。

中国农民采用的是第二类开斜沟的采脂法，如图 17-2 所示。

开斜沟的采脂方法产脂率高，采脂刀轻巧。采脂刀具结构如图 17-3 所示。

使用上述工具来割脂的技巧纯熟的农民，一天可采割约 1000 棵松树，采脂速度远远比垂直开沟采脂速度快。松树开沟后就不断有松脂流出，要在割口最低处用塑料碗、杯或塑料袋来装盛松脂，将松脂收集起来运到工厂蒸馏。

图 17-1　垂直在树身开沟的采脂法

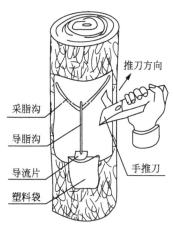

图 17-2　在树身开斜沟的采脂法

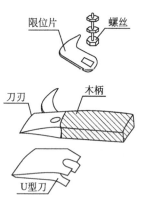

图 17-3　采脂刀具结构

# 第三节　滴水法蒸馏松节油

将松脂蒸馏生产出松香和松节油主要有两种方法。第一种称为滴水法蒸馏，这种工艺的设备如图 17-4 所示。

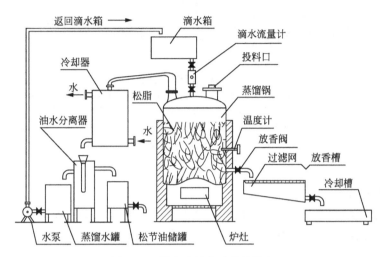

图 17-4　滴水法松节油蒸馏设备

这种工艺的生产过程是将松脂放入用铜制或铝制的蒸馏锅中直接在锅下烧火加热，待蒸馏锅温度升到 120℃ 时，就用转子流量计来控制，将水以点滴状不断滴入蒸馏锅，让其受热产生蒸汽，将松脂中的松节油抽出。在抽油时蒸汽带着松节油成分从锅顶出去进入冷却器被冷却成油水混合液后，再进入油水分离器将松节油和水分离。松节油浮在水面从油水分离器上面出口流出，由此取得松节油，而分离出来的蒸馏水流入输送罐内，由水泵输送回滴水箱重新使用。在蒸馏到 200℃ 左右时，当松节油基本被抽尽后，留在锅内的液体就是松香。这种生产松节油的方法是没有污水排放的，如果炉灶用天然气、液化气作燃料，其烟气也达标排放，这种取得松节油的生产方法是环保的。

# 第四节　蒸汽法蒸馏松节油

第二种生产松节油和松香的方法称为蒸汽法蒸馏，其生产设备基本如图 17-5 所示。

用上述设备生产松节油的过程如下。

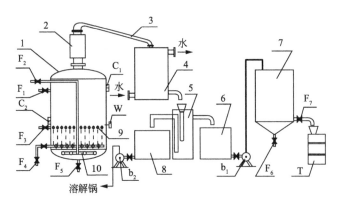

图 17-5   蒸汽法蒸馏松节油生产设备

1—蒸馏锅；2—捕沫器；3—大曲管；4—冷却器；5 —油水分离器；6—松节油输送罐；

7—松节油罐；8—蒸馏水输送罐；9—加热盘管；10—蒸汽喷管；b₁—松节油泵；

b₂—水泵；C₁—上视镜；C₂—下视镜；W—温度表；F₁—进料阀；F₂—活汽阀；

F₃—闭汽管阀；F₄—蒸汽疏水阀；F₅—放香阀；F₆—排水阀；

F₇—松节油阀；T—松节油包装桶

### 1. 溶解操作

先将松脂经过溶化、稀释、沉清（这些工序主要为提高松香质量而设，与松节油质量关系不大）后，从进料阀门 $F_1$ 处放入蒸馏锅（1）内满到上视镜（$C_1$）水平中线处。

### 2. 加热操作

从阀门 $F_3$ 处放 300℃以上的蒸汽进入蒸馏锅下面的加热盘管（9）内，将热量传给锅内的松脂液使其升温。蒸汽在盘管内传输热量后温度降低，变成水液从疏水阀 $F_4$ 自动流出，而后续蒸汽源源不断进入将热量继续传给松脂液。

### 3. 蒸馏操作

当从温度表（W）处观察到温度上升到 120℃时就要从阀门 $F_2$ 处放 300℃以上蒸汽进入蒸汽喷管（10）处，从喷汽环管上百个小孔喷出，蒸汽从下而上穿过脂液层，将松节油成分带出，经过捕沫器（2）将泡沫除去后再进入冷却器（4），被冷却成松节油和蒸馏水混合的馏出液后，再流入油水分离器（5）进行油水分离。松节油比水轻，从油水分离器上面出油口流出进入松节油输送罐（6），由泵 $b_1$ 泵入油罐（7）储存，由此得到松节油。而蒸馏水从油水分离器的出水口流出，进入储水罐，由泵 $b_2$ 供给前面的溶解工序和松脂池使用。蒸馏过程中要逐渐加大蒸汽量，使蒸馏锅每分钟馏出液量达 $15\sim20kg/m^3$。

### 4. 结束蒸馏

当从温度表（C）处观察到温度达到蒸馏最高温度时（马尾松约195℃，南亚松约180℃，湿地松约185℃），同时从冷却器（4）出液口取馏出液观察到油水比小于 5% 时就关闭阀 $F_2$、$F_3$ 停止蒸馏。

### 5. 出料操作

留在锅内的是高温液态松香，将其从阀 $F_5$ 处排出放入包装桶冷却后就可得到固体松香，而蒸馏出来的松节油在油罐中静置 2～3 天后，让微量水分从松节油中自然分离沉下，由阀 $F_6$ 排放掉后就可得到成品松节油，将松节油经阀门 $F_7$ 放入包装桶（T）就可进入市场销售。

上述这种生产松香和松节油的方法要设置污水处理设备来处理松脂沉清时排出的废水。其锅炉供热系统可烧生物质燃料或燃气，这样做对环境就不会造成污染。松香、松节油生产技术是很成熟的技术，有多种生产工艺，除了上述两种，还有真空蒸馏、导热油加热蒸馏等，但以松节油的质量而言，用蒸汽蒸馏的松节油质量是最好的。

由于每种松树产出的松节油成分不同，如马尾松松节油的 $\alpha$-蒎烯含量达 80％以上，$\beta$-蒎烯在 10％以下，而湿地松 $\alpha$-蒎烯仅为 40％～60％，$\beta$-蒎烯占 30％～40％，而东南亚有些松节油只含少量蒎烯，因此松节油的标准是很难定的。

中国曾经制定了松节油成分标准，但是以马尾松树种来制定的，这个标准对其他树种及东盟各国的松节油是不适合的。目前松节油只能按市场需求的成分含量来销售，比如按蒎烯总含量计算价格，这种做法目前已成为市场流行做法。

松节油是一种很重要的芳香精油，它的产量在我国香料精油产量中占的比例巨大，而且价格低廉，用途广泛，需求量有日益增加的趋势。

# 第十八章　玳玳油环保生产技术

## 第一节　玳玳油简介

玳玳油又名酸橙油，是用一种名为玳玳树的植物作原料生产出来的，其油分为玳玳叶油、玳玳花油和玳玳果油三种，产量最大的是玳玳叶油。玳玳叶油是淡黄色到棕黄色的透明芳香油，带有玳玳叶的特殊香味，相对密度为 0.885～0.889，折射率为 1.4572～1.4605，可溶于乙醇。玳玳花油颜色淡黄透明，带有强烈的玳玳花清香味，相对密度为 0.8689～0.8765，折射率为 1.4650～1.4695，上述这两种油均用水蒸气蒸馏工艺取得，而玳玳果油通常用压榨法和蒸馏法联合加工取得。

玳玳花油的主要成分为芳樟醇，占 50% 左右，还有乙酸芳樟酯、松油醇、乙酸松油醇、$\alpha$-蒎烯、乙酸香叶酯、乙酸葵花酯、金合欢醇等。玳玳叶油的成分组成与玳玳花油相似，但芳樟醇含量为玳玳花油一半左右，其余成分含量也不同。玳玳果油成分有 $\alpha$-蒎烯、月桂烯、异松油烯、桉叶油素、芳樟醇、龙脑、柠檬醛、乙酸橙醛、乙酸香叶酯等。

玳玳油是很重要的特殊的芳香油，主要用于制造香水、香料、香精等，可用于化妆品、日用品配香，还大量用于食品配料，如饮料、软糖、布丁、肉制品及保健品等，玳玳油还是芳香疗法的重要材料。

世界上产出玳玳油的国家及地区主要有印度、印度尼西亚、美国、西班牙、墨西哥、坦桑尼亚、牙买加等。中国的福建、江西、浙江、湖南等也生产玳玳油，以福建北部产量最大，十几年前占全国玳玳油总产量的一半以上。

用于生产玳玳油的植物玳玳树是酸橙的一个分支，属于芸香科柑橘属的小乔木，可长到 8～9m 高，浑身长满刺，原由阿拉伯人在 1000 多年前传入欧洲，后来逐渐在世界各处温暖地区种植。

中国人称呼玳玳树为"代代树"，原因除了玳玳花开得很是繁华和芬芳外，其果实还会几代同堂地挂在枝上不掉落，而且老果又会从黄色变回青色，有青春常在和代代相传的意思，这是吉祥的象征。因此除了种植来蒸油外，玳玳树还被大量种于院庭中作观赏用。玳玳树形态如彩图 19 所示。

用来蒸油的玳玳树的大面积种植方法主要有两种，其一是用种子来培育繁殖，其二是用扦插来繁殖。

用种子培育的操作方法是：在秋天摘取成熟大只的玳玳果，取出种子洗净后立即播种，种于半沙半土的苗圃中，用 30～50mm 土层覆盖，1 个月左右种子会出芽，待其长到 300mm 高后就可移植，施以氮肥，四年后就可开花结果。如种子不能立即播种时，应保存于湿沙中，待来年春天再种植，播种前应将种子浸一天后再播种。

用扦插来繁殖的操作方法是：选择树龄 5 年以上的玳玳树，将其半木质化的枝条剪成 200mm 左右长，保留两三片叶子。将其插入沙土各半的育苗床中，将枝条下部一半插入土中，在苗床上要搭阴棚，要适时适当淋水保持泥土湿润，在一两个月内树枝就会生根和出芽，这时可以施一些稀薄氮肥。当苗芽长到 300～400mm 高以后就可将其移植，在三四年后苗木就可长成树木并开花结果。

玳玳树作盆景或作观赏用时，还可用嫁接法、压条繁殖法及剪根条繁殖法来种植。

# 第二节　蒸馏玳玳叶油的传统方法

玳玳油的蒸馏生产方法有三种，第一种是用枝叶来蒸馏生产玳玳叶油。

玳玳树的枝叶在秋末冬初时含油量最高，要砍枝叶来蒸油时在这段时间内最适合。新鲜枝叶砍下后最好马上蒸油，如不能马上蒸油可存放在挡风雨的棚内，保存时间最好不要超过半个月。蒸馏玳玳叶油的设备有多种，其中常用的是明火加热蒸馏锅，如图 18-1 所示。

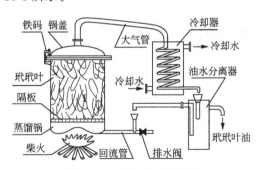

图 18-1　玳玳叶油蒸馏锅

这种设备用金属制，蒸馏锅容积在 $2m^3$ 以内，用直接明火加热蒸馏，可以烧柴、烧煤及烧废叶渣等。

这种设备蒸馏的过程为：

## 1. 进料操作

蒸馏时将新鲜玳玳枝叶放入蒸馏锅中压实，再放水进锅，满过隔板面 30～

70mm 就可点火蒸馏。一般在点火 20min 后，就有蒸汽带出油分从锅顶出去进入冷却器（一般用蛇管冷却器），被冷却成油水混合液体后，进入油水分离器进行油水分离。比水轻的玳玳叶油浮在水面，积聚到一定量时自动从油水分离器上面出油口流出，用盛器接住得到玳玳叶油，而蒸馏水从油水分离器出水口流出，流入蒸馏锅的回流管返回蒸馏锅重新蒸馏。由此反复循环，蒸汽不断将枝叶中的玳玳油成分抽出，直到抽完为止。

蒸馏过程需要的时间为 3h，火力越大蒸汽越猛时，蒸馏速度越快。但放料情况也会影响蒸馏时间，如放料时留有空隙过大，造成蒸汽短路，导致在某些位置蒸汽不进去或进入量少，这样蒸馏时间就会大大延长。在蒸馏约 3h 后，用杯接取冷却器馏出液来观察出油情况，一直见有不多不少的油星出来时，就是蒸汽短路造成的。

要减少蒸汽短路现象出现，最好是将枝叶切碎成 50mm 左右长短放入锅中蒸馏，这样可使蒸馏时间缩短到 2.5h 内，出油率还会增加，达到 0.6％左右。玳玳枝叶是带有刺的，切碎操作时最好用切碎机来进行。

**2. 出料操作**

蒸馏结束后，放松各个压码，打开锅盖，待蒸汽散尽后，用耙钩类工具清理出锅内叶渣后，再重新放料，趁热再蒸馏。锅内的水不够时要补入新水再蒸馏。从油水分离器流出的蒸馏水内含有玳玳油成分，非常芳香，可以用来调香，还可用于沐浴、足浴、按摩及配制食品、饮料。

上述这种设备是一种通用设备，尤其适用于一般山区农场蒸馏玳玳叶油，在一些国家地区至今仍在使用。这种设备的烟气都是不处理就排放，会污染环境。

# 第三节  蒸馏玳玳叶油的环保设备及操作方法

近年来，在玳玳叶油的蒸馏生产中使用一种新型的环保蒸馏设备，蒸馏速度更快和出油率更高，而且还可大幅节能，基本上可做到燃料循环利用，无污水排放，烟气达标排放。这种设备结构如图 18-2 所示。

图 18-2 的设备中，蒸馏锅的结构很特别，在蒸馏锅的下部有燃烧系统，与锅体连在一块，里面设有燃烧室和浸于锅水中"之"字形排列的烟火管，这个燃烧系统能大量产生蒸汽供蒸馏用，其结构如图 18-3 所示。

燃烧系统的受热面积大，一个 3m³ 容积的蒸馏锅的受热面积约有 15m²，比同容积的普通蒸馏锅的受热面积大 2.5 倍以上，因此它产生的蒸汽量很大，蒸馏速度比一般蒸馏锅要快很多，出油率也更高。

图 18-2 设备中的蒸馏锅还有一个很重要的特点就是分层放料，其做法是设置一个料篮（同图 15-5），另设有几个装料高为 400mm 的网框（同图 15-6）。在进

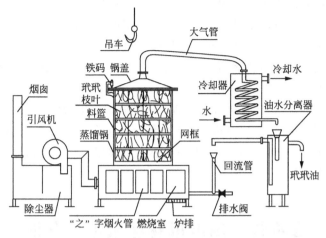

图 18-2 环保型玳玳叶油蒸馏设备

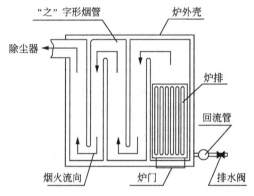

图 18-3 蒸馏锅的燃烧系统

料时将料篮底部的托块转向篮内，托住第一个分层网框，将网框放满切碎的玳玳枝叶后，再放入第二个网框，再放料，如此操作直至放满最后一个网框后，将料篮吊入蒸馏锅内，用十几个螺丝压码压好锅盖，装上气管连通蒸馏锅和冷却器后就可以在炉膛点火蒸馏。

锅水烧沸腾后产生蒸汽，蒸汽向上穿过各层玳玳叶将油分抽出，经锅盖、气导管进入冷却器内，被冷却成含有油分和蒸馏水的馏出液，进入油水分离器进行油水分离。玳玳叶油比水轻，浮上水面从油水分离器上面出油口流出，用盛器接住就得到玳玳叶油，而蒸馏水从出水口流出进入回流水管，返回蒸馏锅重新蒸馏，由此循环蒸馏下去，直至把玳玳叶油蒸完。

在蒸馏过程中，要保持馏出液每小时流量为蒸馏锅放料容积的 8%～12%，流量越大效果越好，还要保持馏出液温度在 35℃左右。在蒸馏约 1h 后，如油水分离器出油口无油滴出后就可停止蒸馏，打开锅盖将料篮吊出卸渣料，同时将另一个装好料的料篮吊入蒸馏锅内，立即重新开始蒸馏。

这种蒸馏锅是没有污水排放的，每锅还要不断补入新鲜水，原因是玳玳枝叶料会吸走一些水分，需要不断补充。分层放料可避免在蒸馏过程中枝叶受热发软结团，挡住蒸汽进入，防止蒸馏不充分的现象出现，还有明显提高蒸馏速度和提高出油率的优点。

以上述结构的 $3m^3$ 容积蒸馏锅为例，每次放切碎玳玳叶 500kg，每锅蒸馏时间约为 1.5h（含进出料时间在内），出油率为 0.6％～0.8％，效益是很突出的。这种设备用蒸过油的叶渣干燥后作下一锅燃料足够用，这就可做到废料绿色循环利用，节省燃料费用。

## 第四节　用玳玳花和玳玳果蒸油

在过去蒸馏玳玳花油一直是用图 18-1 的第一种蒸馏设备，但用图 18-2 这种新型环保设备来蒸馏更好。要注意在蒸馏锅中将各层花的厚度设置为 200mm 以内，这样可杜绝在蒸馏中花料被压至结团现象出现，出油率可达 0.6％～0.8％，蒸馏时间比用第一种设备蒸馏缩短 1h 以上。

玳玳果油的生产过程是先将玳玳果压榨，用水稀释榨汁取得浮面的精油后，再将果渣蒸油，操作方法如同蒸玳玳花油，蒸馏 2h 可得 0.5％左右的玳玳果油。

由于上述环保型蒸馏锅以植物枝叶为燃料，烟气中硫氧化物、氮氧化物不会超标，且其配有文丘里除尘器，可使烟气达标排放。使用环保型蒸馏锅来蒸馏上述三种油时，其生产用水是循环利用的，在生产过程中无污水排放，通常每锅还要补充新水。

使用上述环保工艺设备来蒸馏生产玳玳油时，是可以做到高收益、燃料绿色循环以及不污染环境的。

# 第十九章　胡椒油环保高收益生产技术

## 第一节　胡椒油简介

胡椒油英文名称为 pepper oil，是一种无色的或浅蓝、绿色的透明液体，含有微微辛辣的胡椒香味，相对密度为 0.864～0.884，折射率为 1.479～1.488。

胡椒油成分有胡椒醛、月桂烯、水芹烯、松油烯、桧烯、$\alpha$-蒎烯、$\beta$-蒎烯、$\alpha$-侧柏烯等三十多种。

胡椒油是世界性的重要调味品，广泛用于各类食品，是西餐佐料及中式麻辣食品的重要原料，还是医药工业和香料工业的重要原料。胡椒油是蒸馏胡椒科胡椒属植物胡椒藤的果实而得。胡椒藤形态如彩图 20 所示。

胡椒在几百年前就有大量种植生产，主要产区有印度、印度尼西亚、马来西亚、斯里兰卡以及英国、法国、葡萄牙等，在中国的台湾、广东、广西、云南等地也有大面积栽培。胡椒藤耐热、耐寒，容易种植，是一种高收益的经济作物，种植两三年内就有收获，四五年后进入丰收期，可连续收获二三十年。胡椒主要分大叶种和小叶种，大叶种结果多，产量高，中国种植的胡椒基本以大叶种为主。胡椒应选在无霜冻、土壤深厚、排水良好、行人方便的地区种植，而且要隔开各个地块来种植，不要连片种植，以免病虫害大面积传染。

胡椒可用种子育苗种植，也可以用扦插方法种植。用种子种植时要采摘熟透的红果，去皮肉后将种子晒干，在 30 天内播种。扦插种植时，要选生长半年的枝蔓，提前半个月剪去顶芽，使其储备够养分后，将枝蔓截成 300～400mm 一段，最好留有较多的芽节，有 6～7 个节的较好。将剪下的蔓枝浸水约半小时，再捞起晾干置阴处，就可陆续将其插入沙土混合的苗床中培育，约 10 天插条就会长根出芽，此后注意保湿和防暴晒，再经一个月长成大苗，就可将其移植。用种子育苗的，当苗长到 300～400mm 高时移植。

移植时每株苗的距离约为 2m×2m，在前三年的每年春天施磷酸钙及粪水肥，在将要结果时要施有机肥、草木灰及粪肥等。胡椒藤要立柱来支撑才能多结果，因此要用永久性的水泥柱来支撑胡椒藤，一般柱高 1.5m 以内，入地 500mm 左右，每株一柱，将胡椒藤绑于柱上，由其分蔓并不断将其修剪捆绑，让其长成树形，以利结果及收采。胡椒防病以喷稀波移液为主，在湿度较高时要喷液雾来防病。

　　胡椒藤会在夏天和秋天开花结果，夏天开花结的果在来年 4～5 月收获，秋天开花结的果在来年 5～7 月收获。当果实全部变黄，并且有少量变红时就可开始收获，要分期分批收果，每隔 7～8 天采一批，最后一次连青果小果也要一起采完，以免影响翌年开花结果。胡椒果收获后就可用来晒干做黑胡椒，或去壳去肉后晒干成白胡椒，也可以用来蒸馏生产胡椒油。

　　胡椒油有两种蒸馏生产模式：第一种模式是直接全部用带果柄的鲜果来蒸馏，蒸馏时可以先将果实压碎蒸馏；第二种模式是鲜果不压碎蒸馏，只蒸出果柄、果壳、果肉的精油，蒸完油后除去壳渣，取出果核来晒干做白胡椒。

## 第二节　用木甑来蒸馏胡椒油的方法

　　传统蒸馏胡椒油使用木甑，这类蒸馏胡椒油的木甑如图 19-1 所示。

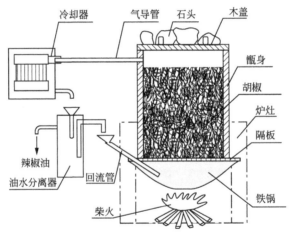

图 19-1　蒸馏胡椒油的木甑

　　图 19-1 的木甑由铁锅、木隔板、木甑身、锅盖和冷却器（一般用农村蒸酒用的冷却器）及油水分离器组成。蒸馏时将胡椒放入桶状的木甑身内，从钻满小孔的、可透气的木隔板上面堆起，直到满至出气口下面，再盖上木盖，用湿布条密封，用石头压紧木盖，把铁锅装满水后就可在炉灶点火蒸馏，一般烧木柴，有些地方烧柴煤（一种烟煤，可像木柴一样点火燃烧）。当铁锅的水被烧开后产生蒸汽，蒸汽穿过胡椒料层将胡椒油带出，从气导管（竹管或星铁皮管）进入冷却器，被冷却成含有胡椒油和蒸馏水的液体进入油水分离器进行油水分离，胡椒油从上面出油口流出，用容器接住就得到胡椒油，蒸馏水从出水口流出，进入回流水管返回蒸馏锅循环蒸馏，直到蒸完油为止。使用这种木甑时，一般每锅蒸馏时

间为 4~5h，出油率为 0.6%~0.9%，蒸完油的胡椒洗去半烂的果肉后晒干可做白胡椒。

用这种方式来蒸馏胡椒油时排放的烟气会污染环境，但这种蒸馏方式目前在一些东南亚地区仍在使用。

## 第三节　蒸馏胡椒油的环保设备及操作方法

近年来，蒸馏胡椒油使用一种较新型的环保型蒸馏设备，这类设备如图 19-2 所示。

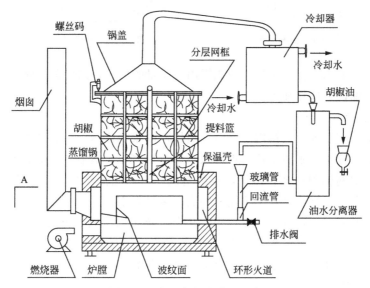

图 19-2　新型胡椒油蒸馏设备

上图这种蒸馏锅与以往的蒸馏锅不同，它有三个特点：

其一是锅底采用波纹面结构，使锅底受热面积增加一倍以上，使蒸汽产生得更多更快，蒸馏速度可大大提高，而且更节能。其锅底剖面结构如图 19-3 所示。

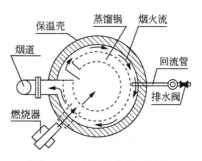

图 19-3　蒸馏锅底剖面结构

其二是用提料篮和 4 个分层网框来分层放料，进出料操作都很方便，而且蒸馏效果更好，出油率更高。提料篮和分层网框结构如图 19-4、图 19-5 所示，其放料高度均为 400mm 左右。

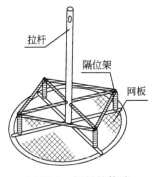

图 19-4　提料篮构造

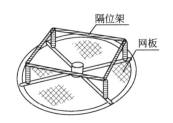

图 19-5　分层网框构造

其三是回流水的位置很高，造成锅内有少量的内压，这使蒸馏效果更好。

环保蒸馏设备操作如下：

**1. 备料操作**

先将提料篮放入蒸馏锅内，将新鲜胡椒连同果柄倒入蒸馏锅内堆满至提料篮的限位架面，摊平，不留空位；再放入一个分层网框，叠在提料篮限位架上，再放料堆满分层网框限位架，摊平，不留空位；再如此操作放入第二个、第三个，直到第四个分层网框，将整个蒸馏锅装满胡椒料为止。

蒸馏锅装满料后，盖上锅盖，用十几个螺丝压码压紧，再装上大曲管，接通蒸馏锅和冷却器后，就可放水经回流管进入蒸馏锅底部，满到回流管视镜处为止。至此备料工作就完成了，以下就可以进行蒸馏。

**2. 蒸馏操作**

将燃烧器点火，火焰喷入炉膛内，火焰接触凹形锅底及内圆壁的波纹面后，经出火口进入外火道，沿蒸馏锅外壁做圆周流动，并通过锅外壁波纹面传热，烟火走完一周后从烟道出去，如图 19-3 的箭头所示。

蒸馏锅内的水被加热，很快沸腾产生蒸汽，蒸汽向上穿透各层胡椒料将油分带出，从锅顶经大曲管进入冷却器（这个冷却器可用螺旋板冷却器或蛇管冷却器）被冷却成油水混合的馏出液后进入油水分离器，比水轻的胡椒油从油水分离器最高位置的出油口流出，用容器或分液瓶接收就得到胡椒油。馏出液中的水分从油水分离器下面出水口流出，进入回流管返回蒸馏锅重复蒸馏，这个过程不断循环进行。

由于这种蒸馏锅的底部受热面积比一般锅的受热面积大一倍以上，所以在火焰加热过程中产生蒸汽量比一般锅大一倍，相应地蒸馏速度也约快一倍，由此出油率也相对提高些。

胡椒油蒸馏有两种模式：第一种模式是只蒸出果壳、果肉所含的精油成分，保留果核来生产白胡椒，第二种模式是蒸馏出胡椒的全部精油，包括核仁内的精油。由于核仁含有多种精油成分，还含有脂类和淀粉成分，但核仁很坚硬，不容易蒸馏，如将其压裂后再蒸油就快很多，但不要粉碎过细，因为那样淀粉会很快结团，使蒸馏困难。压裂核仁可以用有两个压筒的旋转压片机来进行，调整两个筒之间的压片厚度在 2mm 即可。压裂胡椒核时连果柄一起压，保留果柄对蒸馏有利。

如按第一种模式蒸馏，用时很短。在 50min 左右基本上将果柄、果壳、果肉的精油蒸完，出油率为 1%～2%。在这个蒸馏过程中要不断接取冷却器的馏出液来观察出油情况，如观察到连续十几分钟油星稀少，以及没有油从油水分离器的出油口滴出时就停止蒸馏，关闭燃烧器，放开螺丝压码打开锅盖，拉起提料篮，将全部胡椒拉出锅，出锅后的胡椒运去脱壳去肉、晒干后就是白胡椒，蒸过油的果壳、果肉已经变软，很容易去除。

如按第二种模式蒸馏，可不停火一直蒸下去，再蒸 1h 后，馏出液油星很少时就表示核仁内的精油也蒸完了，就可停止蒸馏，出油率为 2.5%～3.5%。第二种模式蒸馏时间需 2～3h，依据胡椒料品种不同及收采时间不同，这两种模式的馏出液流量都要保持在蒸馏锅容积的 10%～12%，宁大勿小，这个流量要通过调节燃烧火焰大小来控制。

### 3. 渣料、废水、烟气处理

上述两种蒸馏模式的馏出水都是不排放、重复利用的，而且这些水中带有很浓的胡椒味，可用来作调味品和加工食品。所以在生产中没有污水排放的问题。蒸过油的果渣可作沼气原料和作肥料，也可用来作酱料。这种蒸馏方法是烧天然气或液化气的，所以烟气都可达标排放，不会污染环境。

胡椒油蒸馏生产在几百年前就有了，如在印度、印度尼西亚、法国、英国都有蒸油作坊。中国近几十年才出现小规模蒸馏生产胡椒芳香油的作坊。从今天环保的角度来看，最好是使用无污水排放的、烟气达标排放的、节能的、生产效率高的设备来生产胡椒油，图 19-2 所示的设备就能达到高出油率以及环保的要求。

# 第二十章　依兰油环保高收益生产技术

## 第一节　依兰油简介

依兰油是一种从植物依兰花中提取出来的淡黄到棕黄色的芳香油，带有浓烈的依兰花香味，相对密度为 0.928～0.949，折射率为 1.500～1.509，可溶于乙醇。

依兰油成分有芳樟醇、松油醇、香叶醇、苯甲醇、苯乙醇、橙花醇、乙酸香叶酯、石竹烯、蒎烯、金合欢醇、丁香酚等几十种。

依兰油是一种名贵芳香油，被称为"香水之王"，可制造各种名贵的香料、香水以及香皂、化妆品、沐浴液、护肤品、清新剂、美容品等，如世界著名香水"香奈儿五号"就是以依兰油为主体来配制的。以依兰油为标记的化妆品、香水、香皂数不胜数，品种日新月异，依兰油也是高级定香剂。依兰油还有镇静、安神作用，可治疗皮肤病，促头发再生，治疗性冷淡、内分泌失调等作用，广泛用于各国的高级芳香疗法。

依兰油是蒸馏依兰树的花朵依兰花而得。依兰花又称依兰依兰花，香味浓烈，有"世界鲜花之王"的称号，因形似鹰爪，被非洲产地科摩罗、马达加斯加的当地人称为鹰爪花，在云南西双版纳被称为依兰香。

依兰树是番荔枝科夷兰属高大常绿乔木，又名为香水树，树身可长至二三十米高，原产于印度尼西亚爪哇岛、马来西亚、菲律宾等地，后来在印度、越南、缅甸、泰国和中国的台湾、福建、云南及两广地区都有种植，而目前依兰树主要集中种植的地区是法属留尼汪岛、非洲岛国科摩罗、马达加斯加等。依兰树形态如彩图 21 所示。

依兰油在第一次世界大战前主要由菲律宾产出，菲律宾基本上垄断世界依兰油市场，当时依兰油价格贵似黄金。第一次世界大战结束后法国人和印度香料商人将依兰树引入法属留尼汪岛和非洲岛国科摩罗、马达加斯加等地获得成功，经过几十年种植发展，依兰树已成为当地的经济支柱植物，上述三岛的依兰油总产量已达 90 多吨，占世界依兰油总产量 90％以上。

依兰树可生长在沙土和黏土中，在温度为 5℃ 以上的热带地区都可生长，中国的云南、广东、广西、福建、台湾、海南都可种植。

依兰树的繁殖方法有三种：

第一种是用种子繁殖，依兰树的种子形状如橄榄，将其用30℃左右的温水泡几天后播种，在一二个月内就会出芽，待其长到30～40cm高时就可将其移植造林。

第二种是扦插繁殖，截取树枝成30～40cm长短，将半截树枝插入半沙半土的育苗床中，三四十天后就会出芽长成树苗，待其长到几十厘米高就可将其移植。

第三种方法是自然繁殖，依兰树的树枝很脆，容易被大风吹断，树枝落地后接触土壤就会自发生根长成树木，散落地面的种子也会出芽长成树苗，几年后都会长成十多米高的大树。在科摩罗、马达加斯加地区，很多依兰次生林都是自然繁殖形成的，可见依兰树其实是一种很容易繁殖的速生树种。

依兰树长到三四年后就会开花，十年后是鲜花丰产期，可一直收花达四五十年。依兰花开花到黄色时含油量最高，这时依兰花在夜间会散发出非常浓烈的香味，应在早上尽快将其采下来蒸油。

由于依兰树会长得很高，采花会越来越难，因此花农会将依兰树从小压向地面，让其贴近地面生长，或砍去树木主顶，让枝条向地垂下生长，这样采花就很方便。

# 第二节　普通小型的依兰油蒸馏设备

依兰油的蒸馏是采用水蒸气蒸馏工艺。在科摩罗、马达加斯加等主要产地，蒸油工厂使用的基本上是水中蒸馏，即将依兰花浸于水中，用铜锅或铝锅烧火加热蒸馏，蒸馏时间长达十几至二十个小时，得油率为2％～2.5％。这类工厂在当地曾经达到三百多家，使用的蒸馏设备有大有小，其中小型的设备如图20-1所示。

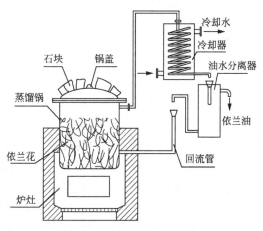

图 20-1　小型依兰油蒸馏设备

图 20-1 这类小型设备的蒸馏锅是用紫铜或铝制成的，每次可放 40～50kg 依兰花，放水浸到花料面就可点火蒸馏。其炉灶为厨房用的灶台，用木柴作燃料，蛇管式冷却器放在置于高处的汽油桶中，要不断放水入油桶来将蛇管冷却。油水分离器分离出来的蒸馏水返回蒸馏锅时，是从下部锅身注入锅内，不同于一般的从锅底注入的回流方式。

这类蒸馏锅的锅盖不用螺丝压码来压紧，只是简单地用几块大石头压住，非常简陋但有效。这种小型蒸馏设备每锅要蒸馏十多个小时，出油率为 2% 左右，有些依兰花供应较多的蒸油工厂会用几套这样的设备同时蒸馏。

这类水中蒸馏的设备除了上述小型设备之外，还有较大的蒸馏锅，一次可放花达 200～300kg，其结构原理和小型蒸馏锅是相同的。

# 第三节　普通大型的依兰油蒸馏设备

在依兰油产地，有些较大型的蒸馏厂使用如下的回水蒸馏的常压蒸馏设备，如图 20-2 所示。

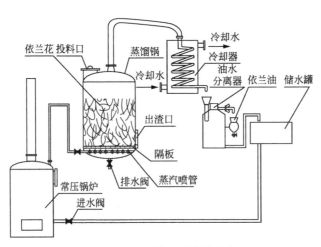

图 20-2　大型依兰油蒸馏设备

这类设备将原来在锅底直接烧火加热做以改进，用一个常压锅炉烧火发生蒸汽来蒸馏，锅炉放在蒸馏车间外面，使蒸馏车间变得清洁干净。

在这种蒸馏方法中，依兰花直接堆放在锅内的隔板上，花层厚达 1～2m。在蒸馏开始时，蒸汽是可以穿过花层的间隙将油分带出，这时出油又多又好，但在以后的蒸馏过程中依兰花不断被蒸汽加热软化，花层就会不断下沉，全部花料会逐渐被压成一块大糕饼状，此时蒸汽就很难穿透花层内部来带出余下的油分，使蒸馏变得很缓慢。依兰花在长时间蒸馏加热中不断被压烂融入水中，这个过程最后变成水中蒸馏，最后要蒸十几个小时才能把油蒸完，因此锅炉要消耗许多木柴。

这类蒸馏设备一般每锅可放多达 500kg 依兰花来蒸馏，这也是目前世界上蒸馏依兰油最大的设备。由于蒸油要大量砍伐树木来作柴火，科摩罗岛的原始树林受损严重，2013 年当地政府作出计划，要大量种植可作柴火的树林来支持蒸油产业。

中国云南也有小量的依兰油生产，年产量仅几吨，有些年份甚至只有 300~400kg，其使用的蒸馏方法也是类似上述的水中蒸馏，即放水进蒸馏锅，浸满依兰花面后点火蒸馏，这种蒸馏方法耗费时间很长，也要消耗大量木柴。

## 第四节　环保的出油率高的依兰油蒸馏设备及操作方法

在目前环保要求严格的情况下，如果在中国南方各地发展依兰油生产，依兰油蒸馏设备一定要做到节能、环保才能使生产顺利进行，使用的设备必须要比上述非洲岛国使用的设备更先进、更有效率。

满足这种环保节能要求的依兰油蒸馏设备结构如图 20-3 所示。

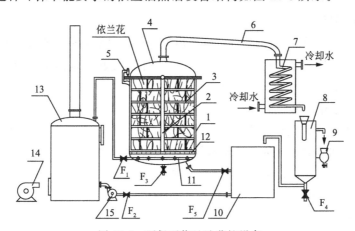

图 20-3　环保型依兰油蒸馏设备

1—蒸馏锅；2—提料篮；3—分层网框；4—锅盖；5—螺丝压码；6—气导管；7—冷却器；
8—油水分离器；9—依兰油收集分液瓶；10—蒸馏水储罐；11—蒸汽喷管；12—隔板；
13—锅炉；14—燃烧器；15—锅炉水泵；$F_1$—蒸汽阀；$F_2$~$F_5$—球阀

在图 20-3 中，蒸馏锅（1）容积约 2m³；提料篮（2）结构如图 20-4 所示，其放料高度为 200mm；分层网框（3）结构如图 20-5 所示，其放料高度为 200mm，数量有 8 个左右；蒸馏锅炉（13）是压力 1kgf/cm² 以内的低压锅炉，对水质要求不严格，可利用蒸馏废水。

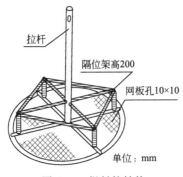

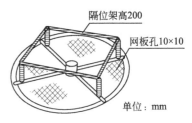

图 20-4　提料篮结构　　　　　图 20-5　分层网框结构

环保蒸馏设备操作步骤如下：

**1. 进料操作**

打开阀 $F_5$，放储罐（10）的水进蒸馏锅（1），满至蒸汽喷管（11）上面约 100mm 高为止。将依兰花放入蒸馏锅，操作方法是先将提料篮（2）放入蒸馏锅内，置于隔板（2）上面，将依兰花放入蒸馏锅内，堆满至提料篮的限位架面为止，铺平不留空位后即放入第一个分层网框（3），再放入花料，放满至分层网框的限位架面铺平不留空位，再如此法放入第二网框装料，直至最后一个分层网框装满花料后盖上锅盖（4），用多个压码（5）压紧锅盖后就可以通入蒸汽来蒸馏。

**2. 蒸馏操作**

开始蒸馏时，打开蒸汽阀 $F_1$，放从锅炉（13）通来的蒸汽入蒸汽喷管（11），分散成几百股蒸汽流穿过水层向上喷射，蒸汽不断喷起水雾向上穿过各层依兰花料，一边水散加热一边将油分带出。

在蒸馏过程中，蒸汽带出依兰花油分经锅顶、气导管（6）进入冷却器（7）内被冷却成依兰油和蒸馏水混合的馏出液流出冷却器，进入油水分离器（8）被分离成依兰油和蒸馏水。依兰油比水轻，浮上水面从油水分离器上面的出油口流出进入分液瓶（9），由此得到依兰油，蒸馏水从下面出水口流出油水分离器进入储水罐（10），留作蒸馏锅下一锅蒸馏用以及供锅炉（13）作补给水用。锅炉需要补水时由阀 $F_2$ 和泵（15）供给。

在蒸馏过程中，馏出液每小时流量为蒸馏锅容积的 10% 左右，馏出液温度要保持在 35℃ 左右。在分层放花料的情况下，由于在蒸馏过程中不会出现花料被压实不通气的情况，所有花料都可充分接触到蒸汽被蒸馏，所以蒸馏速度很快，每锅蒸馏时间通常在 2～3h 内，可比水中蒸馏快十多个小时，节省大量燃料，一般出油率可达 2.5%～3%，远高于水中蒸馏方式。

**3. 出料操作**

蒸馏结束时，先打开锅底阀 $F_3$ 排水，这些水经过滤后放回储水罐。放水后打开锅盖拉起提料篮就可将各层花渣一起提出锅外卸料，卸料时要待花料温度降低后再卸料，以免伤人，同时将另一个提料篮放入蒸馏锅内重新开始放料操作，这种装卸料方法的速度快，效率比水中蒸馏方式高许多。

### 4. 废水、烟气、渣料处理

所谓废水主要是从油水分离器分离出来的蒸馏水以及蒸馏锅的余水，这些水是重复供低压锅炉（13）使用的。由于这些水带有芳香气味，有时会作为纯露产品被大量取走，这时就要补充新鲜水，供锅炉使用。将新鲜水加入储水罐内，再由水泵将水泵入锅炉。因此生产过程中没有污水排放。

在蒸馏过程中，锅炉燃烧清洁燃料如天然气或液化气时，烟气是完全达标排放的，不会影响环境。在没有燃气条件时，这种低压锅炉也可以改烧木柴，但此时要在烟囱处装除尘器，烟气才能达标排放。

蒸过油的依兰花料可作肥料和沼气原料，也可用来制酱料和作饲料，不会污染环境。这种蒸馏生产依兰油的方式属于环保模式，不会对生态环境造成不良影响，其生产效益也是很高的。

# 第五节　环保的小型依兰油蒸馏设备

在一些零散的依兰花种植地区，在每天采花量小的情况下，采用上述每锅放300～400kg花料的设备是不合适的，可以考虑采用以下的小型设备，如图20-6所示。

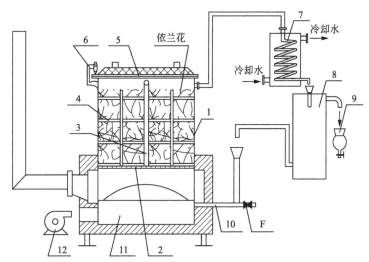

图 20-6　小型环保的依兰油蒸馏设备

1—蒸馏锅；2—隔板；3—提料篮；4—分层网框；5—锅盖；6—压码；7—冷却器；8—油水分离器；9—分液瓶；10—回流管；11—炉灶；12—燃烧器；F—排水阀

图 20-6 所示的小型依兰油蒸馏锅（1），容积约 0.25m³，直径约 700mm，装料有效高度约 1m，每锅可放依兰花 50kg 左右；其配合的炉灶（11）要有回火环；蛇管冷却器（7）的冷却面积约 3m²，铝制；燃烧器（12）用天然气或液化气作燃料；用提料篮（3）和四五个分层网框（4）来分层放料蒸馏，每层料厚约 200mm，锅盖（5）上面有保温层，压码（6）有 8 个左右。

上述小型蒸馏设备的提料篮（3）和分层网框（4）的结构与图 20-4、图 20-5 类似，但直径小很多，其放料高度均为 200mm 左右。油水分离器（8）容积为 50L 以上，其油水分离高度应不小于 800mm。收集依兰油的分液瓶（9）容积为 1000mL 左右，在蒸馏时可多次放出依兰油，阀 F 是清理蒸馏锅（1）时排水用。

上述小型设备蒸馏依兰油的操作过程如下：

先放水入蒸馏锅，满到隔板上面约 100mm 高，放提料篮入蒸馏锅置于隔板上，放依兰花入锅，满到提料篮的限位架面，铺平不留空位，再放入一个分层网框，放入花料装满至限位架面，铺平不留空位，依此法陆续放入第二至第五个网框放料，直到装满锅后盖上锅盖，用多个压码压紧锅盖就完成装料。

开始蒸馏时，点燃燃烧器喷火入炉灶，加热蒸馏锅来蒸馏。在蒸馏过程中，蒸汽带出依兰油从蒸馏锅出去进入冷却器，被冷却成油水混合的馏出液，经油水分离器分离出依兰油和蒸馏水。依兰油从油水分离器上面出油口流出进入分液瓶，由此得到依兰油，蒸馏水从油水分离器下面出水口流出进入回流水管返回蒸馏锅重复蒸馏，直至蒸完油为止。

在蒸馏过程中，当从油水分离器分离出来的蒸馏水被作为纯露取走时，就要马上补充等量的新鲜水入回流管。在分层放料的情况下，这种小锅的蒸馏速度很快，每锅蒸馏时间约 2~3h，出油率达 2.5%~3%，这种小锅出油率会略高于大锅。在鲜花供应量大的情况下，可以用几套小锅同时蒸馏，这样生产安排就很灵活。

上述两种蒸馏依兰油的设备都可取得较高出油率和较大经济收益，而且基本上无生产污水排放，其烟气排放也不会影响环境，依兰油蒸馏生产按这种模式是完全可以做到高收益及不污染环境的。

# 第二十一章 丁香罗勒油环保高收益生产技术

## 第一节 丁香罗勒油简介

丁香罗勒油英文名称为 basil oil，是从植物丁香罗勒中提取出来的一种重要的芳香油，透明，颜色呈浅黄色到深棕色，带有浓浓的丁香味，用舌头品尝会有麻辣的感觉。丁香罗勒油相对密度为 1.030～1.050，折射率为 1.523～1.540，可溶于乙醇。

丁香罗勒油成分有丁香酚，是其主要特征成分，含量为 60%～80%，此外还含有芳樟醇、罗勒烯、对花伞素等多种成分。

丁香罗勒油可用于制香料、香精、香水，可用于制化妆品、洗发水、沐浴液、护肤品、芳香疗法材料，可用作烟草、酒类、肉类的配香剂和调味剂，还可用作提取丁香酚的重要原料。丁香罗勒油还可用来治疗感冒、咳嗽、支气管炎、消化不良，以及用来缓解精神紧张、焦虑等症状，还可用来治牙痛、龋齿等。

丁香罗勒油是蒸馏丁香罗勒的花穗和叶茎而得。丁香罗勒形态如彩图 22 所示。丁香罗勒又称臭草，是唇形科罗勒属的一年生草本植物，原长于非洲岛国科摩罗、马达加斯加等地，在印度尼西亚、法国、保加利亚、格鲁吉亚等也有分布，在 1965 年开始传入中国，在中国南方各地都有大量种植。

丁香罗勒是罗勒中的一种，罗勒有 100 多个品种，在中国种植的有甜罗勒（又称九层塔），还有紫叶罗勒、柠檬罗勒、肉桂罗勒、丁香罗勒等。这些种类的罗勒外形都相似，高度也近似，种植条件也相同，每种罗勒都带有各自独特的香味，都可作食品佐料用，而最适合用来提取芳香油的是丁香罗勒。

丁香罗勒是耐高温、耐潮湿、不耐寒冷和干旱的农作物，可栽种在砂质土壤和疏松土壤中，丁香罗勒如种在肥沃土壤中会生长得很旺盛，含油量也较高。

丁香罗勒的种植方法有种子育苗种植法和分根种植法。用种子种植时，在每年 3 月份播种，选用的育苗床要土壤肥沃、排水良好、阳光充足，播种时用 30～50mm 厚土壤覆盖种子，丁香罗勒种子会在 10 天左右出芽。待其长到有 5～6 对叶子时就可将其移去田中种植，按行距 500～600mm，株距 150～200mm 方式种植，施肥以喷淋稀释肥料为主，当苗高 300mm 时就要摘去苗顶以促其分枝生长。分根种植法应用较少，其操作方法是将已生成一簇的丁香罗勒连根分出单株来种植，这种方法不如直接用种子培育简便。

丁香罗勒每年可收割几次，第一次收割是在种植 2 个月后，当其第一茬花穗出完后就可将其收割，收割时将植株离地 200～250mm 高以上的部分割下蒸油，只要不拉伤根系，割花后剩下的枝茎就可再长出新的枝叶和花穗。

丁香罗勒在第一次收割后到 7 月份又会长出新花穗，在 8 月份又可进行第二次收割。第三次收割约在 10 月份，在有些炎热地区如雷州半岛和海南岛、台湾等地区种植的丁香罗勒，甚至可在 11 月底到 12 月初进行第四次收割花穗。在最后一次收割时要贴着地面将整株割下，再在根上培些土由其越冬，在来年春天这些留在地下的丁香罗勒根就会发芽，再长出新苗。

收割花穗要在天气晴朗、阳光强烈时进行，最好在下午 2 时到 4 时之间进行收割，因为此时花穗含油量最高；不要在上午或傍晚收割，因为这时花穗含油量要降低二三成。花穗收割后最好在当天用来蒸油，如要临时放置，也不要堆叠过厚，以免受潮发酵腐烂，最好在三四天内将其全部蒸完。

# 第二节　传统的蒸馏丁香罗勒油设备

在 20 世纪 80～90 年代期间，中国丁香罗勒油的生产以广东雷州半岛地区为主，当时广东农民使用的蒸馏设备为简易式回水蒸馏锅，基本结构如图 21-1 所示。

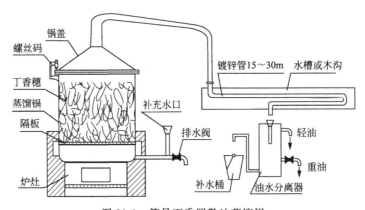

图 21-1　简易丁香罗勒油蒸馏锅

这类丁香罗勒油蒸馏锅有几个特点：

① 利用田沟水或小溪流水来冷却，因此蒸馏锅大都设在田边和溪边，将收割的丁香罗勒鲜花穗直接蒸馏，这类锅容积在 500kg 料以内，锅身用钢制，其冷却

器都为长条形，以方便放入水沟中，有些冷却器长达30m，均用大口径的镀锌管连接而成。

② 蒸馏锅的回流水是将油水分离器排出的蒸馏水用水桶装盛，定时从蒸馏锅的回流口倒回蒸馏锅内重新蒸馏，操作较麻烦。

③ 这种锅用普通砖砌炉灶来生火加热，热效率低，除了将每锅蒸过油的花穗烧完后，还要再烧两倍以上的木柴，能耗较大，烟气也不做除尘处理就排放，对环境有污染。

④ 蒸馏锅进料和出料都较麻烦，尤其是在出料时，因为有热气，会使操作时间加长，操作较劳累。

⑤ 使用的油水分离器的结构是很低级、原始的，收取重油时要用多次沉降、过滤及加盐来处理。

这种设备一般出油率为0.3%～0.5%，每锅蒸馏时间为4～5h。

后来在江西、福建等地，有些蒸馏厂在蒸馏丁香罗勒花穗时，先将花穗压碎再蒸馏，这时就要在蒸馏锅内用很细的金属网来隔开放料，轧碎花穗可以提高出油率和加快蒸馏速度，但操作较麻烦。这类蒸馏设备通常是烧煤或木柴的，对环境会造成污染。

## 第三节　环保的丁香罗勒油蒸馏设备及操作方法

要改善上节所述蒸馏设备的不足之处，应采用以下的新型环保设备，这类设备如图21-2所示。

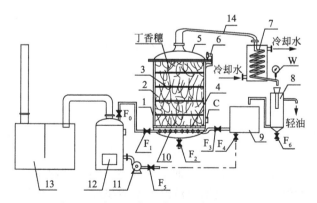

图 21-2　新型环保的蒸馏丁香罗勒油设备

1—蒸馏锅；2—提料篮；3—分层网框；4—蒸馏锅隔板；5—锅盖；6—螺丝压码；
7—冷却器；8—隔板式油水分离器；9—储水罐；10—蒸汽喷管；11—锅炉水泵；
12—低压锅炉；13—文丘里除尘器；14—气导管；$F_1$—蒸汽阀；
$F_2 \sim F_6$—排水球阀；C—水位视镜；W—温度表

在图 21-2 中，蒸馏锅（1）容积为 $3\sim4m^3$，料篮（2）结构如图 21-3 所示，分层网框（3）结构如图 21-4 所示，其放料高度为 300mm，网孔为 10mm × 10mm。蒸汽锅炉（12）压力在 $1kgf/cm^2$ 以下，是低压锅炉，可利用蒸馏废水。冷却器（7）是多头蛇管冷却器或旋流式冷却器，油水分离器（8）是隔板式分离器，可同时分离出轻油和重油。

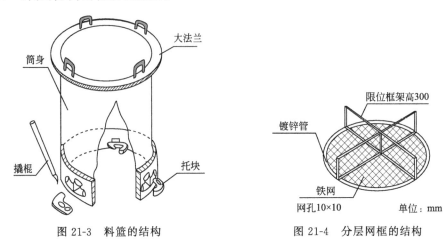

图 21-3    料篮的结构          图 21-4    分层网框的结构

环保蒸馏设备操作步骤如下：

**1. 备料操作**

在下午 2 时到 4 时将 7 成熟左右的丁香罗勒花穗割下，立即放入蒸馏锅内的料篮（2）中。先将一个分层网框（3）放入料篮内，由料篮内的托块托住，将花穗料放入分层网框内，放至限位架面，铺平不留空位，依此法将第二个、第三个直至最后一个网框放满料后，即可将料篮吊入锅盖上锅盖（5），用 16 个以上压码（6）压紧锅盖，再装上气导管（14）连通蒸馏锅与冷却器（7）。此后打开阀 $F_3$ 输水进锅，满至视镜（C）水平中心线为止，至此备料工作完成，可以进行以下的蒸馏操作。

**2. 蒸馏操作**

在备料时就要预先将锅炉（12）点火，在开始蒸馏时先打开阀 $F_1$ 放锅炉输来的蒸汽进入蒸汽喷管（10），让蒸汽均匀分散喷上料篮底部。蒸汽从料篮底开始向上穿过各分层网框中的花穗，将油分带出，经锅盖和气管后进入冷却器，被冷却成油水混合液后流出冷却器进入油水分离器（8）。此时要从温度表（W）处观察这些馏出液的温度，要控制馏出液温度不能超过 35℃，如超过 40℃ 时，馏出液会变成白色，此时油水就很难分离，要在水中加入食盐才能分出油分。

馏出液进入油水分离器右格后，轻于水的以罗勒烯成分为主的轻油从油水分离器右格上部出油口流出，用分液瓶接住得到轻于水的丁香罗勒油。而重于水的以丁香酚成分为主的重油沉在油水分离器底部，在蒸馏结束后打开阀 $F_6$ 就会得到重于水的丁香罗勒油，重油比轻油要多，将两者混合就得到商品丁香罗勒油。

在这个油水分离过程中，馏出液从油水分离器的右格进入，其中的蒸馏水分离出来经中间隔板下面进入左格，再从左格上面的出水口流出，流进储水罐（9）内，供下一锅蒸馏重复使用，多余部分供锅炉作补充水用。在蒸馏过程中要控制馏出液每小时流量为蒸馏锅容积的10％左右，流量越大蒸馏效果越好。

在蒸馏约1h后就要用玻璃杯接取馏出液来观察出油情况，如发现油星稀少以及油水分离器的出油口没有油滴出时，则表明油已被蒸完，此时就应关闭阀$F_1$，结束蒸馏准备出料。一般每锅蒸馏时间为1～1.5h，时间长短依丁香罗勒花穗含油率而定，一般出油率为0.4％～0.6％。

### 3. 出料操作

出料前先打开蒸馏锅的底阀$F_2$，将锅底的少量废水排出，废水滤去杂质后放回储水罐供给锅炉重复使用，不排放。放出锅水后，再放松十几个螺丝压码，拆除气导管后就可将锅盖移开。待锅内蒸汽散尽后，吊出料篮将各层渣料卸出锅外，再将另一个装好料的料篮放入锅内开始新一轮蒸馏操作，由此不断蒸馏下去。

### 4. 废水、废渣、烟气处理

蒸馏丁香罗勒油的废水是蒸馏锅锅底余水和从油水分离器排出的蒸馏分离水，这些都可供低压锅炉用。上述这些蒸馏水含有丁香罗勒油成分，可用于食品、饮料和肉类加工，也可用作芳香疗法的材料，如将其取出来利用时，就要补充相应的新鲜水供锅炉用。用这种环保型设备和操作方法来蒸馏丁香罗勒油时，由于锅炉重新利用蒸馏废水，可做到没有生产污水排放。

处理蒸过油的丁香罗勒废渣是较麻烦的，其不容易在短期内发酵腐烂作肥料，会增加堆放和运输的费用，为方便处理废渣，也可将其晒干作燃料，足够锅炉用，这样就可以做到绿色循环生产。锅炉烧渣料时其烟气中的硫氧化物及氮氧化物都可达标排放，在配上除尘器（13）后，烟气粉尘也可达标排放，不会污染环境。

由上述操作过程可知，使用上述环保型设备蒸馏丁香罗勒油时，无论是烧燃气还是烧花穗残渣，都可以取得高收益同时不污染环境的效果。

# 第二十二章 丁香油环保生产技术

## 第一节 丁香油简介

丁香油英文名称为 clove oil，是从桃金娘科植物丁香中提取出来的一种芳香油，颜色从浅黄色到棕黄色透明，带有药香、木香、辛香及丁香酚气味，相对密度为 1.030～1.060，折射率为 1.528～1.538，可溶于乙醇。

丁香油的成分包括特征成分丁香酚，其含量为 65%～85%，还有其他成分如石竹烯、乙酸丁香酚酯、甲醛戊基酮等几十种。

丁香油可用于制香水、香料、香精，可用于制化妆品、洗发水、护肤品、沐浴液等各类日用品，可用于食品、酒类和烟类作配香调料，还可用作生产单离香料的原料，及用作合成香料及芳香疗法的材料等。丁香油是蒸馏丁香树的花蕾、果实、枝叶而得。丁香树的形态如彩图 23 所示。

在植物界中被称为丁香的植物有两大类。一类是用于观赏的，是木犀科丁香属的落叶小灌木丁香，这类丁香品种较多，花朵艳丽，常种于院庭、花园中，这类丁香通常不用来蒸馏生产芳香油，只用于观赏。另一类丁香是桃金娘科番樱桃属的常绿乔木丁香，又叫丁子香，这类丁香是专门用来蒸油和作药材的，市场上的丁香油实际就是从这种丁香中提取的，以下所述的丁香就是指这种可蒸油的丁香。

丁香原产于印度尼西亚，在马来西亚、印度、马达加斯加、越南及中国海南岛、雷州半岛、云南西双版纳、广东、广西等地也有种植。印度尼西亚丁香种植面积最大，其丁香花产量占世界总产量 80% 左右，其次是非洲岛国马达加斯加。

丁香是热带植物，种植环境的最低气温要在 5～6℃ 以上，因为在 3℃ 以下丁香树就会死亡。丁香的种植方法主要是用种子来繁殖，用其他繁殖方法是比较困难的。用种子繁植时要在 8～9 月份采紫红色成熟的果实，取出种子立即播种，有些果实中的种子在树上未掉下就开始萌芽，如将果实剥皮去肉将其取出来播种，十天左右这些种子就会长出根来。

一般种植时将种子先放入育苗床中，每个种子间距为 100～150mm，将种子胚根朝下，铺上 10～20mm 厚的土层，二十天左右种子就会长出红色尖锥状的新芽，当其长到 80～100mm 高，有一对叶子时再将其放入营养钵中育苗。当这些树苗长到 400~500mm 高时就可将其移去高温、潮湿、背风、土地肥沃的沙质土壤中定植造林，每苗间距离为 5m 左右。

丁香种植 5 年后就会开花结果，20 年后盛产花果，可连续收花 100 多年。丁香在每年 2~7 月份开花，将红色饱满的花蕾采下晒几天让其干透后就得到干花蕾，又称公丁香。丁香树结的果呈榄形，晒干后可作中药，又称母丁香，公丁香、母丁香和丁香树的枝叶都可用来蒸油。

丁香油是个统称，用公丁香蒸出来的油称为丁香花油，用母丁香蒸出来的油称为丁香果油，用丁香枝叶蒸出来的油称为丁香叶油。上述这三种油都是用水上蒸馏方法取得，其蒸馏原理相同，但蒸馏操作过程不同，使用设备也有些区别。

## 第二节 传统的丁香油蒸馏设备

20 世纪 80~90 年代，雷州半岛和海南岛的农民用如下的简易设备来蒸馏丁香叶油、丁香花油和丁香果油，如图 22-1 所示。

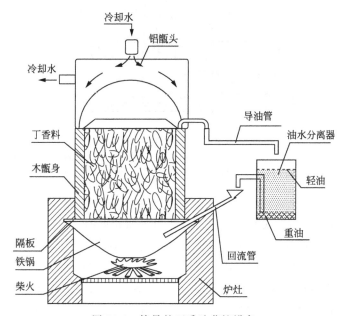

图 22-1 简易的丁香油蒸馏设备

图 22-1 的设备类似蒸桂油的简易设备，又称为甑，其对场地条件要求低，只要有溪水或田沟水的地方就可砌灶生火来蒸馏，但生产效率低，每锅只能蒸馏 50kg 鲜丁香枝叶，或 30kg 以下的公丁香料。蒸馏时放丁香枝叶入甑身中，压实，盖上铝甑头，用湿布垫底密封，烧木柴来蒸馏时每锅约需 5h 才可蒸完油。所得丁香叶油中的重油部分沉在油水分离器底部，轻油浮在水面，要细心除去水才能

取得全部丁香油，出油率为 1.5％左右。这种方法由于蒸馏时间长，会出现丁香叶油中的丁香酚成分减少，而乙酸丁香酚酯含量增大的现象。

用这种甑蒸丁香干花即公丁香时，花料只能放到甑高的 2/3 处，因花料会吸水膨胀，要预先留有空位。蒸花料出油率为 12％～15％，时间为 3～4h。蒸丁香果的方法与蒸花相同，但出油为 4％～5％，蒸馏时间更长，达 7～8h。

# 第三节　蒸馏丁香叶油的普通设备

近十几年来，在印度尼西亚、马达加斯加及中国广东、云南等地蒸馏生产丁香叶油时通常使用以下回水式设备，如图 22-2 所示。

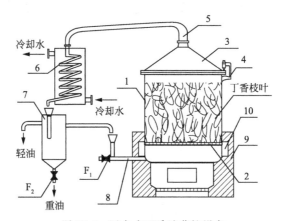

图 22-2　回水式丁香油蒸馏设备

1—蒸馏锅；2—隔板；3—锅盖；4—螺丝压码；5—大气管；6—冷却器；7—油水分离器；
8—回流水管；9—炉膛；10—回火道；$F_1$—排水阀；$F_2$—取油阀

在图 22-2 中，蒸馏锅（1）的容积为 3～4$m^3$，冷却器（6）是蛇管冷却器，油水分离器（7）是隔板式的，可同时分离出轻油和重油。

图 22-2 所示的蒸馏设备在蒸馏丁香叶油时，先放水放入蒸馏锅（1）内，浸过隔板（2）面后，将枝叶投入锅中铺平踏实，堵塞空洞后就可在炉灶（9）点火蒸馏。炉灶砌得合理如砌有回火道（10）来运火时，蒸馏锅受热面积会增加，蒸馏速度就会加快。在蒸馏过程中，蒸汽带出油分经过冷却器（6）及油水分离器（7）后，得到丁香叶油。这类蒸枝叶的蒸馏锅会做得较大，一般每锅蒸馏时间约 3h，出油率为 1.5％～2％。

蒸过油的丁香枝叶还很坚硬，可烧火用，但不够上述蒸馏锅用，还要再多烧一倍木柴才能蒸完一锅。由于上述这两种蒸馏锅的能耗都较大，要砍树木作柴火，而且烟气均未做处理就排放，对环境不利。

蒸馏丁香花（公丁香）的设备类似上述设备，但体积要小很多，一般容积为

1m³ 左右，锅身高约为 1.2m，放入花料层厚约 0.7m，要空出三分之一以上蒸馏锅容积，每锅蒸馏时间需 4h 左右，出油率可达 12%～15%。

　　上述这些设备都有蒸馏时间长、能耗大、出油率低及烟气未做处理就排放、对环境有污染的缺点。

# 第四节　蒸馏丁香花油的环保设备

　　生产丁香油要做到环保、节能、高出油率，应选用以下的新结构的环保型设备，这类环保型设备有蒸花蕾的和蒸枝叶的，其中蒸花蕾的小型环保型设备如图 22-3 所示。

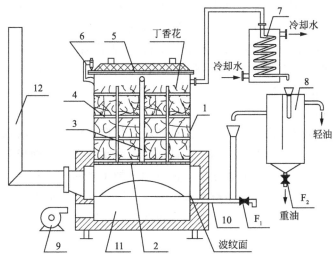

图 22-3　蒸馏丁香花油的环保型设备

1—蒸馏锅；2—隔板；3—提料篮；4—分层网框；5—锅盖；6—压码；
7—冷却器；8—油水分离器；9—燃烧器；10—回流管；
11—炉灶；12—烟囱；F₁—排水阀；F₂—放油阀

　　在图 22-3 中，蒸馏锅（1）的容积一般在 0.5～0.8m³，锅底部有隔板（2），锅内放入可拉起的提料篮（3），料篮上面还有分层网框（4），数量有 3～4 只，在蒸馏时将丁香花料分层放置，每层花料厚度不超过 200mm，每层花料留有 50mm 左右的空位供丁香花料在蒸馏时体积膨胀占用。提料篮和分层网框结构如图 22-4 和图 22-5 所示。

　　蒸馏锅底部的圆周壁最好用波纹面钢板来制造，锅底做成内凹型，这样会使受热面积增加一倍左右，由此可加快蒸馏速度和节约能源。其锅盖（5）因直径较小，可使用一件整体不锈板制作，加上保温夹层就可方便进出料和装拆。压码（6）有 8 只，冷却器（7）用蛇管式，冷却面积为 4～5m²。

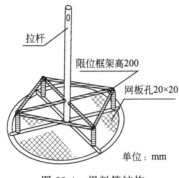

图 22-4　提料篮结构

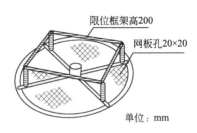

图 22-5　分层网框结构

　　油水分离器（8）的沉降高度为 800～900mm，容积为 70L 左右，在馏出油温度保持在 35℃以下时，油和水分离得很好。在蒸馏时，丁香花油中的轻油部分从油水分离器出油口流出，用瓶子接住取得轻油，重油沉在油水分离器底部，打开阀门 F₂ 取得重油，将轻重油混合就得到商品丁香花油。

　　用上述这种小型蒸馏锅来蒸丁香花油时，其操作方法与上一种蒸馏设备相同，每锅需 2～3h，出油率达 18%～22%。这种设备也可以用来蒸馏丁香果油，蒸馏操作方法相同。

　　小型蒸馏锅以燃液化气为主，不会对环境大气造成污染。其油水分离器分离出来的蒸馏水是循环利用不排放的，而且这些蒸馏水含有丁香油成分，可作为纯露用于沐浴、足浴、按摩等芳香疗法，也可用于加工食品、饮料等，可将其充分利用。如将其取出，就要补充新鲜水来供蒸馏，因此这种蒸馏工艺是没有污水排放的，这种小型设备是一种很环保的丁香花油和丁香果油蒸馏设备。

# 第五节　蒸馏丁香叶油的大型环保设备及操作方法

　　蒸馏丁香叶油的环保节能和高产量的设备是蒸汽蒸馏设备，其结构如图 22-6 所示。

　　图 22-6 中，蒸馏锅（1）容积为 2～3m³；料篮（2）结构同图 15-5 所示；分层网框（3）结构同图 15-6 所示，其放料厚度为 400mm；螺丝压码（5）数量有 16～22 个；蒸汽喷管（7）由多环管组成，共钻有数百个喷气孔；冷却器（8）冷却面积按蒸馏锅每立方米容积配 10m² 来配置；油水分离器（9）的容积按照蒸馏锅每立方米容积配 80L；滤网（11）约为 80 目；蒸汽锅炉（14）压力在 1kgf/cm² 以下，每小时蒸发量约为蒸锅容积的 15%，不列入锅炉压力容器监管范围，而且对水质要求很低，可以使用蒸馏废水。

　　丁香叶油环保蒸馏设备操作步骤如下：

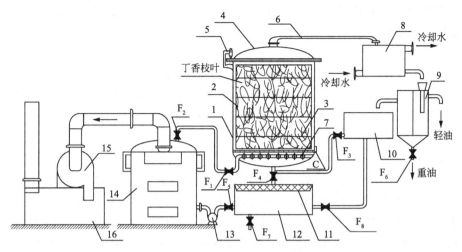

图 22-6　用蒸汽来蒸馏丁香叶油的设备

1—蒸馏锅；2—料篮；3—分层网框；4—锅盖；5—压码；6—气导管；7—蒸汽喷管；
8—冷却器；9—油水分离器；10—蒸馏水储罐；11—滤网；12—锅炉供水罐；
13—锅炉水泵；14—锅炉；15—引风机；16—除尘器；
C—视镜；$F_1$，$F_2$—蒸汽阀；$F_3$~$F_8$—球阀

### 1. 进料操作

先将丁香枝叶切碎成 30~40mm 长，将料篮（2）底部的三个托块转入篮内，放入第一个分层网框（3），将丁香叶料放入网框内满到限位架止，铺平不留空位，再依此法放入第二个网框放料，直到最后一个网框依此法装满丁香枝叶料后，将料篮吊入蒸馏锅（1）内，放上锅盖（4）用十几个螺丝压码（5）压紧锅盖，再装上气导管（6）连通蒸馏锅和冷却器（8）。然后将储水罐（10）的水经过阀门 $F_3$ 放入蒸馏锅中，满到视镜（C）的水平中线为止，以后就可以进行蒸馏操作。

### 2. 蒸馏操作

在蒸馏前，锅炉（14）要先烧足蒸汽准备供蒸馏用，蒸馏开始时先打开阀门 $F_1$，放锅炉的蒸汽进入锅下面的蒸汽喷管（7），蒸汽从几百个喷孔分散喷出，带起水雾向上穿过各层丁香枝叶料，一边进行水散，一边加热，不断将丁香枝叶的油分带出。蒸汽经锅顶和气导管进入冷却器内，被冷却成含有丁香油和蒸馏水的馏出液进入油水分离器（9）的右格内进行油水分离。

丁香叶油中比水重的重油沉到油水分离器底部，当其积聚到一定量后打开底部阀门 $F_6$ 就可将丁香叶重油放出，由此得到丁香叶重油。丁香叶轻油浮在水面从油水分离器右格上面的出油口流出，用容器装盛取得丁香轻油，将其和重油混合就得到丁香叶油商品。

馏出液从油水分离器的右格进入后，其中的蒸馏水被分离出来向下绕过隔板进入左格，从左格上面的出水口流出，进入储水罐，留作下一锅蒸馏时重新利

用，多余的水经阀 $F_8$ 放入锅炉供水罐（12）中供锅炉补充水用。蒸馏过程中要控制馏出液温度在 35℃ 左右，每小时流量保持在蒸馏锅容积 10％ 左右，直到蒸馏结束。

由于低压锅炉的热效率是很高的，所以在供气量充足、分层放料来蒸馏的情况下，蒸馏速度是很快的。在蒸馏约 1h 后，当观察到油水分离器出油口无油滴出时就可停止蒸馏，关闭阀 $F_1$，一般每锅蒸馏时间为 1.5h 左右，出油率达 2％～2.5％。

### 3. 出料操作

蒸馏结束后，拆去气导管，放松十几个螺丝压码，移开锅盖，待锅内蒸汽消散后就可将料篮（2）吊出卸料，同时将另一个已装好料的料篮吊入蒸馏锅内。将锅下面排水阀 $F_4$ 打开，放锅内余水经滤网（11）过滤后流入锅炉供水罐中，由阀 $F_5$ 和泵（13）泵入锅炉复用，最后关闭阀 $F_4$、打开阀 $F_3$ 放水入锅满到水平中线，就可重新进行蒸馏。

### 4. 渣料、废水、烟气处理

蒸过油的枝叶渣干燥后作燃料足够用，会剩余四分之一左右，由此做到燃料绿色循环。锅炉用废渣作燃料时，其烟气中硫氧化物和氮氧化物都不会超标，使用引风机（15）和除尘器（16）后，粉尘也可达标排放。

上述这种设备在生产过程中废水都供锅炉重新利用，无污水排放。由于丁香枝叶会吸走一些水分，重复供给锅炉利用的水会不够用，所以还要不断补充新鲜水入锅炉供水罐中供给锅炉用。

由上述操作过程可知，蒸馏丁香花油和蒸馏丁香叶油都可以做到高出油率、高收益以及不污染环境。

如需要专门生产丁香叶油，可采用密植方法来种植丁香树，在两三年内就可大量砍枝叶来蒸油。由于丁香树的萌芽再生能力非常强，砍完二分之一枝叶的丁香树会很快重新长满枝叶，每年可砍几次枝叶。由于只砍枝叶来蒸油的收益要远远大于收花蕾来蒸油的方式，而且丁香叶油和丁香花油成分是相同的，只是丁香酚含量稍低，目前供应国际市场的丁香油其实大都是丁香叶油，在中国要发展丁香油产业时应考虑采用上述生产方式。

# 第二十三章　香叶油环保高收益生产技术

## 第一节　香叶油简介

香叶油又名香叶天竺葵油，英文名称为 geranium oil，是一种从植物香叶天竺葵中提取出来的芳香油，颜色浅黄色、透明，带有玫瑰花般的甜醇味，相对密度为 0.886～0.898，折射率为 1.462～1.472，可溶于乙醇。

香叶油成分有香叶醇、芳樟醇、香茅醇、香叶醛、橙花醛、薄荷酮、异薄荷酮、甲酸香叶酯、甲酸香茅酯、异戊醇、丁香酚等数十种。

香叶油可用于配制多种香水、香精、香料、香皂、洗发水、护肤品、沐浴液、化妆品、芳香疗法材料等，还可用于糖果、香烟、酒类、饮料等的加工。香叶油价格昂贵，是一种很重要的香料、日用品和食品工业原料。

香叶油是蒸馏牛儿苗科天竺葵属的多年生亚灌木香叶天竺葵的茎叶而得。香叶天竺葵的形态如彩图 24 所示。香叶天竺葵高 1m 以下，枝干直立，原产于非洲岛国马达加斯加等地，在南非、印度、俄罗斯、西班牙、埃及等地都有种植，在中国浙江、福建、云南、广东、广西、四川也有种植。在中国种植面积最大的是四川地区，约占全国总种植面积 80％以上，四川香叶油年产量占世界香叶油总产量三分之一左右。

香叶天竺葵是热带植物，在 −5℃时就会被冻死，适宜在长江以南地区种植，生长时需要充足水分，但不耐涝，需要充足日照及肥沃的土地。香叶天竺葵的繁殖方法主要为扦插法，在 9、10 两个月期间，选粗壮的嫩枝插于无霜冻地区的田间就可生长，每棵苗间距 400～500mm。在霜冻的寒冷地区就要将苗育在保温棚内，扦插育苗时要选择当年长出的有 4～5 个节的枝条裁成 150mm 长左右，留出几片叶插于育苗地中，待其生根发芽后于翌年春天再移植于田间。

香叶天竺葵的茎叶长到有浓郁香味散发出来时就可将其割下来蒸油，茎叶每年可割七八次，有些地方甚至可割十多次，每亩茎叶年产量高达 3000～4000kg。剪割枝叶时要先剪老枝、长枝、匍匐枝，要保留新枝、软枝、芽枝。剪枝叶要配合蒸馏来进行，一般在晴天时收剪，将茎叶剪下后几小时内就要放入锅蒸馏，否则茎叶中的油分会迅速挥发，降低出油率。

香叶天竺葵的油分主要集中在叶片内，茎枝的含油量不到叶片含油量的十分之一。而叶片的含油率在每年不同时间有变化，从 0.3%～0.6% 都有，主要是随着开花时间段不同有波动，而且相差很大，在开花最盛时，叶片的含油率也最高。

香叶天竺葵开花期分春花期和秋花期，各地香叶天竺葵的花期时间段都不同，在蒸油时要尽量在盛花期多采叶蒸馏，这时叶片中含油率高达 0.5% 以上，此时蒸油出油率是最高的。而过了盛花期，叶片含油率就会跌到 0.3% 左右，因此蒸油要把握好时机来采叶。

# 第二节  香叶油的传统蒸馏方法

香叶天竺葵油的蒸馏方法基本上都是用水上蒸馏方式，在 20 世纪 80～90 年代期间，在四川使用的蒸馏设备如图 23-1 所示。

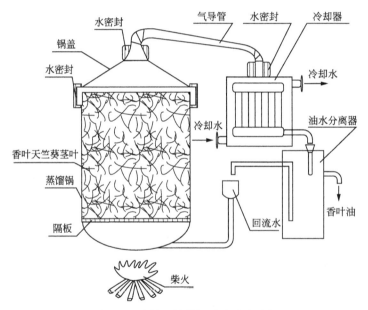

图 23-1  农村用的蒸馏香叶油的设备

上述这种设备是一种传统的蒸馏设备，每锅放香叶天竺葵料 200～400kg，以木柴作燃料，有些地方用烟煤作燃料。这种锅用水密封结构，冷却器使用农村蒸酒用的冷却器。

这种蒸馏锅的操作过程是先放水入锅，满过隔板面，将新鲜采下的香叶天竺葵的茎叶放入蒸馏锅，从隔板起直堆到锅体水密封环下面，要均匀放置茎叶，不要留空位，放料后盖上锅盖、连接好冷却器，放水入蒸馏锅和冷却器的水密封环后，就可在炉灶点火来蒸馏。

在蒸馏锅下部的水被烧开后产生蒸汽，蒸汽穿过香叶天竺葵茎叶将油分带出，经导管进入冷却器，被冷却成含有油分和蒸馏水的馏出液后流出冷却器，进入油水分离器后被分离出油分和水分。香叶油比水轻，浮在水面，从油水分离器最上面的出油口流出来，用盛器接住得到香叶油，水分从油水分离器出水口流出，经过回流管返回蒸馏锅重新蒸馏。

在蒸馏 3h 后，就要用玻璃杯接取冷却器的馏出液来观察，如见不到油星或油星稀少时就可熄火停止蒸馏，稍后打开锅盖让锅内气体消散后就可将蒸过油的茎叶渣清出蒸馏锅，再重新放料开始下一锅蒸馏，一般每锅蒸馏时间约 3～4h，出油率为 0.1%～0.25%。

## 第三节　香叶油的蒸汽蒸馏设备

将蒸汽锅炉的蒸汽通入蒸馏锅底部来蒸馏的设备如图 23-2 所示。

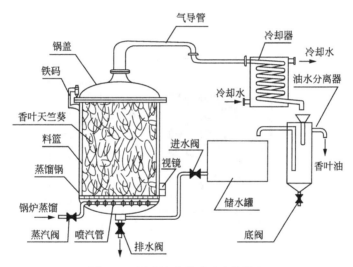

图 23-2　用蒸汽蒸馏香叶油的设备

这种用蒸汽来蒸馏的设备可以为大型设备，每次可蒸馏 1000kg 以上的香叶天竺葵，配有料篮来装料和出料，其冷却器用蛇管式。在蒸馏时，蒸汽从蒸馏锅底部分散向上喷，穿过料篮中的天竺葵料将油分抽提出，经冷却器冷却及油水分离器分离后取得香叶油，出油率会比上一种蒸馏锅要高些，可达 0.2%～0.3%，蒸馏时间也缩短很多。

这种蒸馏方式生产效率较高，但有不少污水要排放，而且使用的蒸汽锅炉通常是烧煤的，会污染环境，按目前的环保规定，这种生产方法是不允许的。

上述这两种设备在蒸馏香叶油时还有不妥当之处，在蒸馏锅里的香叶原料是不分层堆放的，有些地方甚至将放在锅内的茎叶踏实以增加放料量，这样操作会大大降低出油率和延长蒸馏时间。香叶天竺葵的叶片遇蒸汽很容易变软，先接触蒸汽的叶片就会包住其他叶片结成团，使蒸汽不能进入料团中将其中的油分蒸出，因此不分层放料会导致出油率降低。香叶天竺葵叶含油率不低于0.35%，用这种直接堆料来蒸馏的方式来蒸馏损失是很大的。

用水蒸气来蒸馏香叶天竺葵的关键，是要让蒸馏锅内的各处物料都能充分接触到蒸汽被蒸馏，确保其中油分能被蒸汽带出，才能得到最佳蒸馏效果。

## 第四节　香叶油的环保蒸馏设备及操作方法

香叶油是用途重要和价格高的一种芳香油，必须要尽量改善蒸馏条件来提高出油率和增加产油量，同时也要节省能源和做到环保生产，在不烧煤及烧木柴的情况下应选用以下环保的蒸汽蒸馏设备和操作工艺，这类环保的设备如图23-3所示。

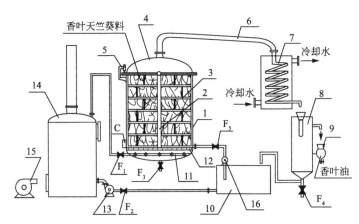

图23-3　环保的香叶油蒸馏设备

1—蒸馏锅；2—提料篮；3—分层网框；4—锅盖；5—螺丝压码；6—气导管；7—冷却器；
8—油水分离器；9—分液瓶；10—储水罐；11—蒸汽喷管；12—隔板；13—锅炉水泵；
14—低压锅炉；15—燃烧器；16—水泵；C—水位视镜；$F_1$—蒸汽阀；$F_2 \sim F_5$—球阀

在图23-3中，蒸馏锅（1）有效容量为3~4m³，锅身高度为2.2~2.4m。提料篮（2）结构如图23-4所示，分层网框（3）结构如图23-5所示，每个网框装料高度约300mm。螺丝压码（5）为16个以上，冷却器（7）应选用多头铝蛇管式冷却器，冷却面积按蒸馏锅每立方米容积配8~10m²计算，也可用螺旋板式或气流旋转环式冷却器。在蒸馏中挟带有香叶油的蒸汽适宜在边冷却边碰撞中流动，这时油分不容易流失，在冷却器出口的气味会小很多。油水分离器（8）的容积要按蒸馏锅每立方米配60L容量计算，油水沉降分离高度在1m以上，这样油水就会分离得很理想。蒸汽喷管（11）由多环管组合，共有几百个喷气孔，可将蒸汽均匀散开。锅炉（14）的压力在1kgf/cm²以下，这种锅炉不列入压力容器监管范围，很安全，对水质要求很低，蒸过油的废水都可以用。燃烧器（15）可燃天然气和液化气，其烟气较环保。

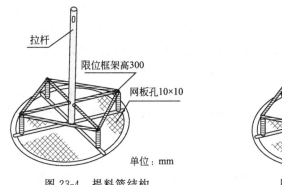

图 23-4　提料篮结构

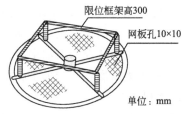

图 23-5　分层网框结构

环保蒸馏设备操作步骤如下：

### 1. 进料操作

备料前先放水入蒸馏锅（1），满到视镜（C）水平中线后再进料。将香叶料剪下后，在4～5h内就要将其连同茎一起装入锅内蒸馏，最好能在装料前将其切碎到20～30mm长短。装料方法是将提料篮（2）放蒸馏锅内的隔板（12）上面，放香叶料进锅满至限位架面铺平，再放入第一个网框（3），将香叶料放入网框，堆满到限位架面后再放入第二个网框，再如此法放料，直到最后一个网框装满料后，放上盖（4），用16个以上压码（5）将盖压紧，再装好气导管（6）来连接锅和冷却器（7），此时备料工作就完成了。

### 2. 蒸馏操作

在完成备料工作后，就可进行蒸馏，在蒸馏前锅炉（14）要提前烧足蒸汽，蒸馏时先打开阀$F_1$，放锅炉的蒸汽进入蒸馏锅底部的蒸气喷管（11），蒸汽从喷管中分散成几百股向上喷出带出水雾，穿过隔板将料篮内的各个分层网框中的香叶油分带出。

在蒸馏过程中，各层网框内的香叶天竺葵叶料被蒸汽加热，由于被分层隔开，香叶料在蒸馏中不能结团阻止蒸汽，所以蒸汽能全面接触到各处物料将油分充分抽出。

蒸汽带着油分从锅顶出去，经过气导管进入冷却器，在冷却器的长距离通道中不断冷却成含有香叶油和蒸馏水的馏出液，一些不凝气体成分也在长距离碰撞中变成液体混入馏出液中。馏出液流出冷却器进入油水分离器（8）进行油水分离，比水轻的香叶油浮在水层上面，从油水分离器最高的出油口流出，进入分液瓶（9），由此就得到香叶油（将刚馏出的香叶油用盐脱水后就可包装供应市场）。

而蒸馏水则从油水分离器下面的出水口流出，进入储水罐（10）内，由水泵（16）和阀 $F_5$ 供蒸馏锅再利用，或由阀 $F_2$ 和水泵（13）供锅炉重复利用，不排放。

上述这些蒸馏水中含有香叶油成分，可用于制造日用品、食品、饮料和沐浴、足浴及芳香疗法等。如在蒸馏中将其取出来使用，就要补回等量的新鲜水。

上述蒸馏过程在经过 50～60min 后，就要用杯接取从冷却器出口流出的液体来观察出油情况，如见到油星稀少时，或见到油水分离器的出油口无油滴出时表明油已蒸完，就可关闭阀 $F_1$ 结束蒸馏，蒸馏过程至此结束。

一般蒸馏切碎的茎叶需 60～80min，出油率依据采叶时间不同可达 0.3％～0.45％，分层放料蒸馏的出油率高于不分层放料蒸馏的出油率。由于缩短了蒸馏时间也节省了大量燃料，增加了收益。

### 3. 出料操作

先打开蒸馏锅底的排水阀 $F_2$，将锅内余水放出，这些余水过滤后放回储水罐重新使用，不排放。放完锅水后，放松气导管两端的连接螺栓，将气导管卸下，再放松十几个压码，将锅盖吊离，此时要小心操作，因为蒸馏锅内还有大量热气冒出，待热气散尽后就可将提料篮拉出卸料，重新进行下一轮蒸馏生产。

### 4. 处理废水、烟气和渣料

这个蒸馏香叶油的过程是没有废水排放的，所谓废水就是锅底的蒸馏余水及油水分离器的分离水，都由锅炉重新使用。上述分离水也是一种纯露，可用于制食品、饮料和日用品以及芳香疗法，取出时就要补充相当的新鲜水。由于香叶天竺葵枝叶会在蒸馏中吸走一些水分，因此蒸馏过程中也要不断补充新鲜净水，因此锅炉的用水实际上是废水加新鲜水。

蒸汽锅炉的燃烧器（15）使用的燃料是天然气或液化气，没有烟气污染问题。在没有燃气条件的情况下，锅炉也可改烧生物质燃料，在配合有除尘器的情况下，烟气也可达标排放，这种生产模式是环保的。

蒸过油的香叶天竺葵叶渣可以用来作沼气原料及作绿肥，可取得可观的收益。

由以上操作过程可知，香叶油的蒸馏生产是可以做到环保、节能、高出油率和高效益的。

# 第二十四章　留兰香油环保生产技术

## 第一节　留兰香油简介

留兰香油又称绿薄荷油和薄荷草油，英文名称为 spearmint oil，是一种从植物留兰香中提取出来的芳香油，呈浅黄、浅黄绿色，有强烈的留兰香叶的甜醇气味，相对密度为 0.92～0.97，折射率为 1.423～1.499，可溶于乙醇。

留兰香油的成分有香芹酮，为特征成分，约占 60% 以上，此外还含有薄荷酮、异薄荷酮、二氢香芹酮、蒎烯、水芹烯、柠檬烯、桉叶油素、二氢香芹醇、乙酸辛酸酯等二十多种成分。

留兰香油可用来配制香精、香料、香水，可用于化妆品、护肤品、清新剂、香皂、牙膏、沐浴液、洗发水、口腔清洁剂等，可用于口香糖、硬糖、饮料、糕点等，还可用于药品，如饮用药剂、芳香兴奋剂，还可用于治疗感冒、咳嗽、神经麻木、骨质病变、关节炎、鼻窦炎等疾病。

留兰香油以植物留兰香的茎叶、花穗作原料，用水蒸气蒸馏而得。留兰香形态如彩图 25 所示。留兰香是唇形科薄荷属直立多年生宿根草本植物，茎直立，开紫色和白色花，高为 1m 左右，原产于意大利、荷兰、巴西、日本、法国、南非等地，主要作为蔬菜、食品佐料用。

留兰香在中国各地都有种植，目前以山东、新疆种植面积较大，全国种植面积目前共有一两万亩。全世界留兰香油年产量不足 1500t，美国是留兰香油主要生产国，中国留兰香油年产量目前约有几百吨。

留兰香在中国种植的品种有大叶种和小叶种，大叶种生长快，出油多，但精油中香芹酮含量不如小叶种，中国目前种植以大叶种为主。留兰香可长在沙质土、松散土中，对土质要求不严格，留兰香在 0℃ 以上到 30～40℃ 内都可生长，其埋在泥土下的根部在 -30～-20℃ 时仍有生命力，在天气暖和又会重新出芽生长，因此留兰香可在我国各地种植。

留兰香的种植方法主要有三种：

第一种方法是用根茎来繁殖，3 月间将留兰香地下根茎挖出，剪成 60～80mm 长一段，摆放在深 60mm 的田沟内，每段茎首尾相连排列，覆盖上土壤，填满沟压实，淋些水即可，种植留兰香的田沟相距约 250mm。将一亩地的种有一二年时间的成熟的留兰香的根茎挖起，剪成短段后，可用来播种 4～5 亩地。

第二种方法是分株繁殖，在原有的留兰香田中，在早春时将长到 180～200mm 高的多余苗株连根挖起移植到新田中，每亩旧田挖起的新株可种三亩新田左右。

第三种方法是剪下留兰香长在地上的枝茎，将其扦插于半沙半土的育苗床上或育苗田中，待其长出新根后再移植于大田中。

留兰香生长过程中会有地老虎、蚜虫、造桥虫、红蜘蛛等害虫对其为害，要注意喷药杀虫。

留兰花每年开两次花，在南方地区会开三次花，一般在 7 月份大暑、小暑之间开第一次花，当花开到最旺盛时将其枝茎及花穗割下蒸油会得到最高的出油率。收割留兰香时应在晴天进行，在 9～14 时收割，此时茎叶含油率最高，第二次花期在 10 月份，可收割第二次。

在南方热带地区，第一、第二花期会提前，留兰香还会在 11 月开第三次花，还可再割一次，一般每亩可产出供蒸油用的留兰花茎叶 4000kg 左右，有些地区种植得好会超过 5000kg。通常在蒸馏前，要将新鲜茎叶收割后晒干，要晒至 5 成干以上才能用来蒸油。

# 第二节　留兰香油的传统蒸馏方法

蒸馏留兰香油的方法与蒸馏薄荷油的方法相似。在中国西北部及山东、河南等地区，蒸馏留兰香油的设备基本如图 24-1 所示。

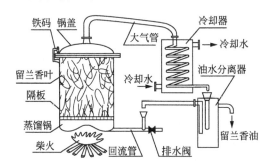

图 24-1　回水式蒸馏留兰香油的蒸馏锅

上述这种设备是直接加热式常压回水蒸馏设备，将留兰香料置于锅内的隔板上面来蒸馏，目前我国各地生产留兰香油普遍都使用这类设备，使用这类设备蒸油一般出油率为 0.3～0.4（以鲜叶计），蒸馏时间在 2～3h 左右。

这种设备的蒸馏操作过程是：将已经晒干的茎叶投入锅中，从隔板上面堆起踏实填满，放水入锅，水浸过隔板面就可在锅底下的炉灶点火加热，加热到锅水产生蒸汽后就进入蒸馏阶段。此时蒸汽向上穿过隔板上的留兰香料，将其中的留兰香油分带出，蒸汽经气导管进入冷却器，在冷却器中被冷却成含有油分和蒸馏水的馏出液后流出冷却器进入油水分离器，将留兰香油和水分分离出来。留兰香油比水轻，浮上水面从油水分离器上端出油口流出，用盛器接住得到留兰香油（原油）。而水分在油水分离器下部聚集，从低于出水口流出，流入回流管返回蒸馏锅重复蒸馏，由此不断循环。

在蒸馏过程中，要尽量保持最猛火力来蒸馏，才能取得较好效果。在蒸馏1.5h后就要用玻璃杯来接取从冷却器出口流出的蒸馏液来观察出油情况，如见油星稀少时（表明锅内物料油分已蒸完或难再蒸出来），或见到油水分离器出油口无油滴出时，就要停火结束蒸馏。稍停几分钟后打开锅盖出料，再开始下一锅蒸馏操作。

这类直接明火加热的蒸馏锅在各地的结构会有些不同，如有些地方用水密封锅盖，即做一环水槽，让锅盖周边插进去，有些则用橡胶来密封锅盖，用胶带或胶管来密封；冷却器有的用蛇管，有的用列管等；炉灶砌得各有风格，有的有回火道，有的直通烟囱。但总的来说能耗都是很大的，这种蒸馏锅出油率不理想。这种锅是烧煤或木柴的，其烟气会污染环境，现在已禁止使用。

## 第三节　留兰香油的蒸汽蒸馏设备

除了上述这种蒸留兰香油设备外，近年来还有用蒸汽来蒸馏的设备。这种设备在蒸馏锅隔板下面设置喷气环形管来喷汽蒸馏，如图 24-2 所示。

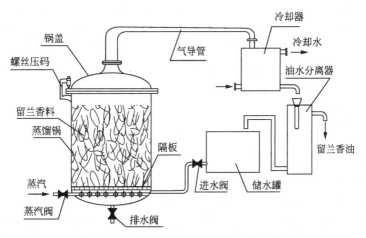

图 24-2　用蒸汽来蒸馏留兰香油的设备

图 24-2 中，蒸馏锅可放 500kg 以上的留兰香茎叶，其冷却器使用螺旋板式或蛇管式，油水分离器容积为蒸馏锅容积的 8% 左右，沉降高度为 1m 左右，分离

水集中在储水罐内，供下一锅蒸馏时重复用。

在蒸馏时放蒸汽入蒸汽喷管来喷蒸留兰香料，将留兰香油蒸馏出来，再经冷却和油水分离可取得留兰香油。

# 第四节　环保型留兰香油蒸馏设备及操作方法

用蒸汽蒸馏会增加出油率和缩短蒸馏时间，但会出现污水处理及烟气处理问题，工厂如处置不当会被停产。在当前环保法规严格的情况下，蒸馏留兰香油应选用环保的和出油率更高的设备，这种经过改进的蒸馏留兰香油的设备如图 24-3 所示。

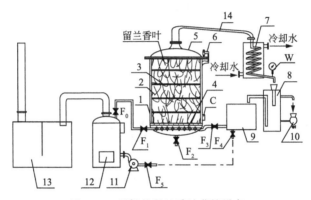

图 24-3　环保的留兰香油蒸馏设备

1—蒸馏锅；2—料篮；3—分层网框；4—环形蒸汽喷管；5—锅盖；6—螺丝压码；
7—冷却器；8—油水分离器；9—储水罐；10—分液瓶；11—锅炉水泵；12—低压锅炉；
13—除尘器；14—气导管；$F_1$—蒸汽阀；$F_2 \sim F_5$—水管球阀；C—视镜

在图 24-3 中，蒸馏锅（1）的容积为 $3 \sim 5 m^3$，料篮（2）结构同图 15-5 所示，分层网框（3）的结构同图 15-6 所示，其放料高度为 400mm 左右。冷却器（7）是多头蛇管式冷却器，最好用新型的旋流式冷却器代替。锅炉（12）压力在 $1 kgf/cm^2$ 以内，可利用蒸馏废水，其蒸发量为蒸馏容量 15% 以上。

环保蒸馏设备操作步骤如下：

**1. 备料操作**

将盛花期的留兰香茎叶收下晒干，在蒸馏时先用切碎机将其切成 $30 \sim 50mm$ 长短，切碎后立即放入锅（1）中蒸馏。先将料篮（2）底部的托块转入篮内，托住第一个网框（3），放留兰香料进去，铺平不留空位后放入第二个网框，再放料，如此操作直到放入最后一个网框装满料。在工厂有地坑时，将料篮放入地坑放料较方便。

放完料后由阀 $F_3$ 放水入蒸馏锅，满到视镜（C）水平中线止，其后就可以放上盖（5），用多个螺丝压码（6）压紧锅盖，再装上气导管（14）连接蒸馏锅和冷却器（7）后就可以通入蒸汽来蒸馏。

### 2. 蒸馏操作

在蒸馏前，锅炉（12）就应烧足蒸汽准备蒸馏，开始蒸馏时开阀 $F_1$ 将蒸汽放入蒸馏锅底部的环形蒸汽喷管（4），蒸汽从其中的几百个小孔中分散均匀地向上喷向留兰香料层，穿过各层料将油分带出，从锅盖出去经气导管进入冷却器，被冷却成含有油分和蒸馏水的馏出液。馏出液流出冷却器后进入油水分离器，被分离出油分和水分。留兰香油分比水轻，浮在水层面从油水分离器（8）上部出油口流出，用分液瓶（10）将其收集，由此就得到留兰香原油。水分沉在油水分离器下部，从低于出水口流出进入储水罐（9）内，留作下一锅蒸馏用，或由阀 $F_5$ 和水泵供给锅炉（12）作补给水用，循环利用不排放。

在蒸馏过程中，要观察温度计 W，控制馏出液温度在 $40 \sim 50℃$ 之间，不能太低，因为低温时留兰香油中的香芹酮会变成晶体析出，可能会出现堵塞冷却器的现象。馏出液每小时流量控制在为蒸馏锅容积的 10% 左右。

在蒸馏 50min 后就要用杯接取馏出液来观察出油情况，如油星稀少时，或见油水分离器出油口无油滴出时表示油已蒸完，就要关闭阀 $F_1$ 停止蒸馏，进行出料工作。一般每锅的蒸馏时间约为 1h，出油率为 0.8%～1%（干叶）。从蒸馏锅蒸馏出来的留兰香油属于原油，将其冷冻到 4℃ 以下就有香芹酮晶体析出，余下的油分称留兰香素油，两者都可单独作商品出售。

### 3. 出料操作

蒸馏结束后，先打开锅底阀 $F_2$，将锅底的蒸馏余水放出，这些水可以直接作肥料发酵用，或供除尘器（13）用，也可以在过滤沉清后返回储水罐供锅炉（12）用（低压锅炉可使用这些蒸馏废水）。在排水后放松气导管两端螺栓，将气导管移开，再放松十几个螺丝压码，将锅盖移开，待锅内蒸汽散发完后，就可将料篮吊出锅，吊到卸料地点将各层叶渣卸出，同时将另一个装满料的料篮吊入蒸馏锅重新蒸馏。

### 4. 处理残渣、废水和烟气

蒸完油的留兰香的枝茎渣料可用作绿肥和沼气原料，也可干燥后作燃料，这样可以节省很多燃料费。废水是锅底水和油水分离器排放的蒸馏水，这些水都可供低压锅炉重新利用，就基本可做到无污水排放。留兰香叶渣作为锅炉的燃料时，烟气中硫氧化物和氮氧化物都不会超标。锅炉配上除尘器后，烟气就可达标排放，因此这种生产方式对环境是无污染的。

我国的留兰香油产量仅几百吨，远远不能满足国内市场需要，国内市场还需大量进口留兰香油来补充，因此留兰香油产业有很大的发展前景。留兰香易种植、易丰产，收益比种其他农作物要大得多，因此发展留兰香油产业对发展地方经济有很大意义。

# 第二十五章 白兰花油环保高收益生产技术

## 第一节 白兰花油简介

白兰花油又名玉兰花油、缅桂花油，英文名称为 michelia alba oil，是一种从白兰树的花朵中提取出来的芳香油，颜色为浅黄色、透明，带有清香的白兰花味，香气优雅，相对密度为 0.87～0.89，折射率为 1.460～1.490，可溶于乙醇。

白兰花油成分有芳樟醇、二氢芳樟醇、氧化芳樟醇、苯乙醇、松油醇、乙酸芳樟酯、桉叶油素、石竹烯等。

白兰花油是一种世界著名的名贵芳香油，是用来配制各种高级香水的重要原料，可用于制各种香精、香料、香水、化妆品、护肤品、美容品、洗发水、沐浴液、香皂、牙膏、清新剂、保湿剂及食品、药品、芳香疗法高级材料等，白兰花油有很显著的增香效果，用途非常广泛。

白兰树是木兰科含笑属的常绿乔木，高达十几米，原产于印度尼西亚爪哇岛，后来传播到东南亚各国，在中国的台湾、福建、广东、广西、云南等地也有大量种植。白兰树常种植在公园、路边作绿化树和风景树，有些地方的农村农场则种植白兰树提取芳香油。白兰树形态如彩图 26 所示。

白兰树在广东、广西又称玉兰树，在云南称为缅桂花树。白兰树是杂交出来的品种，自身不结果，不能依靠种子来繁殖，只能用嫁接和压条的方法来繁殖。白兰树嫁接的方法是用黄兰树或其他木兰科含笑属的树木作砧木，用白兰树开花的枝条作砧苗来进行嫁接，约两个月可出根长成苗木，将其截下就可以种植在田中，这种方法目的是为了取得良种。一般繁殖是用高空压条法，即选择健壮的白兰树枝，割下一圈 80～100mm 宽的树皮，用泥土包裹割皮处，2 个月左右在割口处就会长出根来，将树枝连泥团一起截下，就可将其种植于花田中，每亩地约种25 棵较适宜。

白兰树施肥以发酵过的豆饼、花生饼为主，施肥时在离树根半米左右的地面挖坑，深约 500mm，将发酵肥料放入掩埋即可。白兰树在幼苗时要防虫，主要是防治蚜虫、钻心虫、地蚕等，可适时喷药防治。

白兰树种植两三年后就会开花，白兰花产量会逐年增大，在 10 年内可达产花高峰期，可连续收花 50～60 年。白兰树会越长越高，使采花越来越困难，因此采花供生产芳香油的白兰树必须采用矮化种植的方法。其操作方法是当白兰树长到二三米高时就要将其主枝及大枝分期分批地从树枝下部割去一圈皮，目的是让树叶在光合作用中产出的养分不能向树干、树根输送，而供生长枝叶用，这样枝条就会越来越长地横向生长，逐渐形成树冠，使花朵长得更多，而且容易采摘，矮化种植后的白兰树每亩每年可产花 300～500kg。

白兰花在 5～6 月开第一次花，俗称春花，在 8～9 月开第二次花，俗称秋花。地理位置越靠南方的白兰树开花时间越早，有些南方地区的白兰树甚至会在 11 月开第三次花。春花的产量约占全年白兰花产量 70％以上，秋花约占 20％～30％，第三次开花产量很少。

白兰花在刚开放时含油量最多，香气最浓，最好在此时将花采下蒸油。采摘白兰花要在早上 10 时以前进行，阳光猛烈时白兰花含油量会大大减少。采下的白兰花要立即送去蒸油，不宜堆放，以免损失油分。

# 第二节　传统的白兰花油生产方法

在 20 世纪 80～90 年代期间，白兰花油的蒸馏生产在广西梧州地区就有很多农民参与，当时使用的直接加热的蒸馏设备如图 25-1 所示。

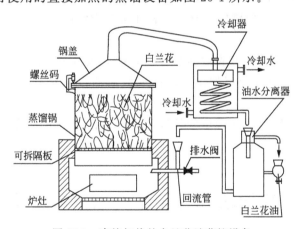

图 25-1　直接加热的白兰花油蒸馏设备

图 25-1 中的蒸馏锅可放白兰花约 50kg，蒸馏锅、锅盖、油水分离器、气导管都用铝制，要砌炉灶和烧木柴来蒸馏，每锅约蒸 4～5h，出油率约 0.4％～0.7％。

这种设备的蒸馏操作过程是将白兰花放进蒸馏锅中，从锅下部的隔板堆起，直堆放到锅身上部，放水入锅满到隔板面，再盖上锅盖，用多个螺丝压码压紧锅盖至不漏气，连接好冷却器后就可在炉灶用木柴点火蒸馏。大约 0.5h 后就有蒸汽穿过花层带出白兰花油进入冷却器，蒸汽被冷却成含有油分和水分的液体流出来，进入油水分离器将油分和水分分离。

白兰花油比水轻，浮在水面，从油水分离器上边出油口流出，用盛器如分液瓶等将其收集得到白兰花油，而水分从油水分离器下面的出水口流出，经回流管返回蒸馏锅重新蒸馏。由此不断循环进行蒸馏，直到油水分离器出油口没有白兰花油滴出为止，就可熄火结束蒸馏，将蒸馏锅的花渣清理出，取出活动隔板将锅洗净，再从头开始下一锅蒸馏操作。

这种设备有出油率低、蒸馏时间长、能耗大等缺点。造成上述缺点的主要原因是在蒸馏时放料方法不合理。由于白兰花的花瓣是很薄的，在蒸汽高温作用下很快变软下陷，在上层花料的压力下，整个下层花料会逐渐塌下，白兰花逐渐软烂变成糊状，使蒸汽很难将上部其他花料中的油分带出，这使蒸馏时间大大延长。在蒸馏过程中，如果有花渣穿过隔板孔落入锅底，积聚较厚时还会出现烧焦现象，使蒸馏无法再进行下去。鲜白兰花含油率在 2%～3% 之间，所以用上述这种出油率低的设备来蒸油损失是很大的。

白兰花蒸馏生产有以下几个特点：

其一是锅不能做大，凭经验来看，蒸馏锅容积越大出油率越低，蒸馏锅一般以放 100kg 花料以下容积为宜。

其二是白兰花料在高温时会变软变烂结团，会阻止蒸汽进入花料中部，造成蒸馏困难，因此一定要分层放料避免花料在蒸馏中结团，每层放料厚度在 10cm 以内。

其三是蒸馏时间越长芳香油质量越差，因此蒸汽量要足够，才能尽快地在短时间内将花中的油分全部抽出，以保证蒸出的白兰花油质量更优和出油率更高。

其四是在目前环保法规严格的情况下，蒸馏白兰花油的设备必须符合环保要求。

# 第三节　环保的白兰花油蒸馏设备及操作方法

能满足上节所述蒸馏条件的环保的蒸馏白兰花的设备如图 25-2 所示。

在图 2-2 中，蒸馏锅（1）每锅可放 60kg 白兰花，其锅底放大可增加受热面积及降低高度。提料篮（3）结构如图 25-3 所示，分层网框结构如图 25-4 所示，其装料层高 80mm，数量有 9 个左右。冷却器（8）采用双头蛇管结构，油水分离器（9）下面设有阀 $F_2$ 可随时取得白兰花纯露。燃气炉（12）采用多头大火燃气炉，保温壳（11）采用内填保温棉或珍珠岩的结构。

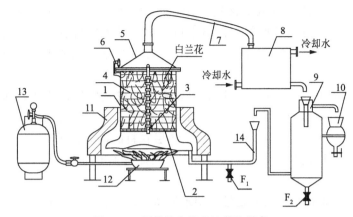

图 25-2　环保的白兰花油蒸馏设备

1—蒸馏锅；2—隔板；3—提料篮；4—分层网架；5—锅盖；6—压码；7—气导管；
8—冷却器；9—油水分离器；10—分液瓶，11—隔热壳；12—燃气炉；
13—液化气罐；14—回流管；$F_1$，$F_2$—阀门

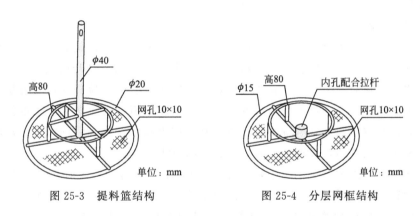

图 25-3　提料篮结构　　　　　　　　图 25-4　分层网框结构

环保蒸馏的操作步骤如下：

## 1. 进料操作

先放水进锅（1），满至隔板（2）面，将提料篮（3）放入蒸馏锅内，置于隔板上面，将白兰花料放入锅内，堆满至提料篮网板上的限位架为止。将花料摊平不留空位，再放入第一个分层网框（4），放花料堆满至网框的限位架，摊平不留空位，再如此操作，直至将花料放满第九个网框为止。此后就可盖上锅盖（5），用几个螺丝压码（6）将盖压紧，再装上气导管（7）连接冷却器（8）后就可开始蒸馏。

## 2. 蒸馏操作

将燃气炉（12）点燃，将火焰烧猛些，使锅水尽快沸腾，水沸腾后产生蒸汽，蒸汽从下向上穿过各层白兰花将油分带出，经锅盖、气导管后进入冷却器内，被冷却成油水混合液后进入油水分离器（9）。白兰花油比水轻，从油水分

离器上面出油口流出，进入分液瓶（10），打开分液瓶下面开关就取得白兰花油。蒸馏水从油水分离器底部下面出水口流出，进入回流管（14）返回蒸馏锅重复蒸馏，由此不断循环蒸馏下去，直到没有白兰花油从油水分离器出油口滴出为止。

在蒸馏过程中，由于花料分层放置，不会造成花料结团现象，所有花料都能充分接触蒸汽被蒸出油分，所以蒸馏速度很快，油分蒸得彻底干净。在蒸汽充足的情况下，大约在50min到1h后，各层花料的油分都被蒸完，出油率可达1.8%～2.5%，比花料不分层的蒸馏方式大大提高了出油率，节省了大半蒸馏时间，也节省了大半燃料。

在蒸馏时要保持冷却器有足够冷却水流动，馏出液温度控制在30℃左右，温度太高时，白兰花油会增加在水中的溶解量。从油水分离器流出的液体又叫白兰花纯露，间歇地打开油水分离器下面的阀 $F_2$ 就可分批取得纯露，取走纯露时要补回相应的新鲜水进蒸馏锅。由于这种蒸馏锅的结构特殊，其受热面积比普通蒸馏锅大很多，因此热效率更高、更节能。

### 3. 出料操作

当发现油水分离器上面的出油口已没有白兰花油滴出时，就表明白兰花油已蒸完，就要关闭喷燃炉停止蒸馏，随后放松几个螺丝压码，打开锅盖，卸下气导管来将锅内的花渣清出。清理花渣时只要拉起提料篮的中心拉杆就可将各层花料一起拉出，待将各个网框的花渣清理完后就可重新放料，继续蒸馏。蒸馏锅在每蒸几锅后都要放出锅水来清洗锅底，清洗时先放出锅水，拆开活动隔板再清洗锅底，洗锅水用桶装盛，过滤、沉清后再放回锅内使用。

上述这种蒸馏设备每十个小时内可蒸馏五锅次，可蒸完300kg花料，当白兰花供应量较大时，可同时用几套设备甚至十几套设备来蒸馏，一般两个人就可操控5套设备，生产效率也很高。这类设备造价很低，无需建标准厂房，投资较小，而且很环保，无污水和浓烟排放。

## 第四节　白兰花油导热油蒸馏设备

种植规模较大的生产单位，可采用以下更环保、收益更高的导热油蒸馏设备，如图25-5所示。

本设备的操作方法基本上与图25-2的设备相同，出油率也基本相同，区别是本设备使用电加热的导热油来传热蒸馏，导热油炉的配合功率为每只蒸馏锅30～40kW，导热油输入温度约220～250℃，也可以用一台大功率导热油炉供多台蒸馏锅用。使用导热油来加热蒸馏时，蒸馏车间整齐清洁、环保安全、节省能源，也没有烟气排放。

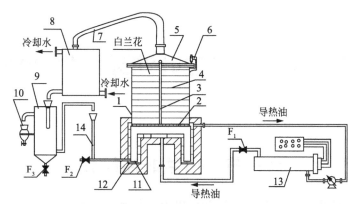

图 25-5　蒸馏白兰花油的导热油蒸馏设备
1—蒸馏锅；2—隔板；3—提料架；4—分层网框；5—锅盖；6—螺丝压码；7—气导管；
8—冷却器；9—油水分离器；10—分液瓶；11—导热油夹套；12—保温外壳；
13—电加热导热油炉系统；$F_1$—导热油阀门；$F_2$，$F_3$—球阀

　　蒸馏白兰花油可以得到副产品白兰花纯露，它就是从油水分离器分离出不断地返回蒸馏锅回用的液体，其中含有不少白兰花油成分，非常芬芳，可直接用于美容、沐浴、护肤、保湿、足疗、按摩及作为芳香疗法的材料，还可用于食品、保健品、日用品中。用导热油加热蒸馏得到的纯露质量要好于用明火加热蒸馏得到的纯露。蒸馏白兰花油是没有废水产生的。

　　由上述操作过程可知，以上的白兰油生产工艺是不污染环境的，没有污水和烟气排放，这种工艺的生产收益也是很高的。

　　图 25-2 和图 25-5 所示的两种蒸馏生产工艺除了用于蒸馏木兰科含笑属的白兰花外，还可用于蒸馏木兰科木兰属和其他属的兰花。

# 第二十六章　白兰叶油环保生产技术

## 第一节　白兰叶油简介

　　白兰叶油的成分有芳樟醇，占 70％以上，是其特征成分，另外还有榄香烯、石竹烯、乙酸芳樟酯、二氢芳樟醇、异戊酸苯乙酯等十几种成分。

　　白兰叶油是一种重要的香料工业原料，可用于配置各种香水、香料及各类日用品，可用于制牙膏、香皂、化妆品、洗发水、沐浴液、各种喷雾清新剂等，以及用于芳香疗法，是很重要的香料工业材料。白兰叶油在印度、印度尼西亚及中国福建、台湾、广东、云南、广西都有生产。

　　白兰叶油是用水蒸气蒸馏木兰科含笑属的白兰树的枝叶而得，白兰树形态如彩图 27 所示。白兰树的生长特征、分布情况、繁殖方法及白兰花油的生产方式等，在第二十五章中已有叙述。

## 第二节　蒸馏白兰叶油的木甑

　　20 世纪 80～90 年代期间，在广西梧州一带种有许多白兰树，产出的白兰花一部分供茶厂制茶，一部分供蒸白兰花油，还有不少农民用白兰树的枝叶来蒸白兰叶油，当时蒸馏白兰叶油使用的简易蒸馏设备如图 26-1 所示。

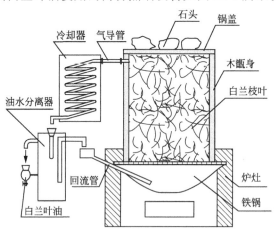

图 26-1　白兰叶油简单蒸馏设备

　　图 26-1 所示的设备是一种非常古老的木甑，在蒸馏生产时农民将白兰枝叶放入木甑中踩实，放上木盖，用石头压紧，在炉灶中用木柴烧火，用铁锅烧水产生蒸汽带出白兰叶中的油分，再经冷却器冷却成油水混合液后经油水分离器分离出白兰叶油，而分离出来的蒸馏水返回铁锅重新蒸馏。这种甑每次可蒸白兰枝叶300 多千克。

　　这种木甑每甑蒸馏时间为 4～5h，出油率为 0.3％左右，其生产效率和出油率都是很低的。

# 第三节　蒸馏白兰叶油的回水式蒸馏锅

　　2000 年以后各地蒸馏白兰叶油基本都采用铁制的回水式蒸馏锅来蒸馏，这类设备如图 26-2 所示。

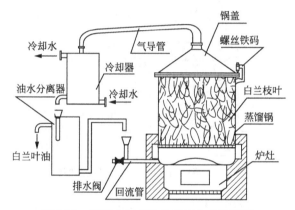

图 26-2　蒸馏白兰花叶油的回水式蒸馏锅

　　图 26-2 所示的蒸馏锅容积在 2～3m³，因为其锅体下部受热面积比木甑的铁锅大很多，所以其热效率比木甑高很多。其放白兰叶料的方法与木甑相同，但一般工厂会在放料前先放下一个网框，将网框的四条铁丝伸出锅顶后再放白兰叶料，在蒸完油后将四条铁丝拉起就可将整块叶渣提出锅外，出料较方便。这种锅的冷却器一般用蛇管冷却器，其油水分离器容积一般为 150L 左右，高度约80mm，其炉灶砌有环火道，其锅盖用 16～20 只螺丝压码压紧。这种设备每锅蒸叶可达 500kg，蒸馏时间在 3h 左右，出油率超过 0.4％，目前这种设备仍然普遍作为蒸白兰叶油的主要应用设备。

　　但这种设备仍然有出油率低、蒸馏时间长、燃煤和木柴用量大、烟气会污染环境及砍树作柴会破坏生态的缺点。蒸馏白兰叶出油率低的主要原因是白兰叶是较宽大而坚硬的一种树叶，其表面平滑而结实，平放在锅内时可阻挡蒸汽通过。当多层叶平放堆积得很厚时，蒸汽很难穿透过叶料层将油分带出，如果在蒸馏时打开锅盖来观察，就会发现蒸汽大都是从锅内壁的圆周边冒出来，而不是从白兰叶料层中间穿出。这就表明用这种堆料方法来蒸馏时，蒸汽很难蒸出料层中间的油分，这就是出油率低、时间长、能耗大的主要原因。

要改善这种现象方法有二：其一，将白兰叶轧破表面后再切碎，具体做法是将切叶机的一对进料压轮改成齿轮状，让白兰叶被送进旋转刀被切断前表面已被压破，然后再被切成 20～30mm 宽的片条。其二，将切碎的白兰叶用分层放料的模式放入蒸馏锅来蒸馏。

## 第四节　分层放料的白兰叶油蒸馏锅

分层放料的蒸馏锅如图 26-3 所示。

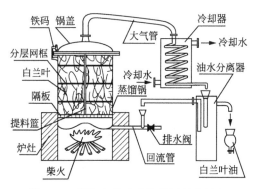

图 26-3　蒸馏白兰叶油的分层放蒸馏锅

图 26-3 所示的蒸馏锅用提料篮及分层网框来放料，将枝叶分成几层，每层料厚约 400mm。这样蒸汽容易穿透叶料，使蒸馏时间缩短到 2h 内，出油率超过 0.5%，效益是可观的。

提料篮和分层网框结构如图 26-4、图 26-5 所示：

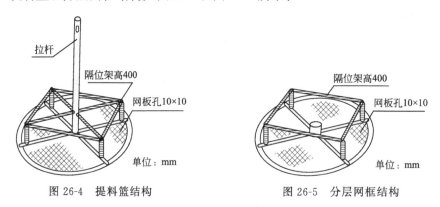

图 26-4　提料篮结构　　　　　　图 26-5　分层网框结构

但这种蒸馏锅还是以煤或木柴为燃料的，其烟气通常未经处理就排放，不符合如今环保的严格规定。

# 第五节　环保的白兰叶油蒸馏设备及操作方法

白兰叶产量大的加工单位，也可采用以下的环保型蒸汽蒸馏设备来蒸馏，会取得较环保的效果，设备如图 26-6 所示。

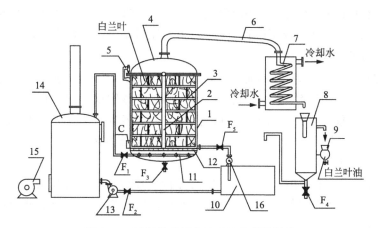

图 26-6　环保的蒸馏白兰叶油的蒸馏设备

1—蒸馏锅；2—提料篮；3—分层网框；4—锅盖；5—螺丝压码；6—气导管；7—冷却器；
8—油水分离器；9—白兰叶油分液瓶；10—蒸馏水储罐；11—蒸汽喷管；12—多孔隔板；
13—锅炉水泵；14—低压锅炉；15—燃烧器；16—蒸馏锅水泵；
C—视镜；$F_1$—蒸汽阀；$F_2$～$F_5$—球阀

在图 26-6 中，蒸馏锅（1）的容积为 $3\sim4m^3$，提料篮（2）结构与图 26-4 相同，分层网框（3）结构与图 26-5 相同，锅炉（14）压力在 $1kgf/cm^2$ 以内，是不列入压力容器监管范围的安全低压设备，可以利用蒸馏废水。

环保蒸馏设备操作步骤如下：

## 1. 进料操作

进料前先将白兰枝叶轧烂切碎，放入蒸馏锅。由水泵（16）将储罐（10）的水泵入蒸馏锅（1）内，满到隔板（12）面，将提料篮（2）放入蒸馏锅内的隔板上面，然后放白兰枝叶进锅，满到提料篮的限位架面，摊平不留空位，随即放入一个网框（3），再放料进去满到网框限位架面摊平不留空位，再放入第二个、第三个，直到最后一个网框装满料后就可盖上锅盖（4），上紧螺丝码（5）后就可开始蒸馏。

## 2. 蒸馏操作

锅炉（14）要预先点火烧足蒸汽，蒸馏开始时打开阀 $F_1$ 放蒸汽进入环形喷管（11），把蒸汽分散从几百个小孔向上喷射。蒸汽向上穿过各层白兰枝叶，一边水散一边加热，不断将油分抽出，蒸汽经锅盖（4）、气导管（6）进入冷却器（7）被冷却成油水混合的馏出液，流出冷却器进入油水分离器（8），被分离出白兰叶油和蒸馏水。

白兰叶油比水轻，从油水分离器上面出油口流出，进入分液瓶（9），由此得到白兰叶油。而蒸馏水从油水分离器下面出水口流出进入储水罐（10）内，供下一锅蒸馏用及供锅炉用，需要时由阀 $F_2$ 和锅炉泵（13）来泵进锅炉重复使用，不排放。

在蒸馏过程中，馏出液每小时流量相当于蒸馏锅容积 10% 左右，馏出液水温保持在 35℃ 以下，在蒸馏 1h 后，如见到油水分离器出油口没有油滴出时就可以关闭阀 $F_1$ 停止蒸馏。

在蒸馏过程中，如控制蒸馏压力在 $0.8\sim0.9$ kgf/cm$^2$ 时，还可以增加出油率和缩短蒸馏时间，凭经验来看，使用 $2.5\sim4$ m$^3$ 的蒸馏锅分层放白兰叶，每层厚度约 400mm，放 5 层料，用 1kgf/cm$^2$ 蒸汽压力来蒸馏时，约在 1h 20min 内可蒸完油，出油率最高可达 $0.5\%\sim0.6\%$，高于其他蒸馏方法。

### 3. 出料操作

蒸馏结束时，放松螺丝压码及气管的连接螺栓后，将气管和锅盖移开，待锅内蒸汽散尽后，将提料篮（2）拉起就可将所有枝叶渣拉出蒸馏锅外卸掉，再重新开始放料蒸馏。

### 4. 渣料、废水、烟气处理

锅的底水经阀 $F_3$ 排放出来后可作肥料用，以及供除尘器用，也可滤去杂质后混合蒸馏分离水，及补充被枝叶吸收的新鲜水后，供锅炉重复使用不排放，由此做到没有污水排放。

蒸过油的叶渣可以用来作沼气发酵料或直接作绿肥，在没有燃气条件时也可以将其用作燃料，将叶渣晒干后供锅炉用，基本上也足够用。

烧叶渣产生的烟气不含硫氧化物，氮氧化物也很少，只要用除尘器来配合锅炉除尘，烟气也能达标排放。在一般情况下，使用燃烧天然气的燃烧器（15）来配合锅炉时，烟气可完全达标排放。

有些专门生产白兰叶油的加工厂，用密集种植的方法来产出白兰叶，每亩种植白兰树 200 棵以上。白兰树被砍去树顶部分后会从树身各处长出新枝，从第三年开始就可收枝叶，一般每两三个月就可砍枝叶一次，种植 5 年以上的每亩树林每年可砍收 $6\sim7$t 白兰树枝叶，可产出白兰叶油 40kg 左右，产值达 2.4 万元以上。而每亩白兰树每年只能产出白兰花约 400kg，蒸得油 $6\sim10$kg，产值为 2 万元左右，但需要几十个人来采花，成本高，远远超过砍枝叶的费用。所以，蒸白兰叶油要比蒸白兰花油收益大许多，还可节省许多劳动力，上述这种生产白兰叶油的方式很适合发展地方经济。

# 第二十七章　花椒油环保生产技术

## 第一节　花椒油简介

花椒是我国特产的一种辛辣的香料植物，其果实形状似胡椒，可用来生产花椒油。目前市场上的花椒油有以下三种不同的概念：

第一种是常见的食用花椒油，这种油是用热油炸煮花椒果实而得，滤去渣子后就可供食用，普通人家都可在厨房生产。由于其使用的油脂有菜籽油、花生油、大豆油等，而且这些油脂质量无法保证，油炸过程中温度不易控制，难免会产生高温变异物质，甚至致癌物质。有些正规的大型企业用循环热油喷淋花椒料来生产花椒油，只要严格控制好热油温度和油脂质量，就可以生产出质量较好的食用花椒油。

第二种是用二氧化碳超临界工艺设备提取出来的花椒油，这种生产方法是将花椒子放入提取罐内，压入高压二氧化碳气体，保持压力在 $100\sim300\mathrm{kgf/cm^2}$ 以内，经过一段时间后，再排放出二氧化碳气体，就可将花椒子内的一些挥发油和树脂成分带出，大概可得到占花椒子质量10%左右的提取物，这些油状提取物也叫花椒油。由于其成分含有挥发油和树脂，不同于第一种的炸煮油，故又称为花椒精油，花椒精油再用分子蒸馏设备在高真空状态下进行分离时就可得到花椒挥发油和树脂两种成分。

第三种是将花椒子用水蒸气蒸馏方法取得的花椒油，其蒸馏工艺是水上蒸馏或蒸汽蒸馏，用这种方法得到的花椒挥发油又称为花椒芳香油。本文所述的花椒油就是指花椒芳香油。

花椒芳香油是无色或浅黄绿色透明液体，带有强烈的花椒芳香味和辣味，用舌头品尝时会有麻辣感觉，相对密度为 $0.893\sim0.913$，折射率为 $1.480\sim1.500$，可溶于乙醇。

花椒芳香油主要成分有罗勒烯、胡椒酮、松油烯醇、花椒烯、香叶酸、枯茗醇、香茅醇、柠檬烯及蒎烯、水芹烯、花椒油素等。

花椒芳香油可用于配制香精、香料、香水，可用于制造止痛、止泻、杀虫药品，其最主要的用途在于食品方面，是一种用途广泛的世界性的调味品。

花椒芳香油的产出率与花椒树的品种、产地和种植、收采方法有很大差别。

花椒树是芸香科花椒属落叶灌木或小乔木，可高达5～7m。花椒树形态如彩图28所示。

花椒树是我国特产，除东北和内蒙古等少数地区外，在我国其他省份都可以种植。花椒树在沙质土、钙质土中都可生长，花椒树是温带植物，在－20℃以上都可以生存。目前我国花椒产地主要为四川，川菜耗用花椒量最大，此外河南、甘肃、陕西、河北等地都有大量种植，在南方地区也有小量种植。

花椒树的种植方法主要是用种子繁殖。在9～10月收集成熟果实，将其风干脱出里皮后，其核就是种子，可立即播种，但留到春季播种更好。如要将种子留在春季播种，就要将挖土坑放入湿沙，将种子埋在湿沙中来保存，种子堆放厚度在300mm以内，在种子上面放上一层厚100mm以上的玉米壳或花生壳，再铺上100mm土层，浇些水即可。挖坑位置最好比周围地面高些，以免积水将种子泡坏。另外也可以用木箱装湿沙来保存种子，种子在沙中保存到第二年春天就可以播种。

播种时将种子撒入约150mm深的土沟中，盖上细土，适当淋水，由其发芽，发芽后长出几片叶后要施稀浇肥水，长到1m高以上就要将其移植到田中去，每株距离1m左右，要及时施肥和防虫。花椒树长到三年后就会开花结果，可一直收获二三十年。

花椒子在9～10月份就成熟，就可将其收下来晒干储存，再包装销售，新鲜果实和晒干的果实都可用来蒸油。花椒芳香油的蒸馏方法有几种，有用明火直接加热的蒸馏锅来蒸馏和用锅炉的蒸汽来蒸馏的，另外还有用反向蒸汽来蒸馏的。

# 第二节　直接加热蒸馏花椒油的设备

直接加热蒸馏的设备如图27-1所示。

上述设备的蒸馏锅（1）的容积一般在1m³以内，每锅放花椒子为150kg左右。蒸馏时将花椒从投料口（2）投入，在隔板（6）上堆到锅顶，在炉灶（4）用木柴或煤作燃料烧火来蒸馏，在蒸馏锅隔板下的水被烧开后产生蒸汽，蒸汽带出花椒油分从锅顶气导管（9）出去经冷却器（5）冷却成油水混合液，再经油水分离器（7）进行分离。花椒油轻于水，浮在上面从油水分离器上面的出油口流出，将其收集就得到花椒芳香油，蒸馏水从分离器（7）下面出水口出去进入回流水管（8），返回蒸馏锅重新蒸馏，由此循环蒸馏下去，约三四个小时后才可蒸完。蒸馏结束后打开蒸馏锅下部的出料口（3）将蒸过油的花椒渣扒出，重新放料就可以再开始蒸馏。一般出油率为3％～8％，按花椒品种不同出油率有区别，红花椒出油率为3％～6％，青花椒出油率为5％～8％。

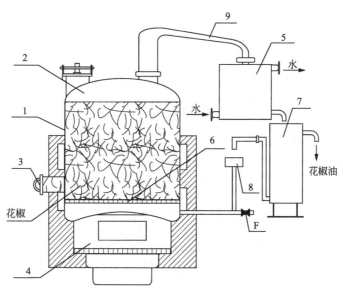

图 27-1　蒸馏胡油的直接加热式蒸馏锅
1—蒸馏锅；2—投料；3—出料口；4—炉灶；5—冷却器；6—隔板；
7—油水分离器；8—回流管；9—气导管；F—排水阀

上述这种蒸馏锅属于常压回水式蒸馏设备，这种用明火加热的蒸馏方式能耗是较大的，热效率仅为 20%～30%，燃煤会受限制，如烧木柴或燃气时，生产成本较高，但这类设备至今仍是蒸馏花椒芳香油使用的主要设备。

# 第三节　反向蒸馏花椒油的设备及操作方法

花椒芳香油的另一种蒸馏设备是反向蒸馏设备。在蒸馏过程中，蒸汽不是按常规从物料下面向上喷射，而是从物料上面向下喷射，这种反向蒸馏方式不适合蒸馏花朵、树叶，但对坚硬的根茎、枝茎、果核、豆类等物料是适合的。将花椒连同果柄一起采下用来蒸油时，最适合用反向蒸馏方法，与常规蒸汽蒸馏相比，反向蒸馏方法可大大缩短蒸馏时间，节省能源和提高出油率，而且较环保，其设备结构如图 27-2 所示。

在图 27-2 中，蒸馏锅（1）容积为 2m³ 左右，放料高度在 1.5m 以内，反向蒸馏花椒的设备不宜太大。冷却器（5）的冷却面积约 10m² 以上，油水分离器（6）容积约 80L，储水箱（7）容积约 500L。锅炉（9）压力在 1kgf/cm² 以下，不列入压力容器监管范围内，对水质要求低，可以使用蒸馏废水。燃烧器（10）可燃烧液化气或天然气。

环保蒸馏设备操作步骤如下：

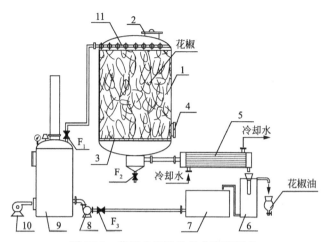

图 27-2　蒸馏花椒油的反向蒸馏设备

1—蒸馏锅；2—进料口；3—隔板；4—出料口；5—列管冷却器；6—油水分离器；7—储水箱；
8—锅炉水泵；9—锅炉；10—燃烧器；11—蒸汽喷管；F₁—蒸汽阀；F₂，F₃—球阀

### 1. 进料操作

先放水入蒸馏锅（1），满到隔板（3）面为止。将花椒料从进料口（2）处放入蒸馏锅内，在钻满小孔的隔板上面堆放，直放到蒸馏锅的锅顶，关闭进料口后就可通蒸汽蒸馏。

### 2. 蒸馏操作

打开蒸汽阀 $F_1$，将蒸汽从锅顶放入蒸汽喷管（11），同时将冷水顺着图中所示箭头方向放入冷却器（5）进行冷却。蒸汽被放入环形喷管后会散开向下喷射，从上而下穿过花椒料，将油分带出，在开始蒸馏的前几分钟内，蒸汽的作用是传热给物料，提升物料温度，以及湿润花椒料进行水散作用。当物料温度达到100℃时，蒸汽就会穿过花椒层将油分带出，并向下进入列管冷却器。带着油分的蒸汽被冷却成蒸馏水和花椒油混合的馏出液，流出冷却器进入油水分离器（6）进行油水分离，花椒油比水轻，浮在水面，从油水分离器上面出油口流出，用盛器分液瓶接住得到花椒芳香油。蒸馏水从油水分离器下面出水口出去，进入储水箱（7），由阀门 $F_3$ 配合水泵（8）定时定量地泵回锅炉（9）循环使用不排放，由此不断蒸馏下去，直至将油蒸完为止。

在蒸馏过程中，要控制冷却器馏出液流量在蒸馏锅容积的10％以上，要保持锅炉蒸汽压力在 $0.6\sim0.8\mathrm{kgf/cm^2}$ 范围内，这种反向蒸馏需要的蒸汽压力是很低的，一般可算入常压蒸馏范围。大约在蒸馏 2h 后，当油水分离出油口没有油滴出时，就可以关闭阀门 $F_1$，停止蒸馏。上述反向蒸馏设备每锅蒸馏时间约 $1.5\sim2\mathrm{h}$，比蒸汽向上蒸馏的设备缩短三分之一蒸馏时间，出油率提高10％～15％。

### 3. 出渣及废水、烟气处理

停止蒸馏关闭燃烧器（10）和蒸汽阀 $F_1$ 后，即关闭冷却器的冷却水，打开

进料口释放锅内余气，再打开出料口（4）出渣，最后打开锅底阀 $F_2$ 排清杂质后就可重新进料蒸馏。

反向蒸馏用的锅炉属于低压生活锅炉，其热效率在 70% 以上，比烧水的炉灶 20%～30% 的热效率高许多，可节省一半燃料，收益可提高许多。而且这个蒸馏工艺水从油水分离器排出的蒸馏水供锅炉重新使用，由此做到无污水排放。其燃烧器以天然气、液化气为燃料，烟气也很清洁，这是一个很环保的，没有废水和烟气问题的花椒油生产工艺。蒸过油的花椒渣料中含有大量不挥发的油脂，不能将其作为废物处理，如将其压榨会取得 30% 的工业用油脂，可用来制造肥皂、润滑油或用作燃料等。

由上述操作过程可知，蒸馏生产花椒芳香油是可以做到环保、节能、高效益的。

# 第二十八章　迷迭香油环保生产技术

## 第一节　迷迭香油简介

迷迭香油又称苦艾油，英文名称为 rosemary oil，是一种无色至浅黄色的透明芳香油，带有清凉的樟脑气味，相对密度为 0.893～0.916，折射率为 1.467～1.4730，可溶于乙醇。

迷迭香油成分有 $\alpha$-蒎烯、$\beta$-蒎烯、柠檬烯、桉叶油素、双戊烯、樟脑、龙脑、乙酸龙脑酯、马鞭草酮、沉香醇、水芹烯、松油醇、罗勒烯、香叶醇等。

迷迭香油可用于制造医用品、药品，外用时有很强的伤口收敛作用，外擦可用于治疗皮肤充血、浮肿，可疏通经痛、减肥，可提神醒脑、安神、清除杂念，治疗精神病、头痛等，治疗哮喘、支气管炎、咳嗽。迷迭香油还可用于防腐保鲜，用于各类油脂保鲜、油炸食品保鲜等。迷迭香油还可用作空气清新剂、杀虫剂、杀菌剂。迷迭香油也可用于制造饮料、食品、化妆品、香水（古龙水）、护肤油、洗发水、香药皂、清洁剂等，有很广泛的用途。

迷迭香油是蒸馏唇形科迷迭香属的灌木植物迷迭香的枝叶和花穗而得，迷迭香草形态如彩图 29 所示。迷迭香又名艾菊，西方称之为"海洋之露"，带有爱情和怀念的含义，原产于地中海、北非、欧洲一带，在意大利、西班牙、俄国、南非等国均有大量产出。

迷迭香很久以前就传入中国，三国时代就有记载。20 世纪 80 年代中国科学院引入欧洲迷迭香良种，目前在南方各省均有栽种。迷迭香是耐旱植物，可在沙质土壤及盐碱地种植，喜欢长在热带地区，但不耐寒，不能种在霜冻常发地区。迷迭香可长高到 1～2m 以上，无经修整，枝叶会横生长成一大簇。

迷迭香的种植方法有用种子繁殖、扦插繁殖、压条繁殖等。用种子繁殖时要在种子成熟时及时收采，否则种子会自动脱落至地上，种子很细小，很难寻找。鲜种子采回后要在 0～10℃内保存。在播种时将种子分散地撒于育苗田上，不必覆土，由其自动发芽，在 15～20℃时，种子会在两周左右发芽，待其长到 100～150mm 高时就可将其移植到田中。由于种子发芽率不足 20%，用种子繁殖来种植迷迭香是比较困难的，这种方法在大面积种植时使用较少。

用扦插方法繁殖时，在早春时剪取长达 150mm 左右的枝穗，摘除下部叶片，直接将其播于土中，待其在几周内长出根后就可将其移植到田中，每亩种植4000棵以上。这种方法是迷迭香用于蒸油时的主要种植方法，这种方法成本最低，最宜大面积种植。

用压条法繁殖是将迷迭香四面横生的垂到地面的枝条，由土掩埋，留出前段叶梢，待其在泥土中的部分长出根后就可剪断枝条来移植。这种繁殖方法常用于公园、院庭种植。迷迭香一般两周施一次耐效肥，迷迭香树病虫害较少，因其散发的气味本身就是一种驱虫剂。

迷迭香树长到700～800mm高就可以剪茎叶来蒸油，每年可剪十多次，每次剪枝条的一半长度左右，每亩迷迭香每年可剪摘茎叶达2000～3000kg。迷迭香新鲜茎叶可立即用来蒸油，也可以将其晒干存于阴凉处再蒸油。

# 第二节　生产迷迭香油的常用设备及操作方法

迷迭香油的蒸馏方法是用水蒸气蒸馏。在东南亚和我国的迷迭香产地，一般使用的蒸馏设备如图28-1所示。

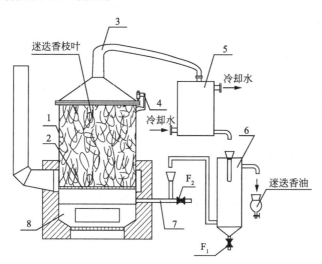

图28-1　蒸馏迷迭香油的回水蒸馏设备
1—蒸馏锅；2—隔板；3—气盖；4—压码；5—冷却器；6—油水分离器；
7—回流水管；8—炉灶；$F_1$，$F_2$—阀门

上述设备是一种常用的回水蒸馏设备，由于迷迭香茎叶亩产量较少，所以用来蒸馏迷迭香的蒸馏锅（1）的容量通常在1～2m³以内，这种设备使用较方便，可在简易农舍等地使用。

先将蒸馏锅置于炉灶（8）内。用煤和用木柴作燃料时，炉灶的结构有区别，烧煤的炉膛较高，烧柴的较低，砌炉灶时要尽量将蒸馏锅下部锅体接触火焰以增

加热效率。

冷却器（5）每小时流量应大于 10 倍馏出液流量（温度 30℃左右），可用自流水，也可用冷却塔来循环供水。一般 1m³ 体积蒸馏锅配用 8m² 的冷却器，其配合的冷却塔流量应在 5m³/h 以上，就足够冷却用。

在上述各部分设备安装好后，就可以进行蒸馏生产，其操作步骤大致如下：

**1. 进料操作**

先放水进蒸馏锅内，满到隔板（2）面，将采下新鲜的迷迭香茎叶或晾晒干的茎叶放入蒸馏锅内，从隔板面堆起铺平、踏实不留空位，装满到锅面后就可放上带有气导管的锅盖（3），用十几个螺丝压码（4）压紧锅盖后就可在炉灶（8）烧火蒸馏。

**2. 蒸馏操作**

点火蒸馏几分钟后，锅盖发热后就要放冷却水进入冷却器（5）内进行冷却，蒸馏锅内的蒸汽不断向上穿过迷迭香料层带出油分，从锅顶出去进入冷却器被冷却成迷迭香油和蒸馏水的混合馏出液。从冷却器出口流出，进入油水分离器（6），利用重力原理将油和水分开。迷迭香油比水轻，浮上水面，从油水分离器上面的出油口流出，用盛器分液瓶将其接住就得到迷迭香油，蒸馏水从油水分离器下面出口流出，进入回流水管（7）返回蒸馏锅重新蒸馏，如此不断循环直到将迷迭香料的油分蒸完为止。

在蒸馏过程中，要控制馏出液的流量不能太小，也不需太大，每小时流量约等于蒸馏锅容积的 8%～12% 即可，馏出液温度在 35℃ 以下时最适合，此时油和水分离得很理想。

油水分离器的容积很重要，容积太小油水分不清，大量油分会返回蒸馏锅，因此其容积要按蒸馏锅体积 6% 以上计算，沉降高度 1m 左右最适合。一般每锅蒸馏时间约 1.5h，实际时间要看燃烧火力大小和放料情况而定，鲜茎叶出油率达 1.8%～2.2%，鲜茎叶连同花穗一起蒸时，出油率为 1.2%～1.8%。

**3. 出料操作**

在大约蒸馏 1h 后，油水分离器的出油口滴出的迷迭香油会不断减少，当没有油滴出后就表示已经蒸完油，就可以熄火，放松各个压码打开锅盖，待锅清出料渣，再重新放料放水进行下一锅蒸馏操作。

迷迭香的叶子较细，比较容易蒸馏，是香料植物中较容易蒸油的一种植物。迷迭香茎叶产量通常较少、较分散，因此很少有专门蒸馏迷迭香油的大厂。蒸馏迷迭香油用上述这种蒸馏设备基本可满足生产需要，也可以达到高出油率效果。

但这种蒸馏锅是用煤或木柴烧火来加热的，其烟气会污染大气，因此这种蒸馏锅会受到环保法规严格限制。

## 第三节　环保型迷迭香油蒸馏设备及操作方法

如要做到环保生产迷迭香，就要使用烧天然气或液化气的燃烧器来加热，这样烟气排放就可达到环保要求。用燃气来蒸馏迷迭香油的环保型设备如图 28-2 所示。

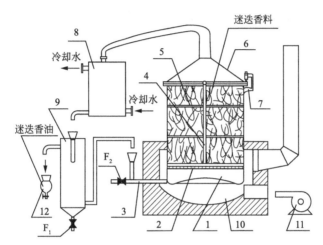

图 28-2　蒸馏迷迭香油的环保型设备

1—蒸馏锅；2—隔板；3—回流管；4—提料篮；5—分层网框；6—锅盖；7—压码；8—冷却器；9—油水分离器；10—炉灶；11—燃烧器；12—分液瓶；$F_1$，$F_2$—阀门

在图 28-2 中，提料篮（4）结构同图 26-4 所示，其装料高度为 400mm，分层放料的网框（5）结构同图 26-5 所示，其装料高度为 400mm，燃烧器（11）烧清洁燃料如天然气、液化气等，炉灶（10）无炉排。

上述这种设备的蒸馏生产过程大致与第一种设备相同，区别是分层放料。在蒸馏前，将迷迭香枝叶切碎成 50mm 长短，将提料篮放入锅（1）内的隔板（2）面，加水满到隔板面，再放迷迭香料入蒸馏锅内，装满至提料篮的限位架面，再放入第一个分层网框（5），装料满至其限位架面，如此操作，再装满第二个分层网框后就可盖好锅盖（6）。用十几个压码（7）压紧锅盖后，把燃烧器（11）点燃，火喷入炉灶（10）蒸馏，蒸馏锅水沸腾后产生蒸汽，蒸汽穿过迷迭香料层带出油分进入冷却器（8）被冷却成液体，再经油水分离器（9）分离出蒸馏水和迷迭香油。

迷迭香油比水轻，从油水分离器上面出油口流出，滴入分液瓶（12）内，由此取得迷迭香油，蒸馏水从油水分离器下面出水口流出，进入回流水管，返回蒸馏锅循环蒸馏。

在蒸馏约 1h 后，当见到油水分离器上面出油口没有油滴出时就可停止蒸馏，关闭燃烧器，打开锅盖出料，出料时拉起提料篮就可将全部渣料卸出锅，外其后再从头开始下一锅蒸馏。

用网框和提料架分层放切碎的迷迭香料来蒸馏时，可比不切碎再多放 10％的料，蒸馏时间缩短至 1h 内，出油率可达 2％～2.4％，高于上一种蒸馏设备的出油率，因此取得较高的经济效益。

上述设备在蒸馏迷迭香油的过程中是没有污水排放的，烟气是清洁的，枝叶渣可作肥料用或作沼气池用料。总的来说，使用上述环保型蒸馏设备和使用清洁燃料时，迷迭香油的生产是可以得到高收益及不污染环境的。

# 第二十九章　缬草油环保生产技术

## 第一节　缬草油简介

缬草油是从植物缬草中提取出来的一种芳香油，英文名称为 valerian oil，是颜色浅黄、浅绿到浅棕色的透明液体，带有木香和麝香等气味，相对密度为 0.920～0.0.953，折射率为 1.4861～1.5021，可溶于乙醇。

缬草油成分主要有乙酸龙脑酯，约占 35% 以上，缬草烯酸约占 5%，这两者是缬草油主要特征成分。此外缬草油还含有含量达 1% 以上的 α-蒎烯、β-蒎烯、莰烯、柠烯、香桧烯等，此外还含有微量的月桂烯、异松油烯、丁香烯等共七十多种成分。

缬草油有保护肝脏、改善睡眠、保护神经、灭杀艾滋病毒等作用，还可用于配制香水、香料、化妆品，以及制造香烟、啤酒、果酒、各种烘焙食品等，用途很广泛。

缬草油是用水蒸气蒸馏缬草的根茎而得。缬草形态如彩图 30 所示。缬草分布在欧亚大陆、北非、南美，约有 200 多个品种，在中国约有十几种。缬草是列入美国、法国、俄罗斯等几十个发达国家的药典中的重要药用植物，主要作为治疗精神紧张和痉挛的无副作用药物。

缬草是败酱科缬草属多年生草本植物，可长至 150cm 左右高。缬草在中国西南地区都有分布，主要以野生状态存在，近年来在贵州、湖北有专门种植。

缬草是耐湿、耐旱植物，适合在沙质土中生长，可生长在山坡、平地、林下空地、沟边空地等。其繁殖由种子自然发芽育苗最好，一般最简单的繁殖方法是由种子成熟后自动落地繁殖，在地上约半个月后种子会发芽，待其苗自然长到 150～200mm 高时，就可将其移植到大田中去，每亩田种 1000 棵以上。缬草是野生品种，近年才有大面积人工种植，其病虫害较少，害虫以蚜虫为主，种植要注意淋水保湿及施复合肥。

缬草在 8、9 月份叶子就会发黄逐渐脱落，要在此时将其根挖起，砍去上部茎叶，留下根部及上面的主茎，将泥土清理干净后置于阴凉通风处，摊开勿堆叠，留待蒸油。

缬草是一种很容易变异的植物，生长在各地的缬草根茎含油量大不一样，从根茎提取的精油成分会有很大差别，出油率从 0.6%～2% 都有，因此缬草油至今还未能有国家统一标准。

## 第二节　蒸馏缬草油的简易设备

缬草油在各地都有生产，目前主要由贵州产出，一般农户用的蒸馏设备如图 29-1 所示。

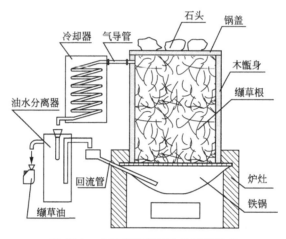

图 29-1　农村蒸馏缬草油的简易设备

用这种设备来蒸馏缬草油时先放水入铁锅满到隔板面，将挖出来的新鲜缬草根茎清除泥沙后放入木桶内，从隔板面堆起，一直堆到出气口下面铺平不留空位，放上木盖，用石块压紧木盖再用黄泥堵住缝口，在冷却器中放满水后就可以在炉灶点火蒸馏。蒸汽从竹管通入冷却器被冷却成液体流出，这些馏出液带有缬草油成分，要流入油水分离器才能将油分离出来。缬草油比水轻浮上水面，从油水分离器上面出油口流出，用罐子等容器接住就得到缬草油，水分从油水分离器出油口下面的出水口流出，流入回流管返回铁锅中重新循环蒸馏，每锅蒸馏时间从几个小时到十几个小时不等，出油率为 0.3%～0.6%。

上述这类设备其实是传统的蒸馏甑，有过百年历史，这种甑生产效率很低，要烧很多木柴，出油率也很低。

## 第三节　蒸馏缬草油的蒸汽蒸馏设备

生产缬草油的企业会使用一些蒸汽蒸馏设备来生产缬草油，设备结构基本如图 29-2 所示。

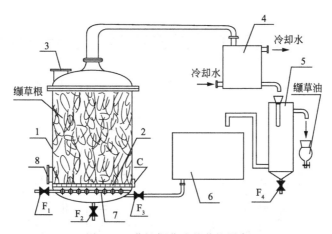

图 29-2　蒸馏缬草油的蒸馏设备

1—蒸馏锅；2—多孔隔板；3—投料口；4—冷却器；5—油水分离器；6—馏出水储罐；
7—环形喷气管；8—出料口；$F_1$—蒸汽阀；$F_2$、$F_4$—排水阀；$F_3$—进水阀；C—视镜

图 29-2 的设备蒸馏缬草油时的操作过程大致如下：

先放水入蒸馏锅（1），满到隔板（2）面，从投料口（3）处将缬草根放入锅内，从隔板面堆起直到锅顶，投料时要用木棍将料不断拨平不留空位。投料后关闭投料口，就可进行蒸馏。

蒸馏开始时，打开阀门 $F_1$，将蒸汽放入蒸馏锅下面的环形喷气管（7）内，将蒸汽分散从水层中喷出，向上穿过缬草根料，一边将物料升温，一边将物料湿润。当物料温度升到 100℃ 左右时就有蒸汽带着缬草油成分从锅顶出去进入冷却器（4），被冷却成蒸馏水和缬草油混合的馏出液后从冷却器流出，再进入油水分离器（5）进行油水分离，缬草油从分离器上部出油口流出，用瓶子接取就得到缬草油，蒸馏水从分离器的下部出水口流出进入水罐（6），这些水留作下一锅蒸馏时打开阀 $F_3$ 放入锅内重新利用。

在蒸馏过程中，馏出液每小时流量为蒸馏锅容积的 10% 以内，直至蒸馏结束。在蒸馏一段时间后，如发现油水分离器没有缬草油从出油口流出时就要关闭阀 $F_1$，停止蒸馏。一般 $2m^3$ 的蒸馏锅每锅蒸馏时间需 3～4h，出油率为 0.6%～1%，要比老式木甑高很多，蒸馏时间也缩短很多。蒸馏结束后打开阀 $F_2$ 排清锅内的余水，打开出料口扒出渣料就可以重新开始下一轮蒸馏操作。

这类蒸馏设备是生产缬草油的主流设备，虽然有些工厂使用超临界萃取设备来生产缬草油，但实际经济效益比不上使用上述蒸馏设备的效益。但是这种蒸汽蒸馏缬草的设备也有不足之处，因为缬草根中除了含有挥发油分外，还有大量如淀粉之类的在高温蒸汽下易溶易发软的物质，在蒸馏过程中，缬草根会变软变烂，在上层物料的压力下，下层物料就会结团结层，使蒸汽不能分散向上蒸馏上部物料，这就会使蒸馏不彻底，会延长蒸馏时间和降低出油率。

## 第四节　高出油率的分层放料蒸馏设备及操作方法

要改善上节所述设备的问题，就要分层放料来蒸馏，其设备如图 29-3 所示。

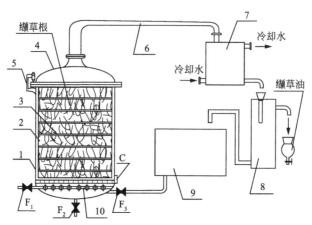

图 29-3　蒸馏缬草油的分层放料蒸馏设备

1—蒸馏锅；2—料篮；3—分层网框；4—锅盖；5—压码；6—气导管；7—冷却器；
8—油水分离器；9—储水罐；10—蒸汽喷管；$F_1$—蒸汽阀；
$F_2$，$F_3$—水阀；C—视镜

图 29-3 中，蒸馏锅（1）的容积为 $2\sim3m^3$，料篮（2）结构如图 29-4 所示，分层网框（3）结构如图 29-5 所示，放料层高约 250mm。冷却器（7）用蛇管式或螺旋板式都可以，油水分离器（8）容量要大些，因缬草油密度接近水，容量大时沉降时间充足，这个油水分离器容积最好为蒸馏锅体积的 10%，沉降高度1m 以上，这样分离效果较好。环形蒸汽喷管（10）由大小不同的几环管组合，钻有数百个喷气小孔。

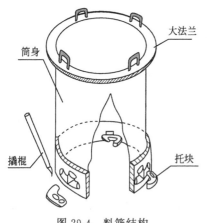

图 29-4　料篮结构

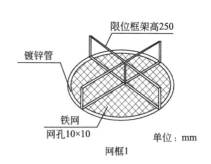

图 29-5　分层网框结构

上节所述设备安装好后就可以进行蒸馏生产，其操作步骤如下：

### 1. 进料操作

先将缬草根用切碎机切成 20～30mm 长一段，即切即蒸馏，不要放置时间过长，以免挥发油损失。将切碎的缬草放入料篮（2）中。放料前将料篮底部托块转入篮后托住第一个分层网框（3），将草料装满网框的定位架后摊平不留空位，再放入第二个网框，如此操作进料，直到第 8 个网框放满料为止。8 个网框共 2m 高左右。放完料后盖上锅盖（4），用十几个螺丝铁码（5）将锅盖压紧，再装上气导管（6）连接冷却器（7），储罐（9）的水经阀 $F_3$ 放入蒸馏锅内，满到视镜（C）水平中线后就可以进行蒸馏。

### 2. 蒸馏操作

蒸馏开始时打开蒸汽阀 $F_1$，将蒸汽放入蒸汽喷管（10），让蒸汽分散穿过水层向上喷射，一边将物料加温，一边将物料湿润来进行水散作用。约十几分钟后物料升温到 100℃ 左右时，就有蒸汽从锅盖（5）顶部出去经气导管（6）进入冷却器（7），蒸汽在冷却器中被冷却成液体流出，这些液体是蒸馏水和缬草油的混合馏出液。馏出液进入油水分离器（8）将油和水分离，其中的油分浮上水面从上面出油口流出，用盛器分液瓶接住得到缬草油，水分从油水分离器下面出水口流出进入储水罐（9），留作下一锅蒸馏重复用。在蒸馏过程要控制馏出液每小时流量为蒸馏锅体积 10%～12%，温度为 40℃ 以内。

蒸馏 1.5h 后，如发现油水分离器出油口没有油滴出时就要关闭阀 $F_1$，停止进气，结束蒸馏。一般蒸馏时间为 2h 左右，出油率比上一种蒸馏锅高 20% 以上，一般达 0.8%～1.2%。

### 3. 出料操作

关闭阀 $F_1$ 后，打开蒸馏锅底阀 $F_2$，将锅内余水排出，这些水会带有泥沙和浆状黏稠物，要作为污水排放掉，留给污水处理系统来处理，也可作肥料用。排完锅水后就可拆开气导管，放松十几个螺丝压码，将锅盖移开，吊出料篮就可进行卸料，同时将另一个装好料的料篮吊入锅内重新开始蒸馏。

### 4. 渣料及废水、烟气处理

蒸过油的缬草渣可以用作沼气原料及肥料。从锅底排出的余水，必须经污水系统处理后才能排放，由此，工厂必须配有专门的污水处理设备。配合蒸馏的蒸汽锅炉在按规定使用清洁燃料和除尘设备的情况下，烟气达标排放是没有问题的。

由上述操作过程可知，采用这类分层放料蒸馏生产设备，可以提高出油率和缩短蒸馏时间，可以增加经济效益，缬草油生产也可以做到高收益和环保节能模式。

# 第三十章　香紫苏油环保生产技术

## 第一节　香紫苏油简介

香紫苏油又名欧丹参油、快乐鼠尾草油，英文名称为 clary sage oil，是一种无色到浅黄色、橙黄色透明芳香油，带有琥珀和龙涎香气味，相对密度为 0.886～0.925，折射率为 1.467～1.472，可溶于乙醇。

香紫苏油成分以乙酸芳香酯为主，约占 40%～70%，其余为香紫苏醇、芳樟醇、香叶醇、松油醇、橙花椒醇、松油烯、水芹烯等。

香紫苏油可用于制香料、香精、香水，可用于制各种沐浴液、香皂、护肤品、化妆品、香烟、饮料、食品等，还可用于芳香疗法等，是一种用途广泛的芳香油。

香紫苏油是用水蒸气蒸馏植物香紫苏的花穗及茎叶而得，香紫苏形态如彩图 31 所示。香紫苏是唇形科鼠尾草属二年生或多年生草本植物，高约 1～2m，每年 6～9 月开花。香紫苏是人类使用历史最悠久的高贵神圣的香料植物之一，有许多与其相关的神话故事传说。

香紫苏原产于法国拉特斯山区，在美国、法国、保加利亚、印度、俄罗斯、以色列、意大利等国家都有广泛种植。自 20 世纪 70 年代起，中国科学院引入东欧良种，在河南、河北、山东、陕西、甘肃、新疆都有种植，近年来以新疆种植为主，其种植面积已超过十万亩，已成为世界最大的香紫苏产地。

在植物界中名叫紫苏的植物还有两种：一种就叫紫苏；还有一种叫东紫苏。紫苏是唇形科塔花属植物，它的籽可榨油，是很重要的保健食用油，其中含高达 40%～70% 的 α-亚麻酸。紫苏在南方各省都可种植，紫苏本身是蔬菜和食用调味香料。

东紫苏是唇形科多年生草本植物，又名凤尾茶、夏枯草等，高 200～300mm，生长于云南山区，也可提取芳香油，但其芳香油成分主要有香叶烯、龙脑、蒎烯、芳樟醇等，不含香紫苏醇，这种芳香油尚未大量生产，有待开发利用。

香紫苏耐寒、耐旱、耐贫瘠，在 −25℃ 仍能存活，不论土质优劣均能生长，如长在日夜温差大的地区，如新疆等地时生长最旺盛，花穗含油量最高。

香紫苏的繁殖方法主要以种子繁殖为主，在新疆等地种植时，通常在 9～10 月种子成熟时将其采下立即播种，种子在土中度过冬天后，在翌年春天就会发芽。播种时可用点播形式，每苗距离为150mm左右，每亩地约可种12000棵香紫苏。

香紫苏长到6月份开始开花，一直开到9月份，此时香紫苏田的风光很美丽，可与薰衣草田风光相媲美，成为当地旅游的观光亮点。在9月份盛花期间就可收割香紫苏，将离地100mm以上的全株割下，在下午收割为宜，在新疆等地一般用机械来收割香紫苏，如用大型收割机及小型手扶收割机等。

# 第二节　直接加热蒸馏香紫苏油的设备

香紫苏油主要是用水蒸气蒸馏香紫苏的花穗茎叶取得，其蒸馏工艺有水上蒸馏和蒸汽蒸馏两种，一般常用来蒸馏香紫苏油的直接加热的水上蒸馏设备如图30-1所示。

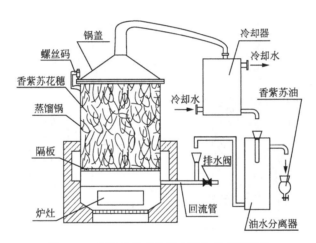

图 30-1　蒸馏香紫苏油的直接加热蒸馏设备

蒸馏香紫苏油的设备是一般的常压回水蒸馏设备。蒸馏锅一般容积在 $2m^3$ 以内，蒸馏时先放水进蒸馏锅，满到隔板面，将香紫苏料放入蒸馏锅内不断摊平踩实，装满锅后用十几个螺丝铁码压紧锅盖，再放水入冷却器后就可在炉灶点火蒸馏，在以前一般用煤或木柴作燃料来蒸馏。

蒸馏锅下面的水被烧沸后产生蒸汽，蒸汽通过隔板的几百个小孔向上穿过香紫苏料层将油分带出，经锅顶、气导管进入冷却器内，被冷却成含有蒸馏水和油分的馏出液，再进入油水分离器就可分离出香紫苏油。香紫苏油比水轻，浮在水面从油水分离器上部的出油口流出，用分液瓶或盛器接取就得到香紫苏油，而蒸馏水从油水分离器下部出口流出经回流管返回蒸馏锅重复蒸馏，由此循环蒸馏下去，直到蒸完油为止。

在蒸馏过程中，进入冷却器的冷却水要充足，要确保馏出液温度在 35℃ 左右，这时油水分离器效果较好。在火力够强、蒸汽够猛时，蒸馏在 3h 内就可结束，一般出油率在 0.8%～1.2% 左右。这种蒸馏锅蒸完油的花穗料可供有条件的工厂用浸提萃取工艺来生产香紫苏醇。这种蒸馏设备优点是投资少、操作容易、收益快，缺点是能耗大、不够环保，如按现在的环保规定，这类设备就会被淘汰。

## 第三节　用蒸汽蒸馏香紫苏油的设备及操作方法

蒸馏香紫苏油的另一种设备是用蒸汽蒸馏的设备，这是规模产量较大的香紫苏油加工企业使用的设备，设备的结构如图 30-2 所示。

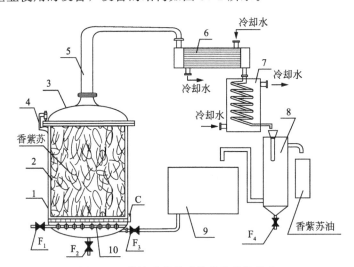

图 30-2　蒸馏香紫苏油的蒸汽蒸馏设备

1—蒸馏锅；2—料篮；3—锅盖；4—螺丝压码；5—气导管；6—列管冷却器；
7—蛇管冷却器；8—油水分离器；9—馏出水储罐；10—环形蒸汽喷射管；
$F_1$—蒸汽阀，$F_2$、$F_4$—排水阀；$F_3$—进水阀

图 30-3　蒸馏香紫苏油使用的料篮

在图 30-2 中，蒸馏锅（1）容积为 5m³ 左右。料篮（2）底部有 2 扇出料门，从料篮底部中间拉开稍子，出料门就会向下打开，渣料从上面往下掉，这样出料就很方便，这种料篮结构如图 30-3 所示。螺丝压码（4）每个 5m³ 容积的蒸馏锅配 24 个。列管冷却器（6）可冷却蒸汽使其迅速降压，蛇管冷却器（7）有很长的行程，可使油气分子充分碰撞聚合，提高蒸馏效果。环形蒸汽喷射管（10）有几百个蒸汽小喷孔，可使蒸汽散布均匀。

蒸汽蒸馏设备操作步骤如下：

**1. 进料操作**

进料前先放水入锅（1），浸过环形蒸汽喷管（10）上面约几十毫米，浸过管面的水量约等于放入蒸馏锅的香紫苏料质量的五分之一。放水后就可将装满切碎的香紫苏穗叶的料篮（2）吊入蒸馏锅内，或者将料篮先放入蒸馏锅内，再用输送机将切碎的穗叶输入料篮内。然后放上锅盖（3）（料篮和蒸馏锅、锅盖之间均设有密封胶条），用各个螺丝压码（4）将锅盖压紧，冷却器（6、7）放满水后就可进行蒸馏。

**2. 蒸馏操作**

打开阀 $F_1$ 将从锅炉通来的蒸汽放入锅下面的环形蒸汽喷管内，蒸汽从数百个小孔向上喷射，带起锅水向上穿过香紫苏料，一边加热，一边湿润物料进行水散。在通入蒸汽约 10min 后，物料温度升到接近 100℃ 后就有蒸汽从锅盖顶部出去，经过气导管（5）进入列管冷却器以及蛇管冷却器被冷却成液体流出。这些液体是油水混合液，又称馏出液，馏出液要进入油水分离器（8）才能将香紫苏油分离出来。

在油水分离器中，由于香紫苏油比水轻，很快浮在水面从油水分离器上部出油口流出，用盛油桶接住取得香紫苏油。而蒸馏水从油水分离器下部出水口流出进入储水罐（9），留作下一锅蒸馏时放入锅内重复使用。

蒸馏过程中要保持馏出液每小时流量约等于蒸馏锅容积的 10% 以上，在后半段蒸馏时间内，尽量将馏出液流量增加 20%～30%，由此加快蒸馏速度，馏出液的温度要保持在 35℃ 左右。在蒸馏约 2h 后，如见到油水分离器出油口没有油滴出时就要关闭蒸汽阀 $F_1$，停止蒸馏，蒸馏时间为 2h 左右，出油率为 1.2%～1.6%。

**3. 出料操作**

关闭蒸汽阀 $F_1$ 后，打开锅下面排水阀 $F_2$，将锅内余水排放掉，就可拆卸气导管，放松全部铁码，将锅盖移开。稍待锅内蒸汽散尽后就可将料篮吊出到卸料地点，拉开料篮底部中间的四个稍子就可将底部两扇出料门打开，料篮内渣料会自动落下。卸完渣料后再将料篮重新放料来蒸馏，有条件的工厂可多备一个料篮，预先放好料就可马上将其放入锅内，由此可大大加快蒸馏速度。

**4. 渣料、烟气、废水处理**

一个 $4m^3$ 的蒸馏锅连续 24h 可蒸完 6t 新鲜香紫苏穗叶，在两个月内可蒸完 360t 穗叶。一个 $4m^3$ 的蒸馏锅要用蒸发量为 0.5t/h 的锅炉来配合，也可用一个蒸发量大的锅炉同时供汽给几个蒸馏锅来蒸馏。

香紫苏花穗含有大量的香紫苏醇和油脂，用水蒸气蒸馏只能蒸出不到四分之一的香紫苏醇，余下的留在蒸过油的穗渣中，要用溶剂才能萃取出来，一般用工业乙醇来浸提出这些香紫苏醇。浸提萃取香紫苏醇的设备是庞大的、复杂的设备，投资远远大于蒸馏设备，且溶剂是易燃危险品，所以一般不具备条件的小型工厂不能采用浸提工段来生产香紫苏醇。

蒸馏提取香紫苏油的企业使用的蒸汽锅炉，当地环保部门都会要求配备除硫氧化物、氮氧化物及粉尘的设施，因此其烟气都能达标排放。另外上述用蒸汽蒸馏的工艺中，锅炉是不能利用蒸馏分离水和锅底废水的，这些水只能排放掉，因此必须配有污水处理设施，污水处理后才能达标排放。总的来说，严格执行环保标准的蒸馏工厂是不会污染环境的。

# 第四节　反向蒸馏香紫苏油设备及操作方法

一些种植面积较小的农场可以采用一些小型设备，也可以达到环保生产香紫苏油的效果，设备如图 30-4 所示。

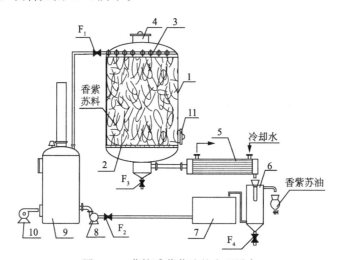

图 30-4　蒸馏香紫苏油的小型设备

1—蒸馏锅；2—隔板；3—蒸汽喷管；4—投料口；5—列管式冷却器；6—油水分离器；
7—储水罐；8—锅炉水泵；9—低压锅炉；10—燃烧器；11—出料口；
$F_1$—蒸汽阀；$F_2$—配合锅炉水泵的进水阀；$F_3$，$F_4$—排放阀

图 30-4 的设备是一种反向蒸馏设备，即蒸汽从上向下蒸馏。这种工艺是发达国家的芳香油生产企业常用的蒸馏工艺。在图 30-4 中，蒸馏锅（1）装料高度达 2m，其直径约 1.2m，其下部有多孔隔板（2），其上部的环形蒸汽喷管（3），由多环喷管组合，钻有向下喷射的几百个小喷气孔。油水分离器（6）容器约 200L，其沉降高度约 1m。低压锅炉（9）压力在 $1\text{kgf/cm}^2$ 以下，不列入压力容器监管范围，属于安全常压设备，对水质无严格要求，可利用蒸馏废水。燃烧器（10）以天然气或液化气为燃料，火焰喷入锅炉炉膛内加热。

反向蒸馏设备操作步骤如下：

### 1. 进料操作

将香紫苏穗叶切碎至 30~50mm 长，从投料口（4）处放入锅（1）内，物料可从蒸汽喷管（3）的环管之间直掉落锅内，装料满到蒸汽喷管稍下几十毫米即可。装料后关闭投料口就可以开始蒸馏。

### 2. 蒸馏操作

锅炉（9）应提前储气，蒸馏开始时打开阀 $F_1$ 放蒸汽入环形喷管，蒸汽被分散成几百股气流向下喷射，蒸汽一边传热给香紫苏料，一边湿润物料进行水散作用，很快所有物料都被湿润得很充分，这种向下的水散作用要比蒸汽向上水散效果好得多。

在蒸馏过程中，蒸汽不断向下穿透香紫苏料层将油分带出，经冷却器（5）冷却成馏出液后进入油水分离器（6），被分离出香紫苏油和蒸馏水。香紫苏油比水轻，从油水分离器上部出油口流出，用盛器收集就得到香紫苏油，蒸馏水从油水分离器下面出水口流出，进入储水罐（7）内，由阀 $F_2$ 和水泵（8）定时定量泵回锅炉（9）重复使用，不排放，由此循环蒸馏下去。

在蒸馏过程中要保持馏出液每小时流量等于蒸馏锅容积的 10% 左右，馏出液温度保持在 35℃ 左右。蒸汽从上向下蒸馏的速度是很快的，因其省去了一半蒸馏前期的水散时间，在蒸馏约 1.5h 后如见到油水分离器出油口没有油滴出时就可关闭蒸汽阀 $F_1$ 停止蒸馏，一般每锅蒸馏时间在 1.5h 左右，出油率可达 1.4%~1.8%。

### 3. 出料操作

蒸馏结束后，先打开投料口，让蒸汽散发，打开锅底阀 $F_3$ 将少量的锅底余水放出，这些水含有杂质也含有油分，要将其过滤后放入油水分离器内进行油水分离，最后打开出料口（11），将锅内渣料扒出，清理完锅内渣料后就可重新进行进料操作。

### 4. 渣料、废水、烟气处理

蒸过油的香紫苏渣料最好的处置方法是供给生产香紫苏醇的企业作原料，如条件限制，也可将其作肥料及沼气原料，也可将其干燥后作为锅炉燃料，足够蒸油用。

锅炉的燃烧器（10）是使用天然气或液化气的，烟气排放完全达标。如锅炉改烧渣料时，必须增加一个除尘器，烟气也可达标排放。锅炉（9）是低压锅炉，可使用蒸馏废水，由此做到无废水排放。

由上述操作过程可知，香紫苏油的蒸馏生产是可以做到不污染环境和高收益的。

# 第三十一章 万寿菊油环保高收益生产技术

## 第一节 万寿菊油简介

万寿菊油英文名称为 tagetes oil，是一种以植物万寿菊为原料而生产出来的芳香油，是一种黄红色的透明液体，带有强烈的类似柑橘的清甜香味，闻久会有些微微的酸味。万寿菊油相对密度为 0.882～0.896，折射率为 1.481～1.497，可溶于乙醇。

万寿菊油中成分有万寿菊酮、$\alpha$-蒎烯、柠檬烯、罗勒烯、月桂烯、异松油烯、松油烯、石竹烯等几十种化合物。各地产出的万寿菊油成分因地理气候条件不同会有很大差异，因此目前尚未形成统一的质量标准。

万寿菊油可用于配制各类香精、香料、香水，可用于配制化妆品、护肤品、香皂、洗发水、沐浴液及用于按摩、足疗等芳香疗法，还可用于治疗皮肤感染，可促伤口愈合，还有治疗扭伤和降血压的作用，是一种用途广泛的芳香油。

万寿菊油是用水蒸气蒸馏万寿菊而得。万寿菊形态如彩图 32 所示。万寿菊又名金菊，是菊科万寿菊属一年生草本植物，高约 50～150cm，茎直立。原产于南非，非洲人用其来驱蚊虫和治病，后来在欧美各国和东南亚各国都有种植，中国南北方都有种植，以广东、云南种植较多。万寿菊在欧美等国家常常作为蔬菜供人食用，可用来做沙拉，或作糕点的调色和配香料，或生食，或作饮料等。欧美人认为万寿菊含有大量抗氧化物质，长期食用可使人健康长寿。中国广东近年来已有以万寿菊为主题的饮食出现，如小榄地区用万寿菊食品作为地方特色食品（如菊花鱼球、菊花肉、菊花水榄、菊花酒、菊花八宝饭、菊花饼、菊花及第粥等）。万寿菊还被大量用作制造食用黄色素的原料。

万寿菊对土壤条件要求不严格，最适合在向阳、排水好的沙土中栽培，万寿菊喜阳光，也耐阴，在林下树荫也能开花，容易栽培。万寿菊繁殖方法有种子繁殖和扦插繁殖两种。

用种子繁殖时要在 9～10 月间采集最后一茬花结的种子，挑选其中带有光泽的、饱满的种子保存在干燥处，在翌年 3～4 月份期间播种，播种时开深 200mm 的田沟，每条沟距 300mm，每亩地播种约 300g，要均匀播种。在播种前先浇湿土，播种后盖 10～20mm 细土，十天左右种子就会出芽。也可以先播种在育苗地，先育苗再移植，待苗长到有几片真叶时就可将其移植到大田中去，植株之间距离约 300mm。先育苗再移植的方法可节省大量种子，每亩用种量仅为大田直播的五分之一左右。

扦插繁殖要在 5～6 月份进行，要等已长成几百毫米高的万寿菊长出许多分支时才能进行扦插。方法是剪取 50～80mm 长的枝条，摘去下部叶片只留枝干，上部的叶子也摘去一半，然后将其插于沙质苗床中。沙床要预先铺上塑料薄膜，薄膜上按 50mm×50mm 距离开有 30mm 直径的小孔，将万寿菊枝茎插入孔中，深度 30mm 左右，浇些水即可，在 1 个月内枝茎就会长出根来，就可将其移植到大田中去。

万寿菊虫害主要是红蜘蛛，要适时喷洒农药将其灭杀。万寿菊施肥要在种植前在土壤施肥，让土壤有足够肥力时再栽种，生长期间较少施肥或适时喷些稀释肥。

万寿菊长到 5～6 月份就开始开花，一直开到 9～10 月份，在开花最旺的时期，花瓣中芳香油含量高达 3% 左右，在此时将其采下蒸油最适合。如需要留作观光也可以在 9 月份后其鲜花减少时将其全株连根拔起，全株用来蒸油。万寿菊最好在新鲜时蒸馏，来不及蒸馏时要及时将其晒干，存于干燥阴凉处或料棚内。

# 第二节　蒸馏万寿菊油的普通设备及操作方法

一般蒸馏万寿菊油的设备如图 31-1 所示。

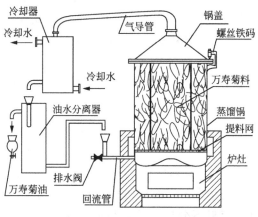

图 31-1　蒸馏万寿菊油的普通设备

上述设备中的蒸馏锅容积在 1.5～2m³，冷却器是蛇管式冷却器。在砌好炉灶、安装好蒸馏锅、装好冷却器进出水管道以及装好油水分离器后就可以进行以下蒸馏操作：

### 1. 进料操作

先将一个提料铁网放入蒸馏锅内多孔隔板上面，留出四条铁丝伸向锅顶，将万寿菊料放入蒸馏锅中，在隔板上堆满不留空位，将提料底板的四条铁丝留在万寿菊料上方，以便蒸完油时拉料出锅。做完上述工作后放上锅盖，由十几个螺丝铁码压紧锅盖，再装上气导管连通蒸馏锅和冷却器后就可以进行以下蒸馏操作。

### 2. 蒸馏操作

用木柴点火，火力要尽量猛，约二三十分钟后锅水烧开发出声响，不久就有蒸汽穿过万寿菊料从锅顶经气导管进入冷却器内，蒸汽被冷却成液体流出，这些液体含有万寿菊油，流进油水分离器中进行油水分离。万寿菊油比水轻浮在水面，从油水分离器的上部出油口流出，用容器或分液瓶接住就得到万寿菊油。而蒸馏水则从下部出水口流出再流入回流水管返回蒸馏锅重新蒸馏，不断循环直至把油蒸完为止。

在蒸馏过程中，冷却器要供水充足，要确保冷却器流出口没有气喷出。在蒸馏 2～3h 后，若见到油水分离器出油口再没有油滴出时，就要熄火停止蒸馏。一般每锅蒸馏需 2～3h，蒸馏时间长短依据火力大小、装料是否均匀及有无气道短路而定，火力弱时，蒸馏速度慢，如锅内料层有蒸汽短路（蒸汽不经过物料层）时，出油也会很缓慢，蒸馏时间会拉长。用这种设备蒸馏新鲜万寿菊一般出油率在 1%～1.2%。

### 3. 出料操作

在熄火后不能马上关闭冷却器的冷却水，因为蒸馏锅还有蒸汽输出，要等放松螺丝铁码移开锅盖后才能停水。锅盖打开时，蒸馏锅会有大量蒸汽冒出，操作者要小心避开以免被烫伤。在蒸汽散尽后就可拉起提料铁丝网将全部万寿菊料拉出蒸馏锅，卸完锅内渣料后就可补水进锅，满过隔板面后，就可重新进行一锅蒸馏生产操作。

这种蒸馏设备目前还是各地蒸馏万寿菊油的基本设备，这类设备有以下缺点。

其一是燃料消耗大，这类蒸馏锅的受热面主要是锅底面和下部一小段接触水的锅身面积，总面积是很小的，一个 $2m^3$ 的蒸馏锅直径约 1.3m，实际受热面积不足 $2.5m^2$，如砌炉不合理，受热面积更小。通常用炉灶烧木柴来加热时，热效率不足 30%，燃料浪费是很大的，而且烟气会污染大气。

其二是锅内的万寿菊料不分层堆放，枝叶、花朵被蒸汽蒸馏时会变软，整个料层会下沉，结团粘死，枝叶互相遮挡，不让蒸汽进入，只能靠内部物料互相传热来蒸馏，这就使蒸馏速度变慢，一些物料中的油分不能蒸出，使出油率降低。

# 第三节 蒸馏万寿菊油的环保设备及操作方法

要改进上节所述蒸馏设备的缺点就要采用热效率较高的设备和用分层放料的蒸馏方法，这种新模式的设备如图 31-2 所示。

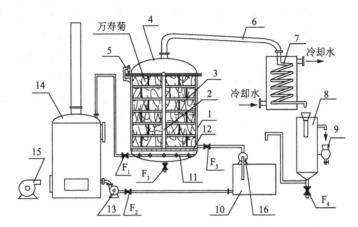

图 31-2 蒸馏万寿菊油的新型设备

1—蒸馏锅；2—提料篮；3—分层网框；4—锅盖；5—压码；6—气导管；
7—冷却器；8—油水分离器；9—分液瓶；10—储水罐；11—环形蒸汽喷管；
12—隔板；13—锅炉水泵；14—低压锅炉；15—燃烧器；16—水泵；
$F_1$—蒸汽阀；$F_2 \sim F_5$—球阀

在图 31-2 中，蒸馏锅（1）容积约为 2.5m³；提料篮（2）结构同图 26-4 所示；分层网框（3）装料高约 400mm，其结构同图 26-5 所示，数量有 4～5 个；螺丝压码（5）数量有 16 个以上；蛇管冷却器（7），其铝管冷却面积约 16m²，这个冷却器也可用旋流式冷却器代替；油水分离器（8）容积约 200L，沉降高度约 1m；低压锅炉（14）蒸汽压力为 1kgf/cm² 以下，对水质没有严格要求，可重复使用蒸油废水。

环保蒸馏设备操作步骤如下：

## 1. 进料操作

先将万寿菊料用切碎机切碎成 30～50mm 长备用，加水入锅（1），满到隔板（12）面为止，将提料篮（2）吊入蒸馏锅内，堆满到提料篮限位框面，摊平，再放入一个分层网框（3），依此法放料，直到放入最后一个网框放满料，然后盖上锅盖（4），用十几个螺栓压码（5）将锅盖压紧，再安装气导管（6）来连通蒸馏锅和冷却器（7），上述操作完成后就可以开始以下蒸馏操作。

## 2. 蒸馏操作

蒸馏前锅炉（14）要提前升火，备足气量，开始蒸馏时打开蒸汽阀 $F_1$ 放蒸汽入环形喷管（11），蒸汽分散从环形喷管上的几百个小孔喷出，向上喷过各层万寿菊料将油分带出，经锅盖出去，通过气导管进入冷却器。蒸汽被冷却成油水混合的馏出液流出冷却器外，再进入油水分离器（8）进行油水分离，在分离器中，万寿菊油比水轻，浮上水面从上部出油口流出，进入分液瓶（9），由此得到万寿菊油。

蒸馏水从油水分离器下面出水口出去，流入储水罐（10）中，留作下一锅蒸馏时放回蒸馏锅重复使用，多余的供锅炉作补充水用。锅炉水位下降时就要打开阀 $F_2$ 经过水泵（13）将这些水泵给锅炉，水不够用时要补充新鲜水入储水罐。

在蒸馏过程中，进入冷却器的冷却水流量要足够，要确保冷却器馏出液温度在35℃以下，这样油水才容易分离。在蒸馏过程中，蒸汽输入量要足够大，要确保冷却器的馏出液每小时流量达蒸馏锅容积10%左右，这样才能取得高出油率。

在蒸馏约1h后，如见到油水分离器上面的出油口没有油滴出时，就可关闭蒸汽阀 $F_1$ 停止蒸馏。这种用分层放料来蒸馏万寿菊的时间，每锅约为1h到1h 20min，一般出油率可达1.2%～1.6%，比上一种设备缩短一半蒸馏时间，提高20%出油率，效益增加许多。

### 3. 出料操作

停止蒸馏后，打开锅底阀 $F_3$，将锅内余水排出，这些水滤去泥沙沉清后可放回储水罐供锅炉重复使用，排完水后就可放松全部螺丝压码卸下气导管，将提料篮的中柱拉起将全部渣料拉出锅外卸掉后就可重新进行放料操作。

### 4. 废水、烟气、渣料处理

蒸馏万寿菊使用的低压锅炉重复利用蒸馏废水，因此在蒸馏万寿菊油的过程中是没有污水排放的，还需不断用新鲜水来补充被万寿菊料吸收走的水分。燃烧器（15）燃烧天然气、液化气等清洁燃料，烟气可完全达标排放。蒸过油的万寿菊渣料是很好的沼气原料，也可作有机肥料用，不能当作废料来处理。由此可见，用上述方法来蒸馏生产万寿菊油是可以做到环保、节能、高收益的。

万寿菊连片种植开花时成为金色的海洋，非常壮观美丽，往往会成为当地亮眼的观光景点，万寿菊可食用、药用，可用来蒸馏芳香油，有可观收入，因此万寿菊产业是一项收益快的、可迅速发展的地方经济产业。

# 第三十二章　肉豆蔻油环保生产技术

## 第一节　肉豆蔻油简介

肉豆蔻油英文名称为 nutmeg oil，是一种从肉豆蔻树的果实中提取出的芳香油，无色或淡黄色，带有浓烈的肉豆蔻清甜香气，相对密度为 0.854～0.930，折射率为 1.475～1.488，可溶于乙醇。

肉豆蔻油成分有肉豆蔻醚、丁香酚、异丁香酚、$\alpha$-蒎烯、$\beta$-蒎烯、柠檬烯、黄樟醇、香叶醇、黄樟油素、龙脑等。

肉豆蔻油主要用于食品，是重要的世界性食用辛香料，可用来制造香烟、饮料、糖果、饼干、肉类罐头等，也可用于日用化工产品，如洗发水、香水、香料、化妆品等。

肉豆蔻油是利用肉豆蔻果实的果肉作原料来蒸馏取得。用包裹着果实硬壳的假皮即肉豆蔻衣来蒸馏也可取得成分与肉豆蔻油相近的肉豆蔻衣油，其英文名称为 maceoil。肉豆蔻衣形状很奇特，像一只鲜红色的章鱼，紧紧抱住肉豆蔻种子的坚硬外壳，而且它带有芳香的鲜甜味，可引诱飞鸟，由飞鸟将种子带向远处传播。

肉豆蔻树是肉豆蔻科肉豆蔻属的常绿高大乔木，肉豆蔻形态如彩图 33 所示。肉豆蔻树原长于印度尼西亚马鲁古群岛，其果实肉豆蔻又名迦拘勒，是世界著名香料，由于其有特殊香味，欧洲、美国、印度、印度尼西亚等地广泛将其用在食品中，世界很多不同的菜系都会放入一些肉豆蔻来增加风味。肉豆蔻除了有独特风味外，其中还含有一种使人精神兴奋、精力充沛的成分，即肉豆蔻醚，正是由于含有这种成分，肉豆蔻成为欧洲贵族、文人、艺术家为之疯狂的珍贵香料。传说在伦敦大瘟疫中，有些人靠肉豆蔻保住了性命，这就使得肉豆蔻更加"身价百倍"，曾一度几乎与黄金等价。

从 18 世纪起，英国人、法国人用偷运出来的肉豆蔻种子各自在自己的热带殖民地中发展种植，从毛里求斯开始一直种植到新加坡、菲律宾、印度、印度尼西亚、马来西亚、西印度群岛、格林纳达、越南等地，从此结束了荷兰人对肉豆蔻的垄断地位，岛国格林纳达还将肉豆蔻视为国家经济支柱，将其形象印上国旗。

中国引种肉豆蔻是在 1978 年从海南的有关研究所开始，直到 1986 年才培育成功，并陆续在福建、广东、广西、云南等地发展栽培。

肉豆蔻是一种很难种植的热带植物，它不耐低温，6℃时枝叶就会被冻伤，温度再低时肉豆蔻树就会死亡，因此要选在背风向阳的地方种植。在种植时要同时种植挡风林带来保持肉豆蔻树林的温度，防止风大导致肉豆蔻树身温度下降被冻伤。

肉豆蔻一般用种子来繁殖，采摘成熟的裂开果实取出其中的种子，剥去红衣，立即播种，或用湿沙保存几个月再播种。种植时将种子的种脐向下压入土中，约 4～5mm 深，盖上细土，浇些水保湿。在温度不低于 26℃时，两个月内种子就会发芽长苗，此时要用挡阳网来遮盖幼苗，当苗长到 500～600mm 高时就可移植到林地中，每株苗距 5m 左右。遇寒流时要用塑料袋套住整株苗木来避寒，幼树生长前几年以施氮肥为主，结果期施复合肥为主。

肉豆蔻长到五六年后就会开少量开花和结果，以后逐年增产，在 25 年后进入盛产期，可收获肉豆蔻 60～70 年。

肉豆蔻分公母树，公树常年开花不结果，母树则常年结果，盛果期在 5～7 月和 10～12 月之间。当挂在树上的肉豆蔻果的果皮开裂时就可将其收获，将果皮扒开后就可见到外壳被鲜红的假皮包裹着的核仁（也是种子），将核仁里面的果肉以及假皮分别用水蒸气蒸馏就可得到肉豆蔻油和肉豆蔻衣油。

# 第二节　肉豆蔻油传统的生产方法

生产肉豆蔻油的工艺方法有多种，在东南亚地区，有些工厂用下述的方法来蒸馏肉豆蔻油，其设备如图 32-1 所示。

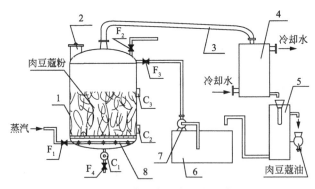

图 32-1　蒸馏肉豆蔻油的设备

1—蒸馏锅；2—投料口；3—气导管；4—冷却器；5—油水分离器；6—储水罐；7—水泵；
8—蒸汽喷管；$F_1$—蒸汽阀；$F_2$～$F_4$—球阀；$C_1$～$C_3$—视镜

这种设备的蒸馏操作大致如下：

先将肉豆蔻果仁粉碎，从投料口（2）投入，约投到蒸馏锅（1）的一半容积。放水进锅，浸过肉豆蔻粉料面上约100mm高，关闭投料口后就可打开蒸汽阀 $F_1$ 通入蒸汽来蒸馏。蒸汽放入锅后喷散，使物料翻滚，蒸汽穿过料液，从锅顶出去，带着肉豆蔻精油成分进入冷却器（4），被冷却成油水混合的馏出液流出冷却器，进入油水分离器（5）进行油水分离。肉豆蔻油比水轻，浮上水面，从油水分离器上面出油口流出，用盛器或分液瓶接住得到肉豆蔻油，蒸馏水从油水分离器的下部出水口排出，进入储水罐（6），供下一锅蒸馏时重复利用。在蒸馏过程中，冷却器馏出液流量要保持在80L/h以上，即在1min内馏出液有1.4L以上即可。

在蒸馏3～4h后，油水分离器出油口没有油滴出时即可关闭蒸汽阀 $F_1$ 停止蒸馏，此时锅内的肉豆蔻油已被蒸完，留在锅内的是肉豆蔻脂肪酸，又称十四酸和淀粉浆的混合液，下一步就要将脂肪酸分离出来。

分离的方法是加水进锅，满到锅顶稍低位置，再通气使底料沸腾翻滚十几分钟后静止1h，让脂肪酸完全浮起。打开锅底阀 $F_2$，让锅内淀粉液流出，将其排放到废液池去，一面慢慢排放，一面要观察阀门上的视镜 $C_1$。开始排放出来的是浓浊的淀粉浆，一直到视察到有黄色脂肪酸液体出现时，就表明淀粉液已排完，就要另外用桶来装盛肉豆蔻脂肪酸。用这种方法可同时得到肉豆蔻油和肉豆蔻脂肪酸，肉豆蔻油得率12％左右，肉豆蔻脂肪酸得率20％～40％。但这种方法耗时耗能，而且得油率低，肉豆蔻脂肪酸不够纯净。

# 第三节　肉豆蔻油的环保蒸馏设备及操作方法

肉豆蔻油的另一种生产方法是先将肉豆蔻果仁的脂肪用压榨方法榨出后，再将余下油渣来蒸馏而取得肉豆蔻油。如使用较先进的螺旋压榨机来榨油时，其渣片呈小块薄片，较容易蒸油，但渣片中含有大量淀粉，如直接在蒸馏中堆放时，下部渣片会受热发软被压烂致使渣片变成大团块，难于蒸馏，因此必须分层放料，避免渣片在蒸馏中结团的现象出现。

分层放料蒸馏肉豆蔻油的设备如图32-2所示。

在图32-2中，蒸馏锅（1）有效容积为 $1m^3$ 以上；隔板（2）在锅内的水平位置要比一般同类蒸馏锅高50～80mm，目的是避免沸水对底层肉豆蔻渣片料冲击致使其软烂；提料篮（3）结构如图32-3所示；分层网框（4）结构如图32-4所示，其放料高度250mm左右；燃烧器（12）烧液化气或天然气。

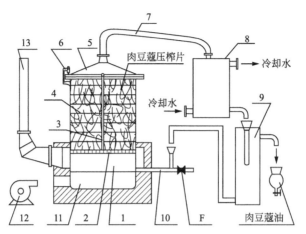

图 32-2    环保型蒸馏肉豆蔻油的设备

1—蒸馏锅；2—隔板；3—提料篮；4—分层网框；5—锅盖；6—压码；7—气导管；8—冷却器；
9—油水分离器；10—回流管；11—炉灶；12—燃烧器；13—烟囱；F—阀门

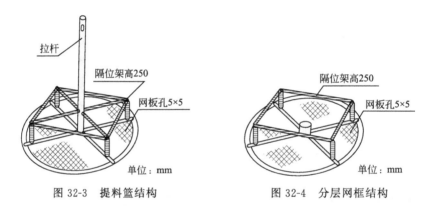

图 32-3    提料篮结构                图 32-4    分层网框结构

环保蒸馏设备操作步骤如下：

### 1. 放料操作

先放水入锅（1）满到隔板（2）下 100mm 处，将提料篮（3）放入锅内，即投入第一批渣片，堆满至提料篮的限位架上，铺平不留空位即可，不要压实。此后再放入第一个分层网框（4），再放满渣片，一直到装满最后一个分层网框后，就可以放上锅盖（5），用螺丝压码（6）将其压紧，再装好气导管（7）后就可以点燃燃烧器（12）来加热蒸馏。

### 2. 蒸馏操作

蒸馏锅中水沸腾后产生蒸汽，蒸汽不断穿过渣片层，将油分带出，经锅盖、气导管进入冷却器（8），被冷却成含有油分的馏出液流出冷却器进入油水分离器（9）进行油水分离。肉豆蔻油比水轻浮上水面，从油水分离器上部出油口流出，用盛器或分液瓶接取就得到肉豆蔻油，蒸馏水从油水分离器下部出水口流出进入回流管（10）返回蒸馏锅循环蒸馏，直到蒸完油为止。由于渣片会不断吸收水分，因此在蒸馏过程中要适当补充新水进锅。

在蒸馏 2h 后，当油水分离器的出油口无油滴出后就可关火停止蒸馏，一般每锅蒸馏时间约 2h，出油率 12%～18%。

### 3. 出料操作

蒸馏结束后，放松全部铁码，卸去气导管、移去锅盖后就可将提料篮拉起，将全部渣料拉出锅外卸掉，再重新放料进行下一锅蒸馏。出料时要小心避开热气及高温废料以免受伤。

### 4. 渣料、烟气、废水处理

蒸完油的肉豆蔻渣片还有些肉豆蔻油成分，可将其添加到食品中继续利用。由于上述的生产工艺是以天然气或液化气作燃料的，在一般情况下，其烟气不会超标排放，不会污染环境。蒸馏工艺是回水蒸馏工艺，蒸馏水可循环利用，生产时不排放。由于渣料会吸收一些水分，因此还需不断补充新鲜水。

由上述操作过程可知，肉豆蔻油、肉豆蔻衣油、肉豆蔻脂肪酸的生产过程都可以做到不污染环境。

# 第三十三章　月桂油环保生产技术

## 第一节　月桂油简介

月桂油是一种从月桂树枝叶中提取出来的芳香油，英文名称为 laurel oil，带有芳香的气味和辛辣的味道，颜色亮黄透明，相对密度为 0.92～0.95，折射率为 1.473～1.513，可溶于乙醇。

月桂油成分有丁香酚，是其特征成分，含量达 50% 左右，另外还有芳樟醇、桉叶油素、蒎烯、香叶醇等。

月桂油可用于配制香水、香精，可用于化妆品、日用品、保健品，还可用于治疗消化道疾病，可抗炎、祛喉痰、治风湿，可促进神经细胞再生等。月桂油还作为食用香料油，广泛用于地中海沿岸地区和印度、泰国等地的食品中，还可用作各种芳香疗法的材料，用于按摩、沐浴、足浴等。

月桂油是闻名世界的叙利亚香皂的主要配料，叙利亚香皂又叫橄榄香皂和月桂香皂，以橄榄油和月桂油（月桂果油和部分月桂叶油）为主要原料制作，其中月桂油含量为 5%～30%，这些香皂都是用手工制作。

香皂中的月桂油含量达 10% 时，制造者会在香皂上打上一个星作标记，含量 20% 时打 2 个星作标记，有些香皂上甚至打上 4、5 个星等。星数越多香皂价格越贵。叙利亚香皂对皮肤有很好的保养作用，是叙利亚当地最有特色的旅游产品，每年大量销往世界各地。

在我国植物界中名叫月桂的树木有很多种，而用来蒸油的月桂树是樟科月桂属常绿乔木，高达十多米，属亚热带树种，原产于地中海沿岸，在摩洛哥、西班牙、墨西哥、克罗地亚、东南亚各地均有分布，中国的江苏、浙江、福建、广东、广西、云南等地都有种植。月桂树形态如彩图 34 所示。

月桂树整株都带有香味，月桂叶常常被放在菜肴汤料中，甚至放入罐头中。月桂叶在采摘下干燥后就可以包装起来作为食品配料在市场销售，在有需要时也可将其用来蒸馏生产月桂油。

月桂树可在沙质土壤中生长，但不能在盐碱地区种植，月桂树不耐旱也不耐涝，在 -8℃ 以下就不能存活，因此种植时要选好合适的地理位置。

月桂树的繁殖方法有种子繁殖和扦插繁殖。种子繁殖的方法是在 9 月份采摘成熟的紫色果实晒干，连果皮一起用沙埋藏保存，在 3 月份播种前取出种子，除果皮后播种。播种前要用 50℃ 左右热水浸种约 2min，然后放于冷水中浸 24h 后播种。种子撒于条沟中，各条沟间距 15mm，播种后盖 2mm 土，再用草盖住。到 5 月份气温升高时种子就会发芽，此时要搭棚遮盖树苗，并及时疏苗，清理多余弱株，按每株距离 15mm 左右隔开进行育苗。当苗长到第二年春天约 400～500mm 高时就可将其连根带土移植到林地中，如要以蒸油为目的来种植时，每株苗距离为 1.2m 左右。

用扦插繁殖的方法有两种：第一种是在三月份剪取去年秋天长成的枝条顶端，长约 70～80mm，带枝梢，插于沙土中，用低棚遮阴，常洒水将沙地保湿，两个月内会有大半枝条陆续生根长成新苗。第二种是在 6～7 月份，剪取新长出的嫩枝，带叶插于育苗地中，深约 50mm，淋水保持沙土湿润，并在育苗床上方搭棚遮阳，约一个半月枝条可出芽，出芽率达 90%。枝条出芽后长到第二年春天再移植到大田中，株距同上。

为害桂树的害虫主要是蛾类，要及时用杀虫灯诱杀或养寄生蜂来压制。采叶蒸油前要以施磷肥为主。月桂树长到三年后就可少量采叶作香料用，第五年就可大量采枝叶蒸油，月桂树是四季常绿的，在每个月都可以采枝叶来蒸油。

# 第二节 月桂油的传统蒸馏工艺

目前世界上生产月桂叶油的主要地区是克罗地亚、墨西哥、西班牙、摩洛哥等，这些地区蒸馏生产月桂油采用的工艺方法以由印度传来的传统技术为主，自 20 世纪沿用至今。在上述地区生产月桂油的工厂作坊中有不少印度人或当老板或当技术人员，那些作坊的工艺和设备至今还带有印度著名的"阿塔"工艺的印记，但是这些蒸馏月桂油的设备已经不再用紫铜制，而是用钢铁制，这些设备外形与现代的回水蒸馏设备外形基本相同，但原理还是印度"阿塔"的水中蒸馏模式。

这类蒸馏月桂油的设备如图 33-1 所示。

这种水中蒸馏设备中，蒸馏锅（1）内设有隔板，炉灶（2）通常是烧煤的，螺丝压码（4）每个蒸馏锅配 16 只。

上述设备的操作方法是很简单的，其生产操作过程如下：将月桂枝叶放入蒸馏锅中，加入含盐量约 10% 的盐水或直接用海水浸过枝叶面，盖上锅盖（3），用十几个螺丝压码将锅盖压紧，就可在炉灶处烧火加热锅来蒸馏。锅内的盐水煮到沸腾后产生蒸汽将月桂油分带出，经冷却器（6）冷却后，蒸汽变成含有月桂油的馏出液，流出冷却器流入油水分离器（7）内进行油水分离。月桂油轻于水浮上水面从油水分离器上部出油口流出，用容器或分液瓶将其收集就得到月桂油，分离水从油水分离器下部出水口流出，进入储水罐（8）留作下一锅蒸馏时放入

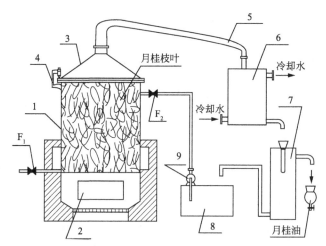

图 33-1　蒸馏月桂油的明火加热设备

1—蒸馏锅；2—炉灶；3—锅盖；4—压码；5—气导管；6—冷却器；
7—油水分离器；8—储水罐；9—水泵；$F_1$，$F_2$—球阀

蒸馏锅，重复使用。每锅蒸馏时间约十几小时甚至一整天，出油率为 1％～1.5％。用盐水来蒸馏的原因是月桂油中的丁香酚成分相对密度在 1.063 以上，比水重，如用普通淡水进行水中蒸馏时，丁香酚会从月桂枝叶中出来后直接沉到水底，以后就很难将其蒸出来，而盐水和海水的密度大于丁香酚，在蒸馏过程中丁香酚只能浮上水面，这样就容易被蒸汽带出锅外。

这类蒸馏设备和操作工艺有以下缺点：

其一是蒸馏时间过长，燃料消耗量大，而且会污染环境。从生产成本方面来看只能燃煤，通常上述地区蒸馏月桂油的作坊都会使用几台甚至十几台蒸馏锅来同时蒸馏，远远都可见其林立的烟囱喷出滚滚黑烟，这种会污染环境的生产方式在中国和发达国家是不允许的。

其二是出油率低，在上述产区中的丁香叶中含油率高达 3％以上，但用这种水中蒸馏法最多只能蒸得其中一半油量，甚至还更低，资源浪费是很严重的。

其三就是用盐水蒸馏是很传统的工艺。由于生产中有许多废盐水要排放，但又不能排到淡水河中，所以这些月桂油厂大都设在海边，把废盐水排往大海。

由上述情况可知，这种月桂油的水中蒸馏工艺的生产成本是很高的，也是对环保有害的。

# 第三节　月桂油的环保生产设备及操作方法

蒸馏月桂枝叶应使用环保的、绿色循环的生产方式，这类环保的设备如图33-2 所示。

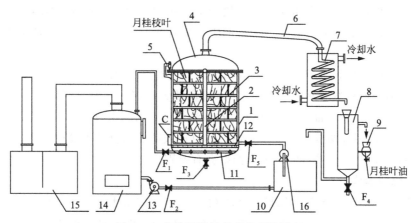

图 33-2　蒸馏月桂油的蒸汽蒸馏设备

1—蒸馏锅；2—提料篮；3—分层网框；4—锅盖；5—压码；6—气导管；7—冷却器；
8—油水分离器；9—分液瓶；10—储水罐；11—蒸汽喷管；12—隔板；13—锅炉水泵；
14—低压锅炉；15—除尘器；16—水泵；$F_1$—蒸汽阀，$F_2 \sim F_5$—球阀；C—视镜

在图 33-2 中，蒸馏锅（1）有效容积一般以 $2m^3$ 为宜，提料篮（2）结构同图 13-3 所示，分层网框（3）结构同图 13-4 所示，其装料高度为 350mm，螺丝压码（5）约有 16 只，低压锅炉（14）压力在 $1kgf/cm^2$ 以内，对水质无特殊要求，蒸过油的废水都可用。

环保蒸馏设备操作步骤如下：

**1. 进料操作**

先将月桂枝叶用切碎机切碎成 30～50mm 长短，切碎后要马上用来蒸馏。开动水泵（16）泵水进锅（1）满到视镜（C）水平中线为止，将提料篮（2）放入锅，将切碎的月桂枝叶放入提料篮内堆满到限位架面，铺平不留空位，再放入一个网框（3）再放料，如此操作直到放入最后第五个网框装满料后就盖上锅盖（4），用十几个螺丝压码（5）将锅盖压紧，再装上气导管（6）连接蒸馏锅和冷却器（7），放水入冷却器后就可进入下一步蒸馏操作。

**2. 蒸馏操作**

蒸馏前锅炉（14）应储足蒸汽，保持蒸汽压力在 $1kgf/cm^2$ 以内。锅炉压力不能太高，因为要重复使用馏出液，锅炉压力太高时馏出液会产生大量气泡，气泡会将水带出锅炉外，会对蒸馏很不利，但低压锅炉不会出现这种情况。

蒸馏开始时，打开蒸汽阀 $F_1$，放蒸汽入环形喷管（11），蒸汽被分散从几百个小孔喷出，穿过环形管上面的水层，带起水雾向上湿润和加热各层月桂枝叶，这个过程称为水散。待枝叶温度上升到 100℃时，就有蒸汽带着月桂油油分从锅顶出去，经气导管进入冷却器内，蒸汽被冷却器冷却成带有月桂油和蒸馏水的馏出液，馏出液从冷却器流出来进入油水分离器（8），将月桂油和蒸馏水分开。月桂油比水轻，浮在水面，从油水分离器的上部出油口流出，用容器或分液瓶（9）

收集取得月桂油。而蒸馏水从油水分离器下部出水口流出，流入储水罐（10）留作下一锅蒸馏用和随时补充锅炉用，锅炉需要补水时由阀 $F_2$ 和锅炉进水泵（13）来供给。

在蒸馏过程中，冷却器要保持馏出液的温度在 40℃ 以下，还要控制馏出液每小时流量为蒸馏锅容积的 10%～12%，流量越大越好。一般每锅蒸馏时间在 1h 到 1h 20min 以内，当油水分离器上面的出油口没有油滴出时就停止蒸馏，关闭蒸汽阀 $F_1$。一般用分层放料方式来蒸馏时，月桂枝叶的油分基本都被抽尽，出油率在 2%～3%，按枝叶采下的时间出油率会有差别。

### 3. 出料操作

蒸馏结束后进行出料前先打开锅底阀 $F_3$，将锅内余水放出，这些少量余水在滤去杂质沉清后，可放回储水罐内重复供锅炉使用，也可马上供除尘器（15）作补充水用，不排放。放出蒸馏锅的余水后就可拆去气导管，松开铁码，将锅盖移开，将提料篮吊出锅外卸出各层渣料，再重新进行装料来蒸馏。

### 4. 污水、烟气、渣料处理

蒸完油的枝叶渣料可作肥料、沼气原料等，但效益最高的做法是将其干燥后作为锅炉的燃料，足够蒸馏用，可节省燃料费用，做到绿色循环生产。在使用月桂枝叶渣作燃料时，在锅炉排放的烟气中的硫氧化物和氮氧化物都不会超标，但灰尘较多，这就要在锅炉烟道中安装除尘器，用文丘里式或布袋式的除尘器均可，这样烟气排放就可以完全达到环保规定排放标准。废水是指从油水分离器分离出的蒸馏水，以及蒸馏锅底部排放的余水，这些水可直接供锅炉使用，不排放，另外还要不断补充被枝叶吸收的水分，因此锅炉使用的是废水加新鲜水，所以无废水处理问题。由上述操作过程可知，只要使用这种分层放料用蒸汽蒸馏月桂油的工艺，月桂油蒸馏生产是完全可做到环保、高出油率、高收益和燃料绿色循环利用的。

# 第三十四章　米兰油环保高收益生产技术

## 第一节　米兰油简介

米兰油又名树兰油，英文名称为 aglaia odorata oil，是一种从米兰树的花粒中提取出来的芳香油，带有清甜的类似依兰花、茉莉花的花香味。米兰油是浅黄到浅棕色的透明液体，相对密度为 0.907～0.921，折射率为 1.500～1.510，可溶于乙醇。

米兰油的成分有 $\alpha$-石竹烯，含量约为 18%，其余成分为芳樟醇、壬醇、杜松醇、水芹烯、依兰烯、榄香烯、石竹烯醇等。

米兰油是中国特有的珍贵芳香油，其香气可与依兰油相媲美，主要用于配制各种名贵的高级香水、香精等，是一种优质的香水原料和定香剂，也可用于配制各类高级化妆品、美容品、护肤品，及用作高级芳香疗法的重要原料等。

米兰树原生长在东南亚，后来在广东、广西、福建、云南、贵州都有种植。米兰树是楝科米仔兰属的常绿乔木，可高达十余米。米兰树形态如彩图 35 所示。米兰树适合生长在疏水性好的沙质土壤中，在土壤肥沃、土层深厚的地方更适合种植，米兰树在平均气温 7℃以上的地方都可生长，在夏天、秋天枝叶长得最茂盛。米兰花呈金黄色米粒状，从 2～11 月米兰树都开花，以 6～7 月份米兰花开得最多最密，这时期米兰花产量占全年花产量 60%左右。

米兰树的繁殖方法有种子繁殖、高空压条繁殖、扦插繁殖三种。

种子繁殖是在 10～11 月期间采摘红褐色的米兰成熟果实，剥去果皮（用温水泡软就很容易剥去）后立即播种，撒播在沙质土育苗床中，在种子上面铺 20mm 厚沙土来保湿，一个月后种子就会发芽。待苗长到约 200mm 高时就可将其带土移植，在二三年后这些用种子培育的米兰树才会开花，米兰树用种子来种植时开花较慢。

高空压条繁殖是选择生长一年的米兰树枝条，从距离树身 20mm 处用刀割去一圈皮，皮宽约 10mm，用炭泥包住割口，再用草绳捆住炭泥，同时要保持炭泥湿润。2 个月后树枝的割口处就会生根，此时可将树枝锯下来种植。米兰苗当年就会开花，用这种方法育出的米兰树苗最适合在花园院庭种植。

扦插繁殖是大面积种植米兰树的主要方法，其做法是剪下约 10mm 长的嫩枝，带穗插入育苗地的炭土中（炭土组成比例为炭粉 10％、细沙 30％、泥土 60％）。2 个月内嫩枝就会出芽，幼芽可露天培育，中午太阳太大时要遮挡一下。待其长到 50～60mm 高时就可将其带土移植到田中去，每棵树距离 3m 左右，每亩种植 80～100 株。米兰树常见的害虫有蚜虫、甲壳虫、红蜘蛛等，要及时喷药灭杀。米兰花开花要靠磷肥，在开花大茬（6～7 月）前要多施磷肥。

米兰油是蒸馏米兰花而得，要在 6～7 月份米兰花开得最旺时收摘米兰花才能取得最大收益。采米兰花时用塑料布铺地，摇动米兰树，让花粒掉落后将其收集，鲜米兰花可以立即用来蒸油，也可以晒干再用来蒸油或制米兰茶。

米兰树的枝叶也可以用来蒸馏米兰叶油，出油率和收益要超过米兰花，米兰叶油的成分有石竹烯、水芹烯、芳樟醇、榄香烯、葵醛、胡椒烯、杜桧烯等，其成分与米兰油成分相似，可代替米兰油用在配制中、高档化妆品及高端护肤品、美容品中等，及用作芳香疗法的高级材料。

米兰树在田间护理时要进行疏林，要剪去老枝和多余枝叶，剪下的枝叶都可以用来蒸油。有些农场在 6～7 月收完米兰花后立即剪枝蒸油，将米兰树 40％的枝叶剪下后，米兰树会很快萌发更多新枝，新枝很快又会开满米兰花供蒸馏米兰花油。

# 第二节　传统的蒸馏米兰油的方法

20 世纪 80 年代以来，在福建、广东等地区有农民蒸馏米兰花油和米兰叶油，当时主要使用木甑来蒸馏，蒸米兰花油的木甑结构如图 34-1 所示。

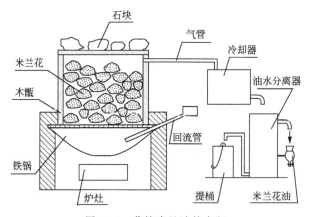

图 34-1　蒸馏米兰油的木甑

图 34-1 中，米兰花（干花或鲜花）是用纱布袋分装成几十袋，叠放在木甑里的木隔板上蒸馏，这样花粒就不会从隔板孔掉到铁锅去，出料时也很方便。木甑

身很低，高 500mm 左右，而铁锅的回流水管的位置较高，所以回流水不能从油水分离器出口直接流入铁锅，只能用提桶分多次从回流管入水口处倒返铁锅内。一般每锅蒸馏时间从点火到出料需 5～6h，干花出油率为 0.6%～1%，鲜花为其一半左右。

蒸馏米兰叶油的木甑高为 1.6m 以上，其余结构基本与蒸米兰花油的木甑相同，但回流水可以从油水分离器出口直接流入回流水口返回铁锅。一般每锅放鲜枝叶 150～200kg，鲜叶出油率为 0.8%～1.2%，每锅蒸馏时间 5～6h。

这类甑的优点是上马快、设备简单廉价，缺点是出油率低、生产效率低、能耗大，使用这类设备往往要烧很多木柴，会破坏山林，而且其烟气也会污染环境。

## 第三节　环保型米兰油蒸馏设备及操作方法

蒸馏米兰花油应使用环保清洁的、高出油率的设备，这种设备如图 34-2 所示。

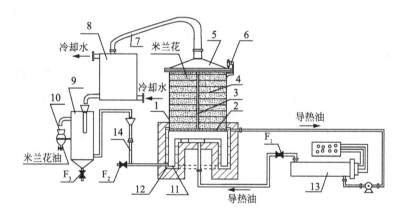

图 34-2　蒸馏米兰油的环保设备
1—蒸馏锅；2—隔板；3—提料篮；4—分层隔网；5—锅盖；6—压码；7—气导管；
8—冷却器；9—油水分离器；10—分液瓶；11—导热油夹套；12—保温壳；
13—导热油炉；14—回流管；F₁—导热油阀；F₂，F₃—球阀

图 34-2 中，蒸馏锅（1）直径为 80～90cm，高约 1～1.2m，其底部有导热油加热系统；隔板（2）板面钻满直径 2～3mm 的小孔，可将蒸汽均匀散开；提料篮（3）中间有拉杆，其结构如图 34-3 所示，底部的网孔为 1mm 方孔；分层隔网（4）网孔为 1mm 方孔，放料高约 100mm，结构如图 34-4 所示，数量有 10 个以上；螺丝压码（6）约有 8 个；导热油炉（13）功率为 40kW 左右。

分层放料蒸馏设备的操作步骤如下：

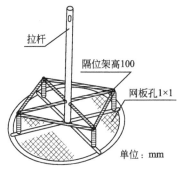

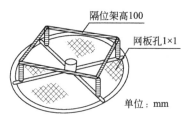

图 34-3　米兰花提料篮　　　　　　　图 34-4　米兰花分层隔网

### 1. 进料操作

先放水入蒸馏锅（1），放到回流水管（14）的玻璃管指定刻度，这时水满到隔板（2）面。放水入锅后即放入提料篮（3），将干米兰花或鲜米兰花放入锅内，鲜花装满到提料篮的限位架面铺平不留空位，再放入一个分层隔网（4），放入米兰花料，再如此操作，陆续放入第三个直到第十个隔网，装满花料后盖上锅盖（5），用 8 个螺丝压码（6）压紧锅盖后，再装上气导管（7）来连通蒸馏锅和冷却器（8）后就可以进行蒸馏操作。在蒸馏干花时放料只能放 70%，要留出供干花在蒸馏时膨胀占用的空位。

### 2. 蒸馏操作

打开导热油阀门 $F_1$，放 220～250℃的导热油进入夹套（11）来加热蒸馏锅，当锅的水沸腾后就有蒸汽产生，蒸汽向上分散穿过水层从隔板的数百个小孔喷上各层米兰花料，边湿润花料，边将花料加温。当花料温度达到接近 100℃时就有大量蒸汽挟带着米兰花油分从锅盖顶部出去，经气导管进入冷却器被冷却成油水混合的馏出液，再进入油水分离器（9）进行油水分离。

米兰花油轻于水，浮上水面而聚集，再从油水分离器上部出油口流出，落入米兰花油收集瓶（10）内，由此得到米兰花油。蒸馏水从油水分离器下面出口流出，进入回流水管返回蒸馏锅重新蒸馏，由此循环蒸馏下去，直到油水分离的出油口无油流出时，就可结束蒸馏。在蒸馏过程中要保持从冷却器的馏出液每小时流量达蒸馏锅容积的 8% 以上，还要保持馏出液温度在 35℃ 以下。

在这种分层蒸馏的过程中，所有米兰花都会受到充足的蒸汽来蒸馏，不会出现花料因被压而结团阻挡蒸汽进入的现象。蒸馏速度很快，每锅蒸馏时间在 2h 内，出油率也较高，干花出油率达 1%～1.5%（依据干花实际含油量而定），鲜花约减半。

### 3. 出料及废渣、烟气、废水处理

蒸馏结束后关闭导热油阀 $F_1$，放松全部压码，卸下气管和打开锅盖后，待锅内热汽散去后就可将提料篮拉起将各层花料渣一起拉出锅卸掉，再从头放料进行

下一锅蒸馏。蒸过油的花渣可作饲料，或当沼气原料及绿肥。用导热油加热蒸馏米兰花油是没有任何烟气排放的，所以不存在烟气处理问题。

用这种方法来蒸馏米兰花油是没有废污水排放的，因为米兰花的蒸馏分离水也含有米兰花成分，是一种很香的纯露，可以在沐浴、喷香、按摩、足疗中应用，也是芳香疗法的好原料。每锅蒸完后应将全部分离水及锅内余水取出，除去杂质后再利用，所以蒸馏米兰花不会产生废水。

# 第四节　环保型蒸馏米兰叶油的设备及操作方法

蒸馏米兰叶油通常使用较大蒸馏设备，要达到环保和高效益效果，可使用以下环保节能和高出油率设备，如图 34-5 所示。

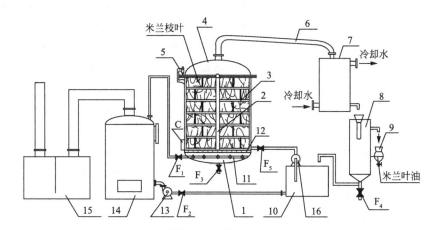

图 34-5　蒸馏米兰叶油的环保型蒸馏设备

1—蒸馏锅；2—提料篮；3—分层网框；4—锅盖；5—压码；6—气导管；7—冷却器；
8—油水分离器；9—分液瓶；10—储水罐；11—蒸汽喷管；12—隔板；
13—锅炉水泵；14—低压锅炉；15—除尘器；16—蒸馏水泵；
C—视镜；$F_1$—蒸汽阀；$F_2 \sim F_5$—球阀

图 34-5 中，蒸馏锅（1）体积为 $3 \sim 4m^3$；提料篮（2）结构同图 13-3 所示；分层网框（3）结构同图 13-4 所示，放料高度约 350mm，共有 5 个；螺丝压码（5）有 $16 \sim 20$ 个；冷却器（7）一般用旋流式冷却器，或螺旋板式冷却器；油水分离器（8）容积在 200L 左右，沉降高度 1m 以上；低压锅炉（14）压力在 $1kgf/cm^2$ 以下，蒸发量为蒸馏锅容积的 $20\%$ 以上，可使用蒸馏废水；除尘器（15）可用文丘里式或布袋式。

环保蒸馏设备操作步骤如下：

### 1. 进料操作

先将米兰树枝叶切碎成 30mm 长短左右，在蒸馏前切碎，勿放置太久。在蒸馏准备投料前先放水入锅（1），满到视镜（C）水平中线为止。这个进水高度为喷管（11）上面 100～150mm 左右，水量相当于锅内米兰枝叶质量的 30％左右，放水后就可将提料篮（2）放入蒸馏锅内进行放料。

将米兰枝叶料放入提料篮内堆满到限位架面摊平不留空位，再放入一个分层网框（3），如此操作放枝叶，直到将第五个网框装满料后就可放上锅盖（4），用多个压码（5）压紧，再装上气导管（6）连通蒸馏锅和冷却器（7）后就可以进行以下蒸馏操作。

### 2. 蒸馏操作

在蒸馏前锅炉（14）应提前点火烧足蒸汽备用。蒸馏开始时打开蒸汽阀 $F_1$ 放蒸汽入环形喷管，蒸汽分散向上喷出，穿过喷管上面的水层，带起水雾向上湿润各层米兰枝叶进行水散作用，同时一面加热枝叶。当锅内枝叶料温度接近 100℃时就有大量蒸汽向上穿过各层米兰枝叶，将米兰枝叶的油分带出，蒸汽经锅顶、气导管进入冷却器内，冷却成油水混合的馏出液后流出冷却器进入油水分离器，经油水分离器（8）分离出米兰叶油和蒸馏水。米兰叶油比水轻浮上水面，从油水分离器上部出油口流出，用容器或分液瓶（9）接盛取得米兰叶油，蒸馏水从油水分离器下部出水口流出，进入储水罐（10），在下一锅蒸馏时由水泵（16）、阀 $F_5$ 供蒸馏锅重新循环利用，不排放。

在蒸馏中要控制冷却器的馏出液每小时流量为蒸馏锅容积的 10％～15％，馏出液温度要保持在 40℃以内。在蒸馏大约 1.5h 以后，油水分离器出油口没有油滴出时就要结束蒸馏，关闭蒸汽阀 $F_1$。每锅蒸馏时间为 1.5～2h，一般出油率为 1.2％～1.8％（采叶时间不同出油率会有差别）。

### 3. 出料操作

蒸馏结束后，打开锅底阀 $F_3$ 将锅内余水排放，再拆除气导管，放松全部铁码，移开锅盖待锅内热气散去后就可将提料篮吊出蒸馏锅，将所有各层渣料一起吊到卸料地点卸下，此后就可重新放料放水进行下一轮蒸馏操作。

### 4. 废水、废气、废渣处理

锅炉（14）是低压锅炉，对用水没有严格要求，只要没有泥沙、油脂及强酸强碱就可以，因此油水分离器的分离水及锅的排放水都可以利用。由于枝叶吸走部分水分还要不断补充新鲜水。另外从油水分离器出来的分离水带有芳香味，也是一种纯露，可用于各种美容品、化妆品，可用于保健、按摩等芳香疗法，分离水被取走后就要补充新鲜水。锅炉实际使用的是蒸馏过程的排放水加水新鲜水，由此做到没有废水排放。

如锅炉使用燃气作燃料时，在正常情况下，烟气是完全可达标排放的，不存在烟气需处理问题。在没有燃气条件时，可用枝叶渣作燃料，蒸过油的米兰枝叶渣沥干水后，稍干燥后就可作燃料用，完全足够用，不需另购燃料，由此可做到燃料自给自足绿色循环生产。用叶渣作燃料时，烟气中的硫氧化物和氮氧化物都不会超标，但一定要按当地环保部门要求使用除尘器（15）来除尘，这样烟气就可达标排放。

使用上述这种环保型设备来蒸馏米兰叶油是可做到燃料绿色循环生产，无污水废气污染环境，而且出油率也高，经济效益也高。发展米兰油生产是有很大收益的，一亩米兰树每年可收米兰花 400～500kg，产米兰花油可达 4～5kg，产值为 15000 元以上，还可产枝叶 3000～4000kg，可产米兰叶油约 40kg，产值为 2 万元以上，因此每亩米兰树每年可产出 3 万元以上。大面积种植米兰时还可规划成地方观光景点，可促进地方旅游业发展，总收益将会是很大的，由此可见，发展种植米兰树是营造地方特色经济的一种有效措施。

# 第三十五章　冬青油环保生产工艺

## 第一节　冬青油简介

冬青油又名冬绿油和天然水杨酸甲酯等，英文名称为 gaultheria oil，是一种从植物白珠树中提取出来的一种重要的芳香油，无色透明或浅黄色，带强烈白珠树气味，相对密度为 1.180～1.193，折射率为 1.535～1.536，可溶于乙醇。

冬青油主要成分为水杨酸甲酯，含量在 95%～99%，另外还含有少量芳樟醇、丁香酚、桉叶油素、香茅醛、水杨酸乙酯等。

冬青油是配制依兰依兰型、晚香玉型、金合欢型、素心兰型香水以及香精、化妆品、洗发水、沐浴液、护肤品的基本原料之一，还可用于制造牙膏、香皂等日用品。冬青油也大量用于医药，在几百年前北美洲当地人就将其用来治疗疲劳、呼吸系统疾病、心脏系统疾病和尿道不适、风湿、头痛、肌肉痉挛等疾病，冬青油还可用于按摩、足疗及芳香疗法。冬青油的主要成分水杨酸甲酯可用来生产重要药品阿司匹林。

冬青油主要是从杜鹃花科白珠属的常绿乔木白珠树的枝叶中提取出来的。白珠树形态如彩图 36 所示。白珠属的植物有百余种，其中高达 3m 的云南白珠树又称滇白珠，其产出的冬青油质量最好，含水杨酸甲酯达 99% 以上；另外还有平卧白珠树，又名平铺白珠树，会长出许多横枝，在地面连成一大片，像撒满白珍珠的绿地毯，用其枝叶蒸馏出的芳香油中含水杨酸甲酯也达 98% 左右。通常质量较好的天然冬青油基本上是利用这两种白珠树作原料。另外利用北方的甜桦树的树皮及枝条作原料，也可以蒸馏生产出水杨酸甲酯含量达 95% 的冬青油。冬青油是"名不符实"的芳香油，与冬青科冬青属的国家重点保护观赏植物冬青树没有关系。

白珠树在开花时，花朵似一颗颗白色珠子挂满树枝，非常美丽，因此被称为白珠树。滇白珠树分布在云南、广西、广东、江西、福建、湖南、台湾等地，常以野生状态分布在水溪旁、山坡上、树林边等地。白珠树喜温暖的沙质土，不涝不积水的地方长得最好。白珠树的根也是一种用途广泛的中药，滇白株树可以人工大面积种植来生产芳香油。

滇白珠树的繁殖方法有种子繁殖和扦插繁殖。

用种子繁殖时，在 7、8 月采摘紫黑色的成熟白珠树果实，除去果皮取出种子洗净可立即播种，也可以用湿沙保存种子到翌年三月再播种。播种时，要用细土来育种，挖育种沟，沟距 300mm，将种子撒落沟中，用 20mm 细土覆盖种子，当月种子会出芽，出芽率达 90％以上，当树苗长到 300～400mm 高时就可在三、四月或九、十月将其移植到田中。在专门种植用来采枝叶蒸油时，要适当密植，每亩地种 500～600 棵较适宜。

扦插繁殖可在 5、6 月份白珠树大量长出新枝时进行，将新枝条剪下约 100mm 长，保留几片上面的叶片就可将其下部插于育苗沙土床中，1 月内就可长成苗。待其长到 200mm 时就可间开育苗，每苗距 300mm 左右，待苗木长到 400～500mm 高时就可在春秋两季将其带根土球移去大田中种植，每棵苗种植距离 1m 左右，每亩种 500～600 棵苗。

白珠树移到田中第三年后长到 2m 高时就可采枝叶来蒸油，采枝叶时间适宜在 6～9 月份，此时白珠树叶含油量最高。采枝叶时将白珠树 50％的枝叶砍下蒸油，白珠树会很快萌发新枝，保持茂盛状态。

## 第二节　冬青油传统的生产工艺

冬青油在几百年前就被蒸馏生产，其使用的蒸馏方法和设备有多种形式。在几百年前北美居民取得冬青油的方法是用大锅慢火来煮熬切碎的白珠树枝叶，水少时要不断添水，煮十几个小时后将锅内水液取出，用水罐沉置，冬青油就会沉在罐底，小心除去水后就可取得留在罐底的一点冬青油，将其用来治病救人。

20 世纪起，生产冬青油就开始使用蒸馏锅，这样可提高冬青油产量和质量，这类蒸馏工艺是由印度技术人员指导，在印度北部和锡金、不丹及印度尼西亚地区采用，其设备如图 35-1 所示。

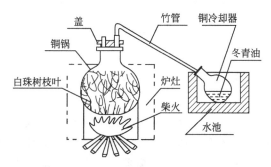

图 35-1　蒸馏冬青油的"阿塔"设备

图 35-1 所示的设备是印度香料技师使用的历史悠久的"阿塔"设备。这种蒸馏锅直径为 1m 左右，呈椭球形置在炉灶中，将切碎的平铺白珠树枝叶先在水中

浸一天后放入蒸馏锅内，浸在浓盐水或海水中来蒸馏。蒸馏锅顶部出气口接通一条打通竹节的竹管，竹管向下的一端插入一个大花瓶状的浸在水池中的铜制冷却器内。蒸馏时在蒸馏锅底烧火加热，产生蒸汽后将白珠树枝叶中的冬青油分带出，冬青油会不断聚集在铜冷却器底部，蒸馏过程中要不断倒出冷却器中的馏出液来沉淀而取得冬青油。

使用盐水蒸馏是利用盐水的密度大于冬青油的原理，使冬青油浮上水面，由此冬青油会很易被蒸汽带出而取得。如用轻于冬青油的水来蒸馏时冬青油会沉在锅底，使蒸馏很困难。这种蒸馏系统每锅蒸馏时间 20 多个小时，出油率为 $0.8\%\sim$ $1.2\%$，蒸馏工艺有明显的能耗大、出油率低的缺点。

# 第三节　冬青油的常用蒸馏设备

近二三十年来，蒸馏冬青油基本是使用较成熟的芳香油生产设备，这类设备如图 35-2 所示。

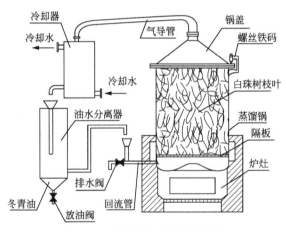

图 35-2　蒸馏冬青油的普通设备

图 35-2 中，蒸馏锅有效容积在 $1.5 \mathrm{m}^3$ 以下，锅下部有隔板，这种蒸馏白珠树枝叶的蒸馏锅全套设备都为不锈钢制，因为用铁制时冬青油颜色会变深，甚至会变成棕红色。

在蒸馏操作中将白珠树枝叶放入蒸馏锅内放满踏实，放上锅盖，上紧铁码压住锅盖就可以在炉灶点火蒸馏。蒸汽穿过枝叶将冬青油成分带出，经过冷却器冷却成含有冬青油的馏出液后进入油水分离器。白珠树油即冬青油比水重，会沉到油水分离器下面，让其积聚到一定量时打开油水分离器底部取油阀就可得到冬青油，比油轻的蒸馏水浮在上面从油水分离器的出水口流出，经回流水管返回蒸馏锅循环蒸馏，由此一直蒸馏下去，直到蒸馏结束。在蒸馏过程中，冷却器馏出液的温度要保持在 35℃左右，馏出液每小时流量为蒸馏锅容积的 10% 左右。

油水分离器是分离重油的专用分离器，其容积按蒸馏锅每立方米容积配 70L 计算，沉降高度在 1m 以上。进液管口要尽量深入，使馏出液在冲下时能接触到底部的冬青油最好。因为根据物质相吸原理，馏出液中的微小油珠碰到同分子结构的液体时就会被吸附住，使油水分离得更彻底，取得冬青油更多。

这种蒸馏锅在蒸馏白珠树枝叶时，每锅需 3～4h，出油率为 1.2%～1.6%，其效率和出油率都优于图 35-1 所示的阿塔设备，但这类设备是直接烧煤或烧柴，从环保的角度来看会污染环境。

# 第四节　环保型冬青油反向蒸馏设备及操作方法

蒸馏冬青油还可以采用更为节能和出油率更高的环保的新型设备——反向蒸馏设备，如图 35-3 所示。

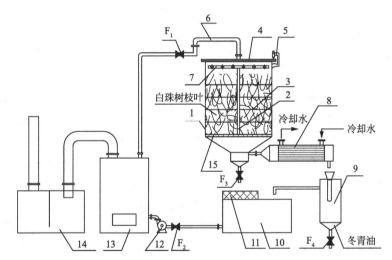

图 35-3　蒸馏冬青油的反向蒸馏设备

1—蒸馏锅；2—提料篮；3—分层网框；4—锅盖；5—压码；6—气导管；7—蒸汽喷管；
8—冷却器；9—油水分离器；10—储水罐；11—过滤网；12—锅炉水泵；
13—锅炉；14—除尘器；15—隔板；$F_1$—蒸汽阀；$F_2$～$F_4$—球阀

图 35-3 中，蒸馏锅（1）有效容积约 2m³；提料篮（2），结构如图 35-4 所示；分层隔网（3）结构如图 35-5 所示，数量有 5 个，料层高约 400mm；锅盖（4）是平板式的；螺丝压码（5）约有 16 个；环形蒸汽喷管（7）向下喷射；常压锅炉（13）的蒸汽压力在 1kgf/cm² 以内，蒸发量为蒸馏锅容积的 15% 左右，不在压力容器监管范围，是很安全的设备，对水质不讲究，可以重复利用蒸馏废水。

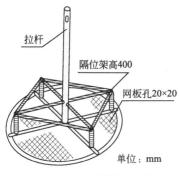

图 35-4 白珠树料提料篮

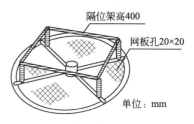

图 35-5 白珠树料分层网框

反向蒸馏设备操作步骤如下：

**1. 进料操作**

将白珠树枝叶切碎，切到 2cm 长短，即切即蒸馏，勿久置以免油分损失。将提料篮（2）放入蒸馏锅（1）内，将切碎的枝叶放入提料篮，满到限位架下 50mm 左右，要留出供蒸汽再分布的空位，再放入一个分层网框（3），依此法装满料后再放入第二个、第三个直至第五个网框，如此装满料。装满料后盖上锅盖（4），用压码（5）将锅盖压紧，再装上气导管（6）后就可进行蒸馏。

**2. 蒸馏操作**

打开蒸汽阀 $F_1$，将蒸汽经气导管放入蒸馏锅内的喷管（7），从喷管的几百个喷气孔向下均布喷射，蒸汽要尽量放大，要保持冷却器（8）馏出液每小时流量为蒸馏锅容积 10% 以上（喷管安装在锅盖下面可随盖装拆）。

在蒸馏过程中，蒸汽从上而下穿过各层枝叶，一面水散一面将油蒸出，蒸汽在各料层之间的空间再分布，使各层料的每处都有蒸汽通过。几分钟后就有水和蒸汽流进冷却器，经冷却成油水混合的馏出液后进入油水分离器（9）进行油水分离。冬青油很快沉到油水分离器底部聚集，每隔一段时间打开油水分离器的底阀 $F_4$ 取得冬青油，而分离出来的蒸馏水从油水分离器上部出水口出去，进入储水罐（10），由阀 $F_2$ 和水泵（12）定时定量地将其泵回锅炉（13）循环使用。锅炉是低压锅炉，对水质无严格要求，水中只要没有砂石、油脂就可以用。

在蒸馏约 50min 后，就要打开 $F_4$ 将积聚在油水分离器底部的冬青油放尽，蒸馏 10min 时再打开 $F_4$ 放一次，用量杯装水来观察，如发现无油时就可停止蒸馏，关闭蒸汽阀 $F_1$。

这种蒸馏方式一般出油率为 2%～2.3%，每锅蒸馏时间为 1.5h 左右。其生产效益远远高于前面两种蒸馏设备。

**3. 出料操作**

出料前拆除气导管，放松各个铁码，将锅盖连同喷气管一起吊移，待锅内的蒸汽散尽后就可将提料篮吊出来卸料，由此结束一次蒸馏操作。

蒸馏锅下部有排水阀 $F_3$，打开 $F_3$ 就可将锅内余水排放，这些水含有相当多的冬青油，要将这些水滤去杂质后放入油水分离器内，以收集其中的冬青油。锅炉在停止蒸馏前要由水泵加水，使锅炉温度下降后再关闭阀 $F_1$。在下一锅蒸馏开始时，先打开 $F_1$ 再加大火力供蒸汽给蒸馏锅。

**4. 渣料、烟气和废水处理**

蒸过油的白珠树枝叶渣干燥后可作为锅炉燃料用，一般低压锅炉的热效率是很高的，在 70％ 以上，虽然枝叶渣热值较低，但也完全够用，这样可以做到燃料绿色循环利用。

用枝叶渣作燃料时，锅炉烟气中的硫氧化物和氮氧化物都不会超标，但烟气中粉尘较多，只要在烟囱处装除尘器（14），来配合锅炉除尘，烟气就能达标排放。蒸馏废水主要是从油水分离排出的蒸馏水，可以立即供锅炉重复使用，无污水排放。

由上述操作过程可知，反向蒸馏冬青油的设备和生产工艺是环保、节能、高出油率和高效益的。

# 第三十六章 柠檬叶油环保高收益生产技术

## 第一节 柠檬叶油简介

柠檬叶油是从柠檬树的枝叶中提取出来的一种用途广泛的芳香油，英文名称为 petit grain lemon oil，是呈浅黄色到浅琥珀色的透明液体，带有强烈的柠檬叶清香味，相对密度为 0.860～0.887，折射率为 1.472～1.475，可溶于乙醇。

柠檬叶油成分有柠檬烯，占 30%～40%，是其特征成分，还有 $\alpha$-蒎烯、$\beta$-蒎烯、香叶醇、橙花醇、芳樟醇、罗勒烯、石竹烯、松油醇、桧烯、乙酸芳樟酯、乙酸香叶酯、乙酸橙花酯等成分。

柠檬叶油是很重要的芳香油，可用于配制各种高档香水、香料、化妆品、护肤品、美容品、洗发水、沐浴液、香皂、牙膏、清新剂等，还可用于制造饮料、食品，也是按摩、足疗及芳香疗法的重要材料。

柠檬树是芸香科柑橘属常绿小乔木，其形态如彩图 37 所示。柠檬树又名洋柠檬树，原产自东南亚，盛产于泰国、越南、菲律宾、缅甸等地，后来在美国、西班牙、意大利、希腊等地也大量种植，在中国南方各省也有分布。柠檬树高约三四米，最高约 6m，在平均气温 18℃时可正常生长，但不耐寒，在 -3℃以下会被冻死。柠檬树适合在酸性沙质土中生长，全年都可开花结果。

柠檬树的果实柠檬可以用来生产柠檬果油，又叫柠檬油，其成分与柠檬叶油近似，用途相同。柠檬叶油产量和需求量远比柠檬果油大，原因是柠檬树有许多刺，人工采摘柠檬果效率低，而且生产柠檬果油的设备比蒸馏柠檬叶油的设备要复杂昂贵，生产效率也低，因此柠檬果油的生产成本很高，而用机械剪枝叶来蒸馏柠檬叶油的成本较低。种植供蒸油的柠檬树要密植，要选择适合的种植地点，土地要够大够平，要适宜使用机械来收割枝叶。

柠檬树的繁殖方法有种子繁殖和扦插繁殖。用种子繁殖的方法是在每年 10～11 月摘取成熟的柠檬，切开取出种子，洗净，马上播种或留待翌年春天播种，未播种的种子要存放在阴凉处。用种子种植时先将种子放在育苗沙床中，盖上 20～30mm 厚的沙质土。在 20℃左右时，10 天内种子就可发芽，出芽率达 90%。种子出芽后待苗长到 200mm 起就可进行间苗，将各苗距离拉开到 300mm 左右进行培植，待苗木长到 500～600mm 高时就可将其移植到大田中。柠檬树如专门种植用来采枝叶蒸油时要密植，一般每苗距离 1m 左右，每亩约种 500～600 棵柠檬树。

扦插繁殖的方法是在 5 月份柠檬树大量抽出新枝时，将新枝剪下，每条枝长约 100～150mm，将枝条下部叶片去掉，保留上部新芽及两三片叶，将枝条插于沙土育苗床中，浇水保湿，不要暴晒，1 个月左右枝条就会生根发芽，成活率约 80％。稍后要施些农家稀肥，待苗长到 10 月份以后就可将其移植到大田中，种植距离与种子繁殖相同。

柠檬树大面积种植用来剪枝叶蒸馏时，在第二年开始就可剪枝叶，以剪老枝叶为主，每年可剪收 3～4 次，不论枝叶和青果，一律用来蒸油。

## 第二节 蒸馏柠檬叶油的木甑

在 20 世纪 80～90 年代就有农民蒸馏生产柠檬叶油来供给生产日用品的企业，当时采用木甑类设备来蒸馏，这类设备如图 36-1 所示。

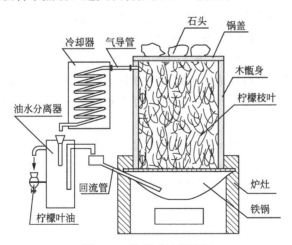

图 36-1 柠檬叶油蒸馏甑

图 36-1 中，铁锅是用较厚的生铁铸成，直径在 1.2m 左右，木甑直径配合铁锅，高度在 2m 左右，每甑可装鲜枝叶 300kg 左右，冷却器及油水分离器用星铁制，炉灶烧木柴，每甑蒸馏时间为 6～7h，出油率为 0.3％～0.4％。

这类传统木甑要烧很多木柴，出油率也很低，但投资少，容易上马，至今在东盟的一些少数民族地区仍在使用。

## 第三节　蒸馏柠檬叶油的普通设备

从 2000 年起，在云南西南部及缅甸一些地区，蒸馏柠檬叶油使用的是较流行的芳香油蒸馏生产设备，如图 36-2 所示。

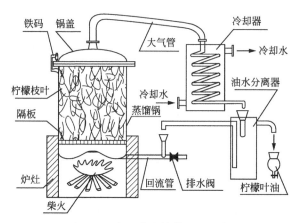

图 36-2　水上蒸馏柠檬叶油设备

图 36-2 中，蒸馏锅用钢板焊成，下部装有一块钻满小孔的隔板，蒸馏锅直径在 1.2～1.5m 之间，高度约 2m，可放枝叶 400～500kg。冷却器用蛇管式冷却器，油水分离器容积在 200L 左右，沉降高度在 1m 左右。蒸馏锅一般用十几个螺丝压码将锅盖压紧，但有些地区还有用水密封的，即将锅盖边缘插入蒸馏锅沿口的水槽中，使蒸馏锅不漏气，但要在蒸馏时不断加水入水槽，操作较麻烦，密封效果也不好。

上述设备在蒸馏柠檬树枝叶时操作过程如下：

将新鲜砍下的柠檬树枝叶（不要堆放发酵）放入蒸馏锅中，在隔板上面堆起，踏实不留空位后盖上锅盖，用十几个螺丝压码压住锅盖后就可烧火蒸馏。配合这种蒸馏锅的炉灶可以燃木柴或燃柴煤（一般柴煤指含油量高的烟煤）。每锅蒸馏时间需 3～4h，出油率为 0.4%～0.6%，效益比木甑高很多。这类设备至今为止仍是山区产地蒸馏柠檬叶油时使用的主要设备。这类设备有些缺点：其一是出油不算高，因为柠檬叶含油量达 1.2% 以上，很多油未蒸出来；其二是燃料消耗大；其三是污染环境，其烟气会污染大气。要克服上述缺点就要用环保节能设备。

## 第四节　环保型蒸馏柠檬叶油的设备及操作方法

环保型蒸馏设备如图 36-3 所示。

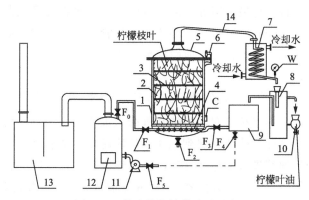

图 36-3 蒸汽蒸馏柠檬叶油设备

1—蒸馏锅；2—料篮；3—分层网框；4—蒸汽喷管；5—锅盖；6—压码；7—冷却器；
8—油水分离器；9—储水罐；10—分液瓶；11—水泵；12—锅炉；13—除尘器；
14—气导管；C—视镜；$F_0$、$F_1$—蒸汽阀；$F_2$～$F_5$—球阀

图 36-3 中，蒸馏锅（1）容积约 $3m^3$；料篮（2）结构如图 36-4 所示；分层网框（3）结构如图 36-5 所示，装料高度约 400mm，其数量有 4～5 个；螺丝压码（6）有 16 个以上，冷却器（7）是双头铝管，冷却面积约 $20m^2$，也可用 $50m^2$ 的不锈钢螺旋板冷却器代替；低压锅炉（12）的蒸汽压力为 $1kgf/cm^2$ 以内，蒸发量约为 0.5t/h，这种低压锅炉对水质无严格要求，可以重复使用蒸馏废水；除尘器（13）可以用文丘里式或布袋式。

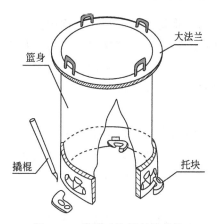

图 36-4 柠檬叶放料料篮结构

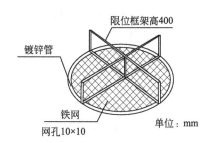

图 36-5 柠檬叶分层放料网框结构

环保蒸馏设备操作步骤如下：

## 1. 进料操作

先放水入锅（1）满到视镜（C）水平中线，将柠檬枝叶用切碎机切碎成 3～5cm 长。放料前先将料篮（2）下面的三个托块转向篮内，放入第一个网框（3）后再放枝叶料进去，装满至网框限位框面，填满不留空位，如此法操作再放入第

二个网框放满料，直到将最后第五个网框放满料后，将料篮吊入蒸馏锅内，放上锅盖（5），用 16 个铁码（6）压紧，再装好气导管（14）后就可以进行蒸馏（有条件的地方可砌地坑，放入料篮与地面持平，装料就很方便）。

### 2. 蒸馏操作

先打开阀 $F_1$ 放锅炉（12）的蒸汽进入环形喷管（4），让蒸汽从几百个小孔分散向上喷射，并带起水雾湿润柠檬枝叶进行水散作用，蒸汽一面进行水散，一面加热柠檬枝叶。当柠檬枝叶升温到约 100℃ 时就有大量蒸汽穿过枝叶将油分带出锅外，蒸汽经气导管进入冷却器（7），被冷却成包含柠檬叶油和蒸馏水的混合馏出液，流出冷却器进入油水分离器（8）进行油水分离。柠檬叶油比水轻很多，很快就浮上水面聚集，从油水分离器上部出油口流出，将其用容器或分液瓶（10）来收集，就得到浅黄色的柠檬叫油。由蒸汽凝成的蒸馏水从油水分离器稍低于出油口的出水口流出进入储水罐（9），用作下一锅蒸馏时重复使用及作锅炉（12）补给水，循环使用不排放。

在蒸馏过程中，要保持从冷却器流出的馏出液温度在 35℃ 左右，这要靠调节进入冷却器的冷却水流量来控制。馏出液每小时的流量要保持为蒸馏锅容积的 10％ 以上，这要靠蒸汽阀 $F_1$ 来调节进入蒸馏锅的蒸汽量来控制。

一般每锅蒸馏时间在 1.5h 左右，当油水分离器上部出油口没有油滴出时就可停止蒸馏，关闭阀 $F_1$。一般出油率为 0.9％～1.2％。

### 3. 出料操作

蒸馏停止后，卸下气导管，放松所有铁码，将锅盖移开后，待锅内蒸汽散尽就可将料篮吊出来卸料，同时将另一个装好料的料篮放入蒸馏锅内重新开始下一锅蒸馏操作。从料篮卸渣料时，先将料篮放在地上，撬转其下部的三个托块，再将其吊起。各层分层网框就会留在地面，很容易就将渣料卸出。

### 4. 废水、渣料、烟气处理

锅底部的少量余水由 $F_2$ 排放经过滤后返回储水罐，供锅炉重复使用，也可直接供除尘器（13）作补充水用。由于柠檬枝叶会吸收一些水分，除尘器也会挥发一些水分，因此必须不断补充新鲜水到储水罐供给锅炉用，才能继续蒸馏下去，因此没有废水排放。

蒸过油的叶渣可以用作肥料和沼气原料，也可以将其干燥后作锅炉燃料。由此可自给自足，节省燃料费用。

在烧柠檬枝叶渣的锅炉排出的烟气中，一般情况下其硫氧化物和氮氧化物含量都不会超标，但烟尘会很大，所以一定要设置一个除尘器来除尘，这样做烟气才能达标排放。

由上述操作过程可知，这种分层蒸馏柠檬枝叶的设备和操作工艺在生产中是没有污水排放的，燃料是绿色循环利用的，烟气是达标排放的，而且出油率也达到最高水平，总体生产效益是很高的。

　　发展柠檬叶油生产是个很有前景的产业，每亩柠檬树每年可产枝叶 4000kg 以上，可产出芳香油约 40kg，按目前市场价格，产值达 2.4 万元以上，而实际生产成本是很低的，柠檬叶油生产很适合用来发展地区经济。

# 第三十七章　蓝桉油环保生产技术

## 第一节　蓝桉油简介

蓝桉油是从蓝桉树的枝叶中提取出来的芳香油，颜色浅黄透明，带有樟脑气味，略带些刺鼻气味，相对密度为 0.906～0.930，折射率为 1.459～1.467，可溶于乙醇。

蓝桉油成分有桉叶油素，占 60％左右，是蓝桉油的特征成分，另外还含有 α-蒎烯、β-蒎烯、月桂烯、异戊醛、苧烯、水芹烯、桂醛、对伞花烃等。

蓝桉油是世界各国需求量很大的一种芳香油，主要用于配制香料、香水、香精，可用于制造化妆品、护肤品、清新剂、洗洁剂、沐浴液、香皂、牙膏，可用于制造食品，如口香糖、点心、饮料等，也可用于芳香疗法及医药品。

蓝桉树原产于澳大利亚，是桃金娘科桉树属的高大乔木，可长到几十米高，其树皮会自动剥落露出浅蓝色的树身，故称蓝桉。19 世纪蓝桉传播到各国，在中国的南方各省都有种植，以云南种植最多。蓝桉树形态如彩图 38 所示。

世界上桉树的种类有 500 多种，在我国种植用来生产芳香油的桉树只有几种，即蓝桉、柠檬桉、柳叶桉等，这些桉树与目前被广泛大面积种植的、以生产木材为目的的速生桉相比，属于"慢生桉"，每年长高速度不到有些速生桉的三分之一。速生桉是人工培育出来的杂交桉树，生长极其迅速，主要用于造纸业及人造板业，其枝叶不含香料产业所指的桉油成分，故不能用来蒸馏芳香油。

要大面积种植桉树，必须经过论证才能种植，在生活区、水源区、农业区不能种植，在其他地区种植也要慎重，否则会造成生态问题。速生桉的枝叶含有大量鞣酸，又叫单宁酸，联合国卫生组织已将其列入致癌物名单中。速生桉砍伐后，如果枝叶留在地上腐烂，鞣酸就会污染土地和水源；而蓝桉的枝叶都用来蒸油，不会留在地上腐烂造成污染。

用于生产芳香油的蓝桉树的繁殖方法主要是用种子繁殖。用种子繁殖是在秋季见到蓝桉树果实开裂时就可将其采摘，暴晒几天后敲打果壳，种子会自动掉出，其种子比芝麻略大，每一百斤蓝桉树果实种子得率为 1.5％左右。将种子在春天时节拌草木灰和细沙土后均匀撒播于育苗地中，每粒种子相距 50～60mm，撒种后在种子面上盖上一层细土保湿，用稻草盖住，10天内就有大批种子发芽，长出小苗。当苗长到100mm高左右时就要将小苗间开距离约300mm来培育，淋些稀氮肥水。待蓝桉树苗长到500～600mm高时就可将其移植到种植地点去定植，用来蒸油的蓝桉每苗间距为1.5m左右，一般每亩可种250～300棵蓝桉树。由于以大量砍枝叶来蒸油为主要目的，所以施肥要以氮肥为主。

蓝桉树长到第三年就可以砍枝叶来蒸油，要将蓝桉矮化以方便砍枝叶，应先将树冠砍去，由其树干及大枝干再萌发新枝，蓝桉生命力极强，很快就再长得茂密。蓝桉树每年可砍几次枝叶，在五六年后每亩蓝桉树每年可产出5～6t鲜枝叶供蒸油。蒸油前最好将枝叶晒干再蒸油，晒干的枝叶含油量会增加。

## 第二节　传统的蒸馏蓝桉油的方法

20世纪七八十年代起，在广西、云南等地就有不少农民蒸馏生产蓝桉油，其最早使用的设备是传统的木甑蒸馏设备，如图37-1所示。

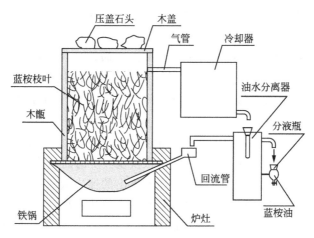

图37-1　蒸馏蓝桉油的木甑

这种木甑设备每锅可放蓝桉枝叶约200kg，每锅蒸馏约需5～6h，干叶出油率在1%以内。这种甑出油率较低，而且浪费能源。

20世纪90年代起，蒸馏蓝桉油普遍使用铁制的通用蒸馏设备，一直沿用至今。这种蒸馏蓝桉油的设备如图37-2所示。

图37-2中，蒸馏锅（1）的容积约在3m³以内，可放鲜枝叶300～500kg。上述设备蒸馏蓝桉油的操作过程大致如下：

先放水入蒸馏锅（1）满到隔板面，如蒸馏干枝叶时水要满过隔板面上面60～100mm，因为干枝叶在蒸馏过程中要吸收很多水分。放水后就可以将蓝桉树

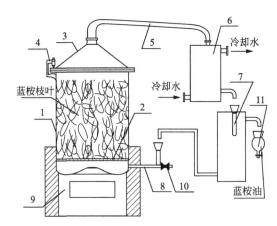

图 37-2　蓝桉油蒸馏设备

1—蒸馏锅；2—隔板；3—锅盖；4—压码；5—气导管；6—冷却器；
7—油水分离器；8—回流管；9—炉灶；10—排水阀；11—分液瓶

叶放入蒸馏锅内，要放得均匀不留空位，踏实，以免蒸汽短路。装料后盖上锅盖（3）用多个螺丝压码（4）压紧，再装上气导管（5）来连通蒸馏锅和冷却器（6），将冷却器装满水后就可以在炉灶（9）烧火蒸馏。

烧火到一段时间后，听见锅水发出响声时就要不断放水入冷却器，此时就会有蒸汽穿过锅内的蓝桉枝叶将油分带出。蒸汽经锅盖、气导管进入冷却器，被冷却成油水混合的馏出液流出冷却器后，再流进油水分离器（7）进行油水分离。蓝桉油轻于水浮上水面，从油水分离器上面出油口流出，用容器或分液瓶（11）将其收集就得到蓝桉油。

蒸馏水从油水分离器下面的出水口流出，进入回流水管（8）返回蒸馏锅重新蒸馏，由此不断循环蒸馏下去，直至将蓝桉枝叶中的油分蒸完。

在蒸馏中要尽量烧猛火，保持从冷却器流出的馏出液每小时流量控制在蒸馏锅容积的8%以上，馏出液流量越大，蒸馏速度越快，出油率越高。从冷却器流出的馏出液温度要控制在35~40℃之间，要用调节流入冷却器冷却水流量大小的方法来控制。这种蒸馏锅每锅蒸馏时间为2~3h，蒸馏鲜叶出油率达0.9%~1.2%，蒸馏干叶出油率达2%~2.5%。

上述这种蒸馏蓝桉油的设备虽然有能耗大、出油率不高、不能取得最大收益的缺点，然而在过去的年代中，这类蒸馏锅还算是一种效果不错的设备。

但在环保要求严格的情况下，这种设备的主要缺点就凸显出来了：其一是其废水是黑褐色的，因为含有大量蓝桉叶中的鞣酸成分，这些黑水如不经处理就排放会严重污染环境，如流入农田池塘，鱼虾都会死掉，禾苗蔬菜也不能生存；其二是这种蒸馏锅的烟气极浓，烧煤时烟气未经处理就排放会严重污染大气。出现这两种情况环保部门都是禁止的。

# 第三节　蒸馏蓝桉油的环保型设备及操作方法

在蒸馏生产蓝桉油时，必须采用环保的蒸馏设备和蒸馏新工艺，环保的蒸馏设备如图 37-3 所示。

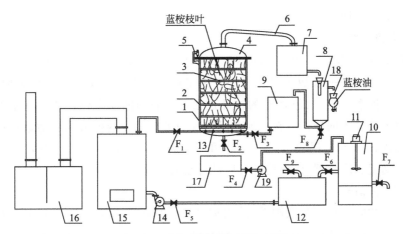

图 37-3　蒸馏蓝桉油的环保型设备

1—蒸馏锅；2—料篮；3—分层网框；4—锅盖；5—压码；6—气导管；7—冷却器；
8—油水分离器；9—储水罐；10—废水处理池；11—搅拌器；12—锅炉供水箱；
13—环形喷管；14—锅炉水泵；15—锅炉；16—除尘器；17—废水池；
18—分液瓶；19—水泵；$F_1$—蒸汽阀；$F_2 \sim F_9$—球阀

图 37-3 中，蒸馏锅（1）容积为 $2 \sim 3m^3$；料篮（2）结构如图 37-4 所示，其下部有转动托块；分层网框（3）结构如图 37-5 所示，层高约 400mm，共有 $5 \sim 6$ 个；压码（5）有 16 个以上；低压锅炉（15），蒸汽压力在 $1kgf/cm^2$ 以内，不列

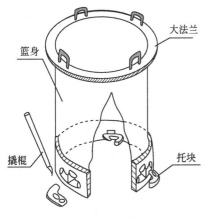

图 37-4　料篮结构

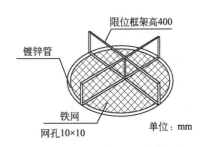

图 37-5　分层放料网框结构

入压力容器监管范围,是安全设备,其对水质要求不严格,可利用蒸馏废水,蒸发量约为蒸馏锅容积的15%,要选用大炉门的锅炉;除尘器(16)有布袋式和文丘里式,其中文丘里式除尘器,是用水来吸附粉尘,除尘器主体可用砖砌,造价低廉但很有效。

上述设备中的蒸馏锅、料篮、分层网框、锅盖、蒸汽喷管都必须用不锈钢制造,可以减少蒸馏废水变黑色。

环保蒸馏操作步骤如下:

### 1. 进料操作

先将蒸馏水储水罐(9)内的水通过阀 $F_3$ 放入锅(1)内,将晒干的蓝桉枝叶切碎成 20~30mm 长放入料篮(2)。先将料篮下面的三个活动托块转向篮内,放入第一个网框(3)后放切碎的枝叶进去,放满到网框限位架止,铺平不留空位,再放入第二个网框再放料,如此操作直到最后一个网框放满料后就可将料篮吊入蒸馏锅内,盖上锅盖(4),用十几个压码(5)压紧锅盖,再装上气导管(6)来连通锅和冷却器(7)后就可以进行蒸馏。

### 2. 蒸馏操作

蒸馏开始时先打开蒸汽阀 $F_1$ 放锅炉(15)的蒸汽入环形喷管(13),蒸汽通过喷管的几百个小孔向上喷射各层蓝桉枝叶,一面水散一面加热,当枝叶温度升到约 100℃ 时就会有大量蒸汽穿过枝叶层将其中的油分带出。蒸汽经锅盖、气导管后进入冷却器,被冷却成油水混合的馏出液后,再进入油水分离器(8)被分离成蓝桉油和蒸馏水。

蓝桉油比水轻浮上水面,从油水分离器上部出油口流出,用容器或分液瓶(18)接住就取得蓝桉油。蒸馏水从油水分离器下部的出水口流出,进入储水罐(9)储存,留作下一锅蒸馏时重复使用。

在蒸馏中要保持馏出液每小时流量约等于蒸馏锅容积的 10%~12%,馏出液温度要控制在 35~40℃ 范围内。在蒸馏约 1.5h 后,当看到油水分离器的出油口没有油滴出时就可停止蒸馏,关闭蒸汽阀 $F_1$。这种分层蒸馏蓝桉油的设备在蒸馏干枝叶时出油率可达 3%~4%,可见其有明显的蒸馏速度快及出油率高的优势。

### 3. 出料操作

蒸馏结束后打开蒸馏锅底部阀门 $F_2$,将锅内余水放出,再拆去气导管,放松所有铁码,将锅盖移走,等锅内蒸汽散尽后就可将料篮吊出来卸料,同时将另一个已装好料的料篮放入蒸馏锅内重新开始蒸馏操作。料篮卸料时先将其放在地上,撬转其下部三个托块后,吊起料篮就可将全部分层网框放出,可将渣料卸下。

蒸完油的枝叶渣可用来作燃料,枝叶渣卸下后要立即摊开进行干燥,当枝叶渣表面不见水迹时就可马上用作燃料。

蒸馏锅蒸完蓝桉油剩下的锅底水要经阀 $F_2$ 排放到废水池（17）中，再经阀 $F_4$ 和水泵（19）将其泵入废水处理池（10），当锅底水装满池时就要将其进行处理再重复利用。处理方法是先将一定量碱液放入池中，开动搅拌器（11），使碱液与锅底水进行酸碱中和，要陆续少量加入碱液，不断用试纸检验水液的酸碱度，直到显示中性为止。将锅底水调节到中性后就可放入沉絮剂来将其沉清，一般可放明矾、硫酸、氯化钾等沉絮剂。要事先按使用说明计算好用量，当池水温度降到 40℃ 以下时将其洒入池中，开动搅拌器混合后静置，一般几个小时后就可见池的水变得清澈。此时可打开阀 $F_6$ 将这些清水放入锅炉供水箱（12）中就可供锅炉用，由阀 $F_5$ 和水泵（14）将这些水输进锅炉，这些水也可以供除尘器（16）补水。

留在水池中的沉絮渣可由阀 $F_7$ 放出，将其滤去水分后与锅炉灰混合作肥料用。废水处理池可用金属焊制，如生产量大、锅底水较多时可多做几个。锅炉用水不能单靠上述的蒸完油的蒸馏分离水和锅底水来重复回用，干枝叶在蒸馏过程中会吸走大量蒸汽的水分，除尘器也要挥发掉很多水分，因此必须不断补充新鲜水才能使蒸馏生产进行下去。由阀门 $F_9$ 处补入新鲜干净自来水到锅炉水箱中，每蒸馏一锅要补充的新鲜水量约为枝叶量的 50% 以上，才够供锅炉用。

由此可知，上述设备在蒸馏蓝桉枝叶的生产过程中是没有污水排放的，还要不断补充新鲜自来水。锅炉用水实际上是处理后的废水加上新鲜水以及蒸馏分离水，三者的量各为三分之一。

枝叶渣作燃料就是生物质燃料，由于枝叶渣已切碎，可以用风力来输送入锅炉内燃烧，可大大减轻烧火工作强度。锅炉烧枝叶渣时其烟气中是没有硫氧化物的，氮氧化物也不会超标，虽然烟尘会多些，但只要设置除尘器来配合锅炉，烟气的各项排放指标都能达标。

用蓝桉枝叶渣作燃料是足够锅炉用的，而且还有很多剩余，因此这种生产方式是可以做到燃料绿色循环、自给自足的。

蓝桉油生产有很高的经济效益，一般每亩蓝桉树种植三年后就可采枝叶来蒸油，以后每年枝叶产量会迅速增加，到第六年每亩蓝桉可产枝叶最高达 5000～6000kg，可蒸得蓝桉油 70～90kg，按目前蓝桉油市场价格估算产值约达 2.5 万～3 万元，收益是非常可观的，比种速生桉能增收许多倍。

但要发展蓝桉油生产，第一是要在种植前先论证，以免破坏生态；第二是要采用上述无污水排放、烟气达标排放、出油率高、燃料绿色循环的工艺和设备，这样才能使蓝桉油生产取得最大收益，可以长期发展下去。

# 第三十八章　藿香油环保生产技术

## 第一节　藿香油简介

藿香油又名土藿香油，英文名称为 palchonli oil。藿香油是从植物藿香的枝叶提取出来的一种芳香油，带有强烈的木香、药香等气味，气味持久不散，藿香油呈红棕色，相对密度为 0.954～0.9848，折射率为 1.507～1.5156，可溶于乙醇。

藿香油成分有甲基胡椒酚，为其特征成分，占 80%～90%（日本产的含量最高），还有其他成分如柠檬烯、丁香烯、α-蒎烯、β-蒎烯、芳樟醇、对伞花烃等。

藿香油可用于配制香料、香精、香水，是一种重要的定香剂，可用于生产香皂、化妆品、沐浴液，可用于按摩、足浴、芳香疗法等，还可用于制药，用于治疗肠胃病、感冒、头痛、呕吐、消化不良、甲状腺亢进等疾病。在东盟、日本、俄罗斯等地，藿香油主要用作制药。

藿香油是蒸馏藿香的枝叶茎而得，藿香草的形态如彩图 39 所示。藿香又名土藿香、大叶薄荷。藿香与广藿香是不同属的植物，广藿香是唇形科刺芯草属植物，而藿香是唇形科防风草属植物，广藿香油的成分以广藿香醇和广藿香酮为主，而藿香油不含上述两种成分，以胡椒酚为主，所以这两种芳香油的成分是不同的。

藿香高为 1m 左右，最高可达 1.5m，藿香开浅色紫红花，非常美丽。藿香是多年生植物，主要分布在俄罗斯、日本、朝鲜、中国东北等地，在我国四川、江苏、浙江、湖南、广东、广西都有分布。藿香在一般土壤都可生长，藿香喜湿、喜温，藿香根在土中可耐低温至 −30℃，到春天又再发芽。因此藿香可以在中国大部分地区生长。

藿香的繁殖方法有两种，一是用种子繁殖，二是分株繁殖。

种子繁殖是在 11 月份收采成熟的变成棕色的藿香果实，晒干打去壳后取出其中细如芝麻的种子，在 3 月份播种。将种子和草木灰、细土、沙子混合后撒播于整理好的田沟中，将种子平压在土中，再盖上细土约 10mm 厚，遮住种子即可，再洒些水保湿。7～8 天后种子就会发芽，待芽苗长到 100mm 高时就要陆续进行疏苗，将过密的苗分隔开，按每棵苗 300mm 距离进行间苗，每亩地种6000～7000 棵藿香较适合。田间管理要常淋水保湿，定期施稀氮肥。

分株繁殖是将去年留在地下的藿香根在 5 月份长出的众多新芽株中，除留下 1～2 株外，将其他的苗株移出种到其他大田去，这种分株繁殖的苗叫宿根苗，长得很快，会提前 1 个月开花。

藿香原是野生植物，广泛分布于山地、斜坡、路边、野外荒地中，对病虫害有较强抵抗力，但在雨天过多、土地积水、过涝时就会出现烂根、全株枯萎等情况，因此要注意排水。另外还有红蜘蛛、蚜虫等害虫会侵害藿香幼苗，要注意喷杀虫剂防治。

藿香是可食用的植物，而且是很有风味的高钙、多维生素食材，在国内外许多地方都将其当特色蔬菜来食用。藿香作为蔬菜可以随时采摘，但用来蒸油时每年只可收割两次，第一次是将要出穗开花前，即 5 月份左右，第二次在 10～11 月之间。藿香收割后要立即晒干、切碎，用麻袋封密，存放阴凉处用来蒸油或做中药，以免香气流失。

# 第二节　传统的藿香油生产方法

蒸馏藿香油有悠久的生产历史，20 世纪，在东南亚及我国西南部就有农民用木甑来蒸馏藿香油。20 世纪 80 年代农民使用的蒸藿香油的木甑结构如图 38-1 所示。

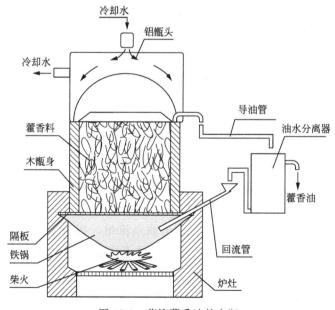

图 38-1　蒸馏藿香油的木甑

这种木甑的高度为 1.5m 左右，直径为 1.2m 左右，可放 200～300kg 藿香干枝叶，炉灶烧木柴。这类木甑是一种回水常压蒸馏的传统设备，使用铝甑头作冷却器，每锅蒸馏时间约 7～8h，出油率为 0.4%～0.5%。当年在四川、广东、广西地区都有农民使用，由于可节省资金，这类木甑至今在东南亚地区仍有农民使用。

20 世纪 90 年代起，在我国蒸馏藿香油的地区基本上都采用较现代化的蒸馏设备，如图 38-2 所示。

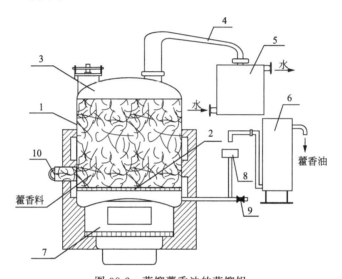

图 38-2　蒸馏藿香油的蒸馏锅

1—蒸馏锅；2—隔板；3—进料口；4—气导管；5—冷却器；6—油水分离器；
7—炉灶；8—回流管；9—排水阀；10—出料口

图 38-2 中，蒸馏锅（1）有效容积约 2m³，冷却器（5）用铝蛇管式，冷却面积 16m² 以上。

上述设备在蒸馏时先放水入锅满到隔板面，再从投料口（3）放藿香切碎料进入蒸馏锅内装满，关好进料口后就可在炉灶（7）点火蒸馏，炉灶可燃煤（柴煤）或木柴。当锅内的水烧沸后产生蒸汽，蒸汽穿过藿香枝叶将藿香油成分带出，从锅顶出去经气导管（4）进入冷却器，被冷却成液体后进入油水分离器（6），再分离出水和藿香油。

藿香油比水轻，从油水分离器上面出油口流出，用容器接盛收集得到藿香油，蒸馏水从油水分离器底部出水口出去，进入回流水管（8）返回蒸馏锅重新蒸馏。

蒸馏时火力越猛，蒸馏速度越快，出油率越高，在蒸馏 2～3h 后，当见到油水分离器上部出油口没有油流出时就可熄火停止蒸馏。一般每锅蒸馏时间 2.5～3h，干叶出油率为 0.6%～0.7%。蒸馏结束时，打开进料口，让锅内热气蒸发后就可打开出料口（10），将藿香渣料扒出，再补水入蒸馏锅，满到隔板面后就可重新放料蒸馏。这种蒸馏藿香油的设备至今仍是各地农村蒸馏藿香油主要使用的设备。

这种设备虽然有操作方便、出油率较高的优点，但在今天环保法规严格的情况下，这种以木柴或烟煤作燃料的、烟气未处理就排放的蒸馏锅是不能使用的。

# 第三节　蒸馏藿香油的环保型设备及操作方法

由于广藿香油不断取代藿香油在医药中的位置，藿香油使用范围逐渐偏向香料、香水、日用品、化妆品、芳香疗法方面，由此生产规模也日益小型化。目前能适应当前环保要求的藿香油蒸馏设备如图 38-3 所示。

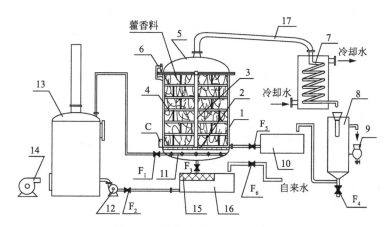

图 38-3　蒸馏藿香油的环保设备

1—蒸馏锅；2—隔板；3—提料篮；4—分层网框；5—锅盖；6—压码；7—冷却器；
8—油水分离器；9—分液瓶；10—储水罐；11—蒸汽喷管；12—锅炉水泵；
13—锅炉；14—燃烧器；15—过滤网；16—锅炉供水箱；17—气导管；
F₁—蒸汽阀；F₂~F₆—球阀；C—视镜

图 38-3 中，蒸馏锅（1）直径约 1.2m，有效容积约 $2m^3$；提料篮（3）结构如图 38-4 所示，放料限位架高 350mm；分层网框（4）结构如图 38-5 所示，限位架高与提料篮相同，数量可达 5~6 个；螺丝压码（6）约有十几个；低压锅炉（13）压力在 $1kgf/cm^2$ 以下，对水质要求低，可利用蒸馏废水；燃烧器（14）可燃天然气或液化气。

环保蒸馏设备操作步骤如下：

**1. 进料操作**

先放水入蒸馏锅（1），满至视镜（C）的水平中心线，此时锅内水位满到蒸汽喷管（11）上面 100mm 高左右，喷管面上的水量等于干藿香料质量的 40% 左

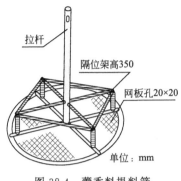

图 38-4　藿香料提料篮

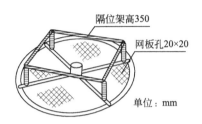

图 38-5　藿香料分层网框

右。然后将提料篮（3）放入蒸馏锅内的隔板（2）面，将藿香料放入锅内堆满到提料篮的限位框高度约 60%，摊平不留空位（提料篮的网板孔不能太大，以免物料掉下，通常用网孔为 10mm×10mm 的金属网作底网），再放入一个分层网框（4），再放入藿香料堆到网框的限位框高度 60%，摊平不留空位，如此再放入下一个网框直到最后一个分层网框，此后就可放上锅盖（5），用十几个压码（6）把锅盖压紧，再放水入冷却器（7）后就可进行蒸馏。蒸馏干藿香料时，要注意每层都要留出足够的空位供干料膨胀占用。

**2. 蒸馏操作**

先打开蒸汽阀 $F_1$ 放蒸汽入蒸汽环形喷管内，蒸汽被钻满小孔的环形喷管分散成几百股分流向上喷射，穿过水层带起水雾湿润各层藿香料，同时进行加热升温。当料层温度接近 100℃时，蒸汽就带出藿香油成分，从锅顶出去，经锅盖进入冷却器，被冷却成液体后成为藿香油和蒸馏水混合的馏出液，再进入油水分离器（8）分离出藿香油和蒸馏水。藿香油轻于水，从油水分离器上面出油口流出，进入藿香油分液瓶（9），由此得到藿香油，蒸馏水从油水分离器下部出水口流出，进入储水罐（10），留作下一锅蒸馏用。

在蒸馏过程中，要保持馏出液温度在 35℃左右，馏出液每小时流量等于蒸馏锅容积 10% 左右，$2m^3$ 蒸馏锅在蒸馏过程中每分钟馏出液流量为 3.3~4kg。在蒸馏 1.5h 后，油水分离器出油口无油滴出时就可关闭阀 $F_1$ 及燃烧器停止蒸馏，出油率可达 0.8%~1.2%。

**3. 出料操作**

蒸馏结束后，打开锅底阀 $F_2$，将锅内余水放出，再放松各个压码将锅盖移开，待锅内蒸汽散尽后将提料篮拉起，就可将各层藿香渣料卸出锅外，以后就可从头开始放料蒸馏。

**4. 废水、渣料、烟气处理**

将锅底部的余水经过滤网（15）过滤后进入锅炉供水箱（16）重新供低压锅炉（13）使用，由阀 $F_2$ 和泵（12）供水给锅炉。因锅底的余水不够锅炉用，锅

炉供水箱要由阀 $F_6$ 补充新鲜水或自来水,每次补水量为干藿香料吸收的水分质量的 50%左右,将这些新鲜水混合锅底余水供锅炉使用,由此做到无废水排放。

蒸过油的枝叶渣可以作沼气原料和肥料,在没有燃气的情况下也可以将其晒干作燃料,基本足够锅炉用,由此可节省了燃料费用。用枝叶渣作燃料时,排放的烟气中无硫氧化物,氮氧化物也不会超标,但锅炉要改用烧草的专用大炉门锅炉,还要增加除尘器来除尘,烟气可达标排放。由上述操作过程可知,这种蒸馏藿香油的生产方法是没有污水排放的,烟气也是达标排放的,用废渣作燃料也可自给自足,出油率也可达最高水平。

# 第三十九章　玫瑰油环保生产技术

## 第一节　玫瑰油简介

玫瑰油是从玫瑰花中提取出来的一种芳香油，英文名称为 rose otto，是浅黄色到黄色的液体，相对密度为 0.849～0.890，折射率为 1.452～1.470，可溶于乙醇。

玫瑰油的成分有二三百种化合物，主要有香茅醇、香叶醇，还有乙酸香叶酯、芳樟醇、丁香酚乙醚、香橙烯、紫苏醛、紫罗兰酮、橙花椒醇、金合欢烯、丁香酚甲醚、丁香酚等，不同品种和不同产地的玫瑰油成分有很大差别。

中国玫瑰油主要有三种，产量最大的是苦水玫瑰油，2017 年产量达 1200kg，占中国玫瑰油产量 80％以上，另外还有平阴玫瑰油和河北大马士革玫瑰油。这三种油成分是有些差别的，苦水玫瑰油和平阴玫瑰油中香茅醇和香叶醇两种成分的总和均占一半以上，而河北大马士革玫瑰油中这两种成分仅约占 30％。

玫瑰油是一种昂贵的芳香油，在有些时期与黄金等价，是一种用途广泛的天然贵重香料，可配制各种高级香水、化妆品、护肤品，可配制多种香型的香精，如苹果型、桃型、草莓型等的香精、香水，还可用于生产食品、酒类、烟草、糖果等，也是芳香疗法的重要原料。

玫瑰是蔷薇科蔷薇属多年生落叶灌木，玫瑰形态如彩图 40 所示。玫瑰原产于中国，现分布在美国、俄罗斯、印度、保加利亚、亚洲东部等地。中国的北京、江西、陕西、新疆、河北、河南、山东、山西、辽宁、内蒙古、宁夏、安徽等地都有种植。中国大规模种植的玫瑰品种有甘肃永登县苦水镇的苦水玫瑰，山东平阴县的平阴玫瑰，河北的大马士革玫瑰及百叶玫瑰等几个品种。

玫瑰耐寒、耐旱，在一般土壤中或微酸微碱性土壤中都能生长，在阳光充足、排水良好的地方最适合玫瑰生长。玫瑰繁殖方法有扦插、分株、嫁接、种子播种等，一般大面积种植时以扦插育苗为主。扦插一般在秋季进行，剪取有三四个芽的枝条，长约 100mm，仅留几片叶扦插于沙土床中，要用草棚遮盖，保持通风、透光、保湿，一个月后枝条就长根，当其长到 400～600mm 高时就可将其移入大田中，施以农家肥或复合肥，玫瑰会长得很快。分株法是在 3 月间将老玫瑰树根部附近长出的新株连土挖出移植到大田中，在大田种植玫瑰时每棵距 1.5m 左右，行距 2m 左右。种子和嫁接繁殖一般为庭院种植用。玫瑰害虫主要是天牛和三节叶蜂，要及时喷药灭杀。

　　用于蒸油的玫瑰花开放期在 4～6 月，不同品种的玫瑰开花时间不同，但都在这个时间段内，玫瑰花开到一半时含油量最高，最好在此时将其采摘。采摘玫瑰花要在天亮开始直到上午 10 时左右，采摘下来的玫瑰花可作药用、食用以及蒸馏玫瑰油。玫瑰花来不及蒸馏时要浸水来保存，一般在三天内蒸油的鲜花用清水浸，在十天内蒸馏的鲜花用 10％盐水浸，在一个月内蒸馏的鲜花用 20％盐水浸。

# 第二节　传统的玫瑰油生产方法

　　自 20 世纪 90 年代，在中国西北部就有人用简易水中蒸馏设备来蒸馏，这类蒸馏设备见图 39-1。

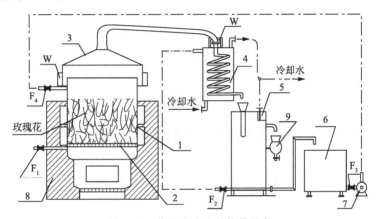

图 39-1　蒸馏玫瑰油的简易设备

1—蒸馏锅；2—隔板；3—锅盖；4—冷却器；5—油水分离器；6—馏出水储罐；
7—水泵；8—炉灶；9—分液瓶；$F_1$～$F_4$—球阀；W—水密封

　　图 39-1 中，蒸馏锅（1）容积约 $2m^2$；冷却器（4）用蛇管式；油水分离器（5）带有热水夹套来保温；炉灶（8）通常是烧煤或木柴。上述设备的蒸馏操作过程如下：

### 1. 进料操作

　　将玫瑰花放入锅中，按花水质量比 1∶3～1∶4 放入清水，装料满到蒸馏锅的三分之二为止，放上锅盖（3）连通蒸馏锅和冷却器（4）。在两端的密封水环中放满水，用水来挡住蒸汽泄气（水密封）。在冷却器放满水后就可进行蒸馏。

### 2. 蒸馏操作

　　在炉灶（8）烧火，可烧木柴和烟煤（又叫柴煤），尽量加大火力使水迅速烧开，水烧开后约在半小时内，就有蒸汽从花料中带出玫瑰油，经气罩进入冷却器，被冷却成含有蒸馏水和玫瑰油的馏出液后进入油水分离器（5）。玫瑰浮上水面，在油水分离器顶部聚集，从玻璃管可见玫瑰油，这些油是头馏分油，是最重要的部分。蒸馏水从油水分离器下面出水口进入储水罐,这个过程连续不断,直至蒸馏结束。在蒸馏半小时后取走头馏分油后就要加猛火力继续蒸馏,直到蒸出相当于花料重量的水液为止。

油水分离器要做得足够大,按每立方米蒸馏锅的体积配80L来设计,沉降高度要有800mm以上。为了保持油水分离器内液体温度在35℃左右,应在油水分离器外壳设置夹层,放入热水来保温,其热水来源由冷却器供给,当油水分离器需要保温时,打开阀$F_2$放冷却器的热水进入油水分离器夹层来流动即可。

在蒸馏7~8h后,蒸出锅内相当于花料重量的水液后,就可熄火停止蒸馏。有些加工户在锅水中放盐以提高出油率,一般放盐量为锅水量的4%~7%。用上述设备来蒸馏玫瑰花油一般出油约0.02%~0.03%。

### 3. 出料操作

先放尽锅水再将花料清出,如事先将一个网板放入锅底再放入花料,在蒸完油出料时,拉起几条拉索,就可由网板将全部花渣拉起卸出锅外,出料后要清洗蒸馏锅后才能再放花料来进行下一锅蒸馏。

上述设备是烧煤或木柴的,其烟气会对环境有影响。

## 第三节　用蒸汽蒸馏玫瑰油的设备及操作方法

近年来,蒸馏玫瑰油还有用蒸汽来蒸馏的,这种设备蒸馏速度较快,出油率也较高,这类设备如图39-2所示。

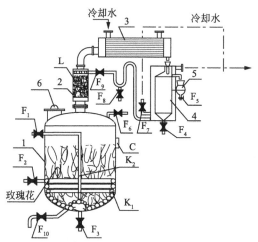

图39-2　蒸馏玫瑰油的蒸汽式蒸馏设备

1—蒸馏锅;2—分馏柱;3—冷却器;4—油水分离器;5—集油瓶;6—投料口;
$K_1$—加热盘管;$K_2$—蒸汽喷管;C—液位视镜;$F_1$,$F_2$—蒸汽阀;
$F_3$~$F_9$—球阀;$F_{10}$—疏水阀;L—填料

用蒸汽来蒸馏玫瑰油的操作步骤如下：

### 1. 进步操作

将花料从投料口（6）放入蒸馏锅（1），蒸馏用水从 $F_6$ 处放入蒸馏锅，花水比约为 $1:1.25$，放料满到锅视镜（C）的水平中线为止，关闭投料口后就可以进行以下蒸馏操作。

### 2. 蒸馏操作

打开阀 $F_2$，放蒸汽进入蒸馏锅内的加热盘管 $K_1$，由 $K_1$ 传热给蒸馏锅内的水液，将其升温，待其温度上升到 100℃ 时就会产生蒸汽来蒸馏。蒸汽带出玫瑰花头馏分经分馏柱（2）进入冷却器（3）被冷却成玫瑰油和蒸馏水混合的馏出液，流入带有保温夹套的油水分离器（4）。玫瑰油比水轻，从油水分离器上面出油口流出进入集液瓶（5），适当时间打开阀 $F_5$ 就取得玫瑰油的头馏分。

蒸馏水从油水分离器底部出去返回分馏柱，在分馏柱内经液流分布器分散洒淋蒸馏柱内的填料（L），如拉西环、陶瓷管等，被分散成膜状流体，再被向上冲来的蒸汽再次加热汽化，将其中的微量油分带出，再进入冷却器冷却后经油水分离器分离收集，被蒸去微量油分的蒸馏水则掉回蒸馏锅内再与锅料混合重新蒸馏。

半小时蒸馏完头馏分后就要打开蒸汽阀 $F_1$，放蒸汽进入锅内，经喷射管 $K_2$ 分散喷射花料层，使花料翻滚，加快蒸馏速度。

加热盘管 $K_7$ 的出气口装有疏水阀 $F_7$，阀 $F_7$ 会自动排水，蒸汽进入 $K_1$ 传热后变成热水就从阀门 $F_7$ 处排出。在蒸馏中要收取纯露时，先关闭阀 $F_9$，打开油水分离器和分馏柱之间的阀 $F_8$ 就可取得。

蒸馏 $3\sim4h$ 后，当冷却器馏出液总量约等于花料质量后就可关闭阀 $F_1$ 和 $F_2$ 结束蒸馏，一般出油率为 $0.03\%\sim0.045\%$。

蒸汽蒸馏玫瑰花出油要比直接明火加热蒸馏出油率增加 15% 以上，而且蒸馏生产速度快一倍左右，蒸馏锅容量也可比直接加热锅大几倍，在鲜花产量大、需要加快蒸馏速度时，用蒸汽蒸馏可发挥较大作用。

### 3. 渣料、废水、烟气处理

在关闭阀 $F_1$ 和 $F_2$ 后，就可以打开锅闭阀 $F_3$ 将花渣连水一起排出。花渣可作酱料、食品，也可作饲料、肥料，锅底水可用作浸花料用。锅炉如烧天然气或液化气时，一般不会有烟气污染问题，蒸汽锅炉如烧生物质燃料，在配备（布袋）除尘器后，一般烟气排放都可达标。

## 第四节　用导热油加热蒸馏玫瑰油的设备及操作方法

要做到环保地蒸馏玫瑰花油，又节省燃料费用时，最好采用下述的导热油加热蒸馏设备，这类设备构造如图 39-3。

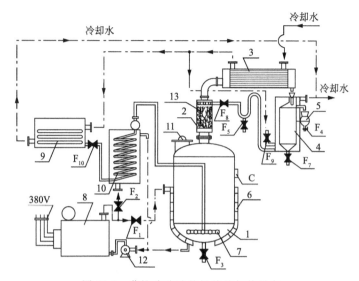

图 39-3　蒸馏玫瑰油的导热油加热设备

1—蒸馏锅；2—复馏柱；3—冷却器；4—油水分离器；5—玫瑰油分液瓶；6—蒸馏锅导热油
加热夹套；7—蒸汽喷管；8—电加热导热油炉；9—蒸馏水储罐；10—蒸汽发生器；
11—投料口；12—导热油泵；13—填料；$F_1$，$F_2$—导热油阀；
$F_3 \sim F_{10}$—球阀；C—视镜

图 39-3 中，蒸馏锅（1）容积 $2m^2$，油水分离器（4）外壳有热水保温层，加热夹套（6）内有螺旋状导流板，使导流油绕锅外筒做螺旋状流动来加热，电热导热油炉功率在 150kW 以上。填料（13）可用拉西环、陶瓷管等。

环保蒸馏设备操作步骤如下：

**1. 放料及预热操作**

将花料和水按 1∶2.5 加入蒸馏锅（1）内，放水满到视镜（C）水平中线为止，打开阀 $F_1$ 将电加热导热油炉（8）输送来的 220～250℃的导热油通入蒸馏锅的加热夹套（6），导热油在加热夹套内的螺旋导流分隔板绕锅体走几周后出去，将热量传给蒸馏锅后由导热油泵（12）将其泵回导热油炉内重新加热，循环流动，由此不断将锅加热，这个蒸馏预热阶段时间约为 20min 至半小时。

**2. 蒸馏操作**

当锅温度达到 100℃时，就有蒸汽产生，蒸汽带出玫瑰油的头馏分经过复馏柱（2）进入冷却器（3）内，被冷却成油水混合液后进入油水分离器（4）内，再被分离出玫瑰油和蒸馏水，玫瑰油从油水分离器的上部出油口流出进入分液瓶（5）内，由此得到玫瑰油头馏分，蒸馏水从油水分离器底部出水口出去，经阀 $F_8$ 返回复馏柱复馏出其中油分后再返回蒸馏锅重新蒸馏。约半小时后蒸完头馏分油后，就可从储水罐（9）处打开阀 $F_{10}$ 放水入蒸汽发生器（10），产出蒸汽输向蒸馏锅底部的喷管（7），将蒸汽分散向上喷出搅动花层，由此来加快蒸馏速度。

阀门 $F_{10}$ 要事前调整好开关度来控制蒸汽发生器（10）的进水量，在蒸馏过程中，每小时放入蒸汽发生器的水量为蒸馏锅容积的 10% 左右。在收取纯露时，关闭回流水阀 $F_8$，打开阀 $F_5$ 就取得玫瑰纯露。这种用导热油加热的蒸馏方法的出油率与蒸汽加热蒸馏出油率相同，生产效率也相当，出油率约达 0.03% ～ 0.045%。

在蒸馏约 2～3h 后，当馏出液总流量已经相当于花料质量时，而且油水分离器的出油口无油滴出后就可以停止蒸馏。

### 3. 出料操作及节能模式

先关闭进水阀 $F_6$ 停止供水给蒸汽发生器，关闭蒸汽发生器的导热油输入阀门 $F_2$ 及蒸馏锅导热油输入阀门 $F_1$ 后，再打开投料口（11）让蒸馏锅内蒸汽散发，然后就可打开锅底部阀门 $F_3$ 将渣水排出。阀门 $F_3$ 要用大口径闸阀以方便排渣。花渣及锅底水处置方法与图 39-2 所示设备相同，这种蒸馏方式是没有烟气和废水排放的。

这种导热油加热方式比蒸汽加热方式至少节省三分之一左右热能，原因是用蒸汽传热后，蒸汽变成约 90℃ 热水时就被疏水阀排放，将剩余热量放弃，而导热油则带着余热返回导热油炉重新利用，因此节省热能。这种蒸馏方法没有烟气排放，是很环保的。如将冷却器输出的 70～80℃ 的热水输入储水罐来供蒸汽发生器用，又可以多节省 20% 以上的热能。

这种用电加热导热油来进行蒸馏的方法是环保节能的生产方法，完全符合国家环保规定及能源政策，值得在蒸馏玫瑰油生产中应用。

# 第四十章　沉香油环保生产技术

## 第一节　沉香油简介

沉香油英文名称为 agarwood oil，是一种橙红色澄清的黏稠芳香油，带有沉香的浓香味，相对密度为 0.98~1.028，折射率为 1.507~1.520，可溶于乙醇。

沉香油成分有沉香醇、乙酸沉香酯、沉香螺旋醛、沉香呋喃、苯甲酸沉香酯、异丁酸沉香酯、白木香醇、檀香醇、苍木醇、肉豆蔻酸、缬草蒎酸等。不同产地和不同树种的沉香树产出沉香油的成分有很大区别，至今世界各国尚未有沉香油统一标准，国内只有一些生产企业自己制定的本企业质量标准。在阿拉伯地区如迪拜的沉香油行业制定了五级沉香油标准，但仅在当地本行业中使用。

沉香油是价值很高的芳香油，是香水、香料的高级定香剂，有时其价格比黄金还贵。沉香油香气极其迷人、有令人神往的清醇气味，自古以来常用于高雅场所。沉香油也可治疗阴虚、肾气虚、胸闷痛以及促伤口愈合、去疤痕等。由于生产沉香油的原料不易得，沉香油异常珍贵。

沉香油可用块状沉香蒸馏而得，也可用产出沉香的树木的木材或树皮蒸馏而得。块状的沉香本身就很珍贵，很少会用来蒸油，一般只用含有沉香成分的木材来蒸沉香油。

世界上可以产出沉香的四类树木是橄榄科、樟科、大戟科、瑞香科的树木。橄榄科的沉香主要由美国和墨西哥的橄榄科树木产出；樟科的沉香主要由柏木产生，名贵的奇楠沉香多由柏木产生，这类沉香多埋在土中；大戟科沉香形似多肉植物，非常罕见；瑞香科可产出沉香的树木有印度尼西亚的鹰木香树，沉香多结在树中心，柬埔寨、越南中部的密香树，其结的沉香块头较小，但油脂较多，还有在中国分布较广的白木香树。

白木香树属于瑞香科的沉香属乔木，又名土沉香，分布在菲律宾、新加坡、越南、柬埔寨、缅甸等国，以及中国的海南、福建、广西、广东、云南等地。白木香树形态如彩图 41 所示。

上述四类树木在树身受伤和受细菌感染时，树木会产生树脂来愈合伤口及抵抗感染，树脂逐渐和木质纤维结聚而形成不规则的块状、条状或其他形状的树脂块，树木倒下沉到水中经历数百年后，树木已腐烂，而这些树脂还完好无损地浸沉在水中，当其出水"重见天日"时异香满堂，故被称为沉香。沉香也是一种重要中药，"沉香"这个名称是几百年前中国医药界所起。目前常见的沉香多数是瑞香科的沉香树产出的沉香。

沉香有沉水的、半沉水的、不沉水的，最好的沉香其实是半沉水的奇楠沉香。由于纯天然的沉香极其稀少，近几十年来，在东南亚各地及中国南方就出现许多由人工培植的土沉香树即白木香树，当白木香树长大后，人工在树身上制造伤口或传播细菌感染来产出沉香。白木香树种植最多的是老挝，种植面积达几十万公顷，另外柬埔寨、越南、马来西亚、印度尼西亚，以及中国的云南、海南、广东等地也有大面积种植。

白木香树的种植方法主要是用种子繁殖。先选好十年以上的纯种母树，在6～8月份将其结出的变成黄色的果实采下风干或晒干，让果实自然爆裂将种子掉出，或直接用刀剥下果瓣，取出黑褐色种子，最好立即播种，或用湿沙保存一个月再播种，如要保存较长时间可在5℃左右低温保存，可保存达5个月。

种子播种时要播种于专门育苗的沙土床中，大面积种植时要先挖育苗沟，沟宽150mm，将种子稀疏地放入沟中，轻压入土，再撒上一层火烧土或沙土，洒水保湿。当种子出芽长到100～200mm高时就将苗芽分开，单独放在营养钵中培育，待其长到600～700mm高时可将其移植，在3～5月份的阴雨天时移植，每亩地种300～500株，宜多不宜少。土沉香种植管理要多施农家肥和复合肥，要注意排水防涝，以免发生枯萎病和炭疽病，还要注意防治天牛、金龟子、卷叶虫等害虫。

沉香树长到6～7年后，直径达150～180mm时就可以收取其结出的沉香。在树身上砍出伤口或钉上钉子，或用火烧树身制造烧伤等方法来促使沉香树分泌树脂结香。近年来则普遍采用一种在树身钻孔、用输液瓶输入菌液的新方法，以取得快速高产结香的效果，但这种方法有争议，尚在论证中。

取出沉香树的沉香后，将树身结香位置周围的木质组织，用刀勾割出来就可将其用来蒸沉香油。有些沉香树整段树身都有结香，取香后全段树身都可以切碎来蒸油，而未结过香的白木香树不能用来蒸油。

有些沉香属的树种如柬埔寨的密香树，其结的香块较小，但沉香周围的木质部含油较多，常会见到许多细小的油脂线，这些含油丰富的木质部分最适合用来蒸馏沉香油。

# 第二节　传统的沉香油生产方法

沉香油生产有数百年历史，东南亚各国目前使用的传统沉香油生产技术都源自印度。在印度、马来西亚、越南、柬埔寨等地传统的生产沉香油的设备如图40-1所示。

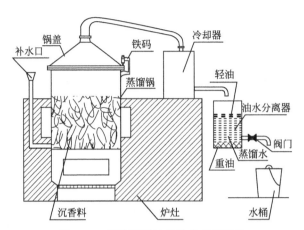

图 40-1 蒸馏沉香油的传统蒸馏设备

这类设备的蒸馏操作步骤是：先将切碎的含油沉香木丝和木碎放在水桶中浸8～10天直至一二个月，待其吸足水分变软变烂发酵，然后将其倒入蒸馏锅中点火蒸馏。由蒸汽带出沉香油成分，从锅顶出去进入冷却器，蒸汽被冷却成液体后由油水分离器分离出水和沉香油。沉香油比水轻的部分浮在油水分离器上面，由于油分极少，用三角勺慢慢将其收集，而沉于水下的沉香油在蒸馏结束后再除去水分将其收集。在蒸馏过程中，当蒸馏水在油水分离器中满到一定程度时，就打开油水分离器中下部的开关分期分批将水放出，用水桶装盛后再从蒸馏锅的补水口倒入蒸馏锅内重复蒸馏，每个锅蒸馏要耗费几天。一个加工场一般要用十几个锅连在一起来蒸馏，以集中生产来提高生产效率，蒸馏锅进料出料都较费人工。这种蒸馏方法出油率极低，一般只有 0.1%～0.2%。这种蒸馏锅以木柴作燃料，木柴耗用量很大，对生态环境不利。

## 第三节　蒸馏沉香油的环保高出油率设备及操作方法

在近年来，在东盟地区开始使用一种不同上述模式的沉香油蒸馏设备，性能比传统设备优越很多，新型沉香油蒸馏设备如图 40-2 所示。

图 40-2 中，蒸馏锅（1）的有效容积约 2m³；搅拌器（3）转速 100r/min 左右，可将锅内沉香木料搅碎；复馏柱（4）内设有填料和分布器；油水分离器（7）是隔板式油水分离器，可同时收集沉香油的轻油部分和重油部分，容积按蒸馏锅容积的 10% 来计算，其沉降高度 1m 左右；分液瓶（8、9）可精确收集沉香油的轻油和重油；炉灶（10）可砌出两环围绕锅身的火道，可使热效率增加 1 倍以上。

环保蒸馏设备操作步骤如下：

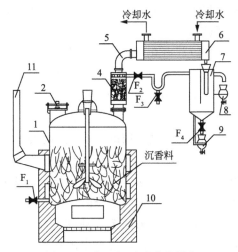

图 40-2　新型沉香油蒸馏设备

1—蒸馏锅；2—投料口；3—搅拌器；4—复馏柱；5—导气弯管；6—冷却器；
7—油水分离器；8、9—分液瓶；10—炉灶；11—烟囱；
$F_1$—排渣阀；$F_2$～$F_4$—球阀

### 1. 进料操作

先将沉香木料加入些纤维素酶来发酵，以提高出油率和缩短木料发酵时间。发酵时间约 10 多天至 1 个月，根据材料粗细程度有区别，将发酵过的沉香木料连同发酵水从投料口（2）放入蒸馏锅（1）内，满到蒸馏锅容积的 4/5，关好投料口后试开动一下搅拌器（3），能搅动后即可进行蒸馏。

### 2. 蒸馏操作

在炉灶（10）点火，要尽量烧猛火使锅内水料快速升温，并开动搅拌器，让锅料均匀受热，搅拌器每隔 10min 开动 2min。在生火后 20min 左右，当锅内水料沸腾后，就有蒸汽带出沉香油成分，经复馏柱（4）进入冷却器（6），蒸汽被冷却成含有沉香油和蒸馏水的馏出液进入油水分离器（7）的第一格。沉香油的轻油部分聚集到第一格的液面上，当聚够一定量后就从出油口流出，再流入分液瓶（8），由此取得沉香油的轻油部分，沉香油重油沉到油水分离器最底部，到蒸馏结束后打开分离器底阀 $F_4$，就可将这些重油放入分液瓶（9）内，由此取得沉香油的重油部分。将两者混合就得到市场上的沉香油，轻油和重油也可以单独作商品销售。

从馏出液中被分离出来的蒸馏水从油水分离器第一格向下绕过隔板上去，从第二格上面的出水口流出，再经过 U 形管后进入复馏柱的上部，经液流分布器分散淋回填料上，被分布成液膜，再被不断上来的蒸馏汽重新加热，分馏出其中所含的微量沉香油后，蒸馏水滴落回蒸馏锅内重复进行蒸馏，由此不断将锅料中的沉香油蒸馏出来。蒸馏约十几个小时后结束，一般出油率达 0.3%～0.5%，远远高于传统设备的出油率，时间缩短很多天，能耗减少一大半。

### 3. 渣料、废水、烟气处理

蒸馏结束时关闭搅拌器，打开出料口就可以打开排渣阀门 $F_1$ 将锅内渣水放出。放料要尽量开大阀门 $F_1$，让锅水带着木料废渣快速冲出，这样可基本放清渣料，放料后关闭放料阀 $F_1$，就可从投料口放料重新进行下一轮蒸馏操作。放渣水时要小心操作以免高温渣水伤人，最好隔夜再将渣水排放。

蒸完油的木渣可作肥料或干燥后可作燃料，锅内余水也可重复用来浸泡木料，在生产过程中就可做到无废物排放，不污染环境。这种蒸馏锅在安装除尘器后，烟气中的硫氧化物、氮氧化物、粉尘都可以达标。如果这种蒸馏设备使用天然气来作燃料或用电来加热就可做到完完全全的环保生产。

上述这两种新旧蒸馏设备生产出来的沉香油的气味、成分相同，只是得率不同。用水中蒸馏方式生产出来的沉香油，历来由阿拉伯皇室、印度客商和迪拜商人来采购和使用。

在中国环保法规越来越严格的情况下，近年来在中国的沉香产业中，兴起了使用二氧化碳超临界提取为核心工艺来生产沉香油的技术。使用超临界技术提取沉香油时，沉香木料不用发酵，直接将木料破碎后用超临界的二氧化碳气体将其中的沉香油成分连带其他树脂成分一起提取出来，然后再用后续工艺将沉香油分离出来。用这种方法来生产沉香油出油率达 1% 以上。这种方法虽然有很多条工艺路线，但都是环保的，因为这些工艺都只用电不烧火，从环保角度来看，这种生产技术将有可能逐渐成为中国生产沉香油的主要技术。

用超临界工艺生产出来的沉香油，其香气特征与用水蒸气蒸馏工艺产出的沉香油有很大区别。迪拜权威的沉香油专家们认为，用超临界技术提取的沉香油与他们认定的五个级别的沉香油气味都不同，很难被传统消费者接受，销路是有影响的，但中国市场很大，这种超临界技术产出的沉香油会逐渐被中国消费者接受。

由上述操作过程可知，用水蒸气蒸馏工艺提取沉香油和用超临界技术提取沉香油，这两种工艺技术都可以做到环保生产，都会长期并存，而且各自都会有市场。

# 编后语

　　天然芳香油的产业链是从选种开始，到种植、收采、原料处理、芳香油提取、渣料处理、芳香油成分分离和组合、各类芳香油产品制作，最后到市场销售。上述产业链的每个环节运行状况的好坏都会牵动整条产业链出现起起落落的状况。在今天环保法规严格的情况下，无论哪个环节触犯环保"红线"，都有可能导致整条芳香油产业链停止运作，因此环保问题是首要问题。

　　在上述各个环节中，最容易触及环保"红线"的是芳香油提取这个环节。提取芳香油有多种工艺，每个工艺都会有些环保问题，如浸提法的有毒溶剂污染问题，亚临界提取的有毒、可燃气体污染问题以及水蒸气蒸馏的污水、烟气排放问题等。

　　由于在中国芳香油产业中，绝大多数芳香油品种都是用水蒸气蒸馏工艺生产出来的，所以水蒸气蒸馏工艺的环保问题，实际上关乎于中国芳香油产业的生死存亡。

　　在用水蒸气蒸馏提取芳香油的生产过程中，产生的环保问题主要有两个方面：其一是污水排放问题，从中国过去的生产历史来看，整个芳香油行业的生产都是污水乱排放；其二是烟气排放问题，以前的明火加热蒸馏生产工艺都是烟气乱排放，一些使用蒸汽锅炉的单位，烟气也大都未做除尘处理就排放。上述这些情况都会触及今天的环保"红线"，近年来许多芳香油厂不断被关停，都是这两方面的原因所致。

　　另外在芳香油蒸馏生产中，普遍存在出油率低、能耗大、经济效益差等状况，这些都会直接影响芳香油产业的发展。

　　本书的目的是提出环保的芳香油蒸馏生产新技术和新工艺，并列举四十种芳香油的环保高收益的实用生产技术来做说明，本书还提出一些提高出油率、缩短蒸馏时间、燃料绿色循环利用的新生产模式，希望对芳香油产业发展有促进作用。

　　本书在编写过程中得到以下专家学者和企业的大力支持：

　　越南国家科学院副院长武坚强（VU KIEN CUONG）博士，越南国家科学院香料和精油股份有限公司阮德雄（NGUYEN DUC HONG）董事长，越南安沛桂油有限公司；

　　美国伯爵（BERJE）香料集团主席金必曼（KIM BLEI MANN）先生；

　　泰国素林大学顾问差然、宋尼雅（CHAYAN、SOMMIYARM）先生，中国驻泰国大使馆办公室主任刘志杰先生，泰国泰中香料工业有限公司；

老挝国家科委副主席万隆（MAYDOM）先生，老挝 VTS 集团总裁苏发努冯·华沙拿（VASSANA SOUPHANOUVONG）先生，老挝川圹林化有限公司；

印尼农贸公司经理柯坚（KE JIAN）先生，印尼国有林场总公司；

广东江门市新会区冈州香业有限公司，中山大学药学院院长杨得坡教授，华南理工大学朱宝璋高级工程师，海南医学院黎津荣教授。

特此致谢！

编者

2019 年 6 月

# 参 考 文 献

［1］孙宝国.食用调香术.北京：化学工业出版社，2010.

［2］何坚，孙宝国.香料化学与工艺学.北京：化学工业出版社，1995.

［3］唐云松.香料生产技术与应用.广州：广东科技出版社，2000.

［4］罗金岳，安鑫南.植物精油和天然色素加工.北京：化学工业出版社，2005.

［5］彭淑静.天然香料生产工艺学.南京：南京林业大学出版社，1998.

［6］徐昭玺.百种调香料类药用植物栽培.北京：中国农业出版社，2002.

［7］陆让先.植物油蒸馏锅.ZL962233536，1996.

［8］陆让先.一种节能的松香松节油蒸馏工艺.ZL2006101417489，2006.

［9］陆让先.气流循环旋转冷却器.ZL201610198581，2016.